油气藏地质及开发工程国家重点实验室成立三十周年系列专著

砂箱构造物理模拟与含油气盆地研究

邓　宾　刘树根　张　静
王兴建　黄家强　范彩伟　著

科学出版社
北　京

内容简介

本书以砂箱构造物理模拟基本理论和方法学为基础，通过对物质特性、变形速率、构造-剥蚀-沉积作用、走滑剪切和底辟构造等基本模型边界条件进行砂箱物理模拟实验，进一步结合几何学-运动学-动力学相似性原理开展从自然界原型到物理实验模型之间的对比研究，系统揭示典型浅表构造作用过程对含油气盆地典型构造变形过程及其变形特征的控制影响作用。在此基础上，重点探讨了弧形走滑剪切和底辟构造作用对青藏高原东缘盆-山体系和莺歌海盆地含油气构造的形成和演化过程的重要意义。

本书可供从事物理模拟、构造地质、油气勘探等领域的科技人员和高校相关专业的师生参考。

图书在版编目(CIP)数据

砂箱构造物理模拟与含油气盆地研究 / 邓宾等著.— 北京：科学出版社，2022.4

ISBN 978-7-03-071361-2

Ⅰ. ①砂…　Ⅱ. ①邓…　Ⅲ. ①含油气盆地-构造变形-研究-中国　Ⅳ. ①P618.130.2

中国版本图书馆 CIP 数据核字（2022）第 021935 号

责任编辑：黄　桥 / 责任校对：彭　映
责任印制：罗　科 / 封面设计：墨创文化

科学出版社 出版
北京东黄城根北街16号
邮政编码：100717
http://www.sciencep.com

成都锦瑞印刷有限责任公司印刷

科学出版社发行　各地新华书店经销

*

2022年4月第　一　版　开本：787×1092 1/16
2022年4月第一次印刷　印张：12 1/4
字数：300 000

定价：248.00 元

前　　言

19 世纪初以来，基于地质构造过程自相似性和无理有效性的砂箱构造物理模拟实验为研究（挤压、拉张和走滑）构造体系变形演化过程、动力学机制等提供了独立有效的手段。伴随 20 世纪 80 年代库仑临界楔理论与自相似性生长机理的提出、砂箱物理模拟技术方法学的完善与进步，如 4D X 射线层析成像和粒子耦合数字图像相关法（digital image correlation，DIC）等，砂箱物理模拟实验逐渐演化成 3 种典型类别：①构造砂箱模型（tectonic sandbox modelling），以盆-山系统和褶皱冲断带等生长变形机制为主要研究对象；②地貌几何砂箱模型（geomorphic sandbox modelling），以可控降水（量）条件下的人工地貌为主要研究对象；③地层砂箱模型（stratigraphic sandbox modelling），以构造和/或气候条件下的地层沉积记录为主要研究对象。尤其是 21 世纪初期，“从源到汇”过程系统理论逐步完善，将其与砂箱构造物理模拟实验有机结合，探讨“从源到汇”过程及其盆-山系统结构构造演化、含油气构造相关成藏过程等受到越来越广泛的重视与应用。砂箱物理模拟实验 200 年以来的发展历程也指出其挑战性在于如何把创新型砂箱装置、新型砂箱物质、全时三维监测和三维应变量化手段等融入物理模拟实验或/和如何有效与数字模拟等交叉学科手段结合，从而有效应用于不同构造体系中结构构造变形与富油气矿产构造等实际问题的研究过程中。

近年来，国内不同高校和研究院所相继建立各具特色的砂箱构造物理模拟实验室，并在国家重点基础研究发展计划项目和国家油气科技重大专项等研究中逐渐获得广泛地应用，重点开展了我国西部多期挤压冲断叠加变形、东部多期拉张断陷等方面构造演化特征和动力学成因机制研究，有效深化了我们对于复杂多期叠加构造变形作用与成因机制的认识，为我国东西部基础地质研究和油气勘探区带目标评价与选区提供了重要的实验依据和理论支撑。当务之急是如何形成类似于法国构造物理模拟联合协会等高效互动的联合实验平台体系，从而更加有利于开展不同高校和院所实验室之间的基础实验对比和应用研究。

本书以砂箱构造物理模拟基本理论和方法学为基础，结合几何学-运动学-动力学相似性原理开展从自然界原型到物理实验模型的对比研究，探讨浅表构造作用过程对含油气盆地典型构造变形过程及其变形特征的控制影响作用。全书共分 7 章。第 1 章系统回顾砂箱构造物理模拟实验方法学发展历程及临界楔等基本理论与构造变形控制因素。第 2 章介绍了光纤光栅的基本原理与砂箱构造物理模拟实验应用案例，揭示光纤光栅微应变值与砂箱运动学具有明显耦合性，有效揭示楔形体差异性断层生长传播能耗。第 3 章介绍了砂箱颗粒石英砂、玻璃珠物质和力学特性及对挤压楔形体构造变形过程几何学、运动学特征的控制影响作用。第 4 章介绍了差异构造缩短变形速率对砂箱物理模拟实验过程的重要意义，揭示楔形体构造变形过程中断层间距、楔形体几何学和内部形变特征等与变形速率的相关性因素。第 5 章系统介绍了“从源到汇”过程中构造-剥蚀-沉积作用的相似性原理，基于典型浅表作用的物理模拟实验揭示构造-剥蚀-沉积作用对楔形体变形过程及变形特征的控制影响作用。第 6 章介绍了弧形走滑构造剪切砂箱物理模拟实验，基于自然界原型-实验模型间相似性对比原理，系统对比物理模拟实验结果和青藏高原东缘大凉山弧形走滑剪切体系、莺歌海盆地弧形走滑剪切体系构造变形特征。第 7 章系统地介绍了底辟构造演化过程及其相似性原理，基于走滑底辟构造物理模拟实验揭示莺歌海盆地底辟构造形成演化过程特征及其与同构造沉积作用的相关性，进一步探讨底辟构造成藏效应。

在本书撰写与统稿阶段，研究生黄瑞参与了第 2 章光纤光栅等部分的撰写与整理工作，赵高平和万元博参与了第 4 章速度标杆实验等部分的撰写与整理工作，赖东参与了第 3 章砂箱物质和第 7 章浅表底辟构造等部分的撰写与整理工作，何宇、罗强、郭虹兵和唐晓东参与了第 1 章物理模拟原理与进展和第 5 章浅表作用过程等部分的撰写与整理工作，姜磊、孙博和张佳伟参与了部分典型自然界原型实例总结、图件绘制和文献整理等工作；其余章节由邓宾负责撰写。全书由邓宾负责统稿。

20 世纪 90 年代末，成都理工大学“油气藏地质及开发工程”国家重点实验室“盆地构造分析与油气成藏动力学”团队以罗志立老师、刘树根教授等为代表，使用黏土砂箱实验模拟龙门山 C-型俯冲动力学过程，力图建立砂箱物理模拟手段探索复杂地质过程与油气成藏效应的理论方法体系。至 2013 年，在国家重点实验室研发组建“砂箱构造模拟实验室”后，罗志立老师转赠钟嘉猷先生所著《构造物理模拟实验图册》一书，以示鞭策与鼓励；他耄耋之年仍勤于思考，拙笔成文“探寻油气田六十春秋感怀”，勉励我们“地裂运动团队”把祖国石油事业发扬光大。从业至今，作者在研究工作中得到了罗老师“中国板块构造与含油气盆地”学术思想的指导和启发，在此一并表示诚挚的谢意！

在砂箱模型实验室建设和本书完成的过程中，得到成都理工大学、中国石油勘探开发研究院、中国石油西南油气田分公司、中海石油湛江分公司等单位各级领导和同行的支持和帮助；感谢刘顺教授、王国芝教授、李巨初教授、李智武教授和孙玮教授等在构造地质学和流体地球化学方向多年来的指导和帮助。本书作为研究团队阶段工作和认识成果的总结，希望能够为相关专业研究人员和实验人员提供一些经验和帮助，以推动国内砂箱物理模拟实验的发展及广泛应用。

由于作者水平所限，书中难免存在疏漏之处，请广大读者批评指正。

目　录

第1章　砂箱构造物理模拟原理与进展

自然界构造变形具有长演化周期和复杂的结构构造特征，普遍受多种因素控制影响，如地层非均质性、几何学和运动学边界条件、浅部地表过程(剥蚀、沉积等作用)等，从而难以有效量化解译其在地史中的形成演化过程。地质构造过程的自相似性(标度不变形)和实验-实例验证(即物理模型-自然界原型)等说明构造物理模拟与自然界盆-山系统演化等具有一致性［无理的有效性，unreasonable effectiveness(Wigner，1960)，即尺度大小上的相似性与一致性］，它是砂箱物理模拟研究的理论基础。值得指出的是，虽然砂箱构造物理模拟有与生俱来的缺点，如简化地层模型、流体压力-温度缺失等问题，但它能够帮助我们在时间-空间上详细观察解译构造变形的形成与生长等四维过程，因此受到越来越广泛的应用。

自 Hall(1815)初次使用砂箱构造模拟解释苏格兰东海岸构造带褶皱变形以来，砂箱模型相对于早期实验装置及其理论思想已经发生了极大的革新与变化。由于不同的目的性和手段性等，砂箱物理模型目前主要存在 3 种典型类别：构造砂箱模型(tectonic sandbox modelling)，以盆-山系统和褶皱冲断带等生长变形机制为主要研究对象(Cadell，1888)；地貌几何砂箱模型(geomorphic sandbox modelling)，以可控降水(量)条件下的人工地貌为主要研究对象(Flint，1973)；地层砂箱模型(stratigraphic sandbox modelling)，以构造和/或气候条件下的地层沉积记录为主要研究对象(Paola et al.，2009)。19 世纪以来，以砂箱物理模型为主的物理(和/或结合数值)模拟手段广泛地运用于与挤压增生楔/冲断带、拉张盆-岭带等相关的研究中，结合库仑冲断楔(即临界楔理论，critical taper theory)共同揭示出四维时空尺度上砂箱模型基底特性、变形物质特性、活动挡板(或阻挡物)特性、变形物质通量(输出和输入)、汇聚(挤压)运动学和地表过程等对结构-构造演化过程的重要作用(Biagi，1988；Marshak and Wilkerson，1992；Beaumont et al.，2001；Bonini，2003；Koyi and Vendeville，2003；Konstantinovskaia and Malavieille，2005；Bonnet et al.，2007；Graveleau et al.，2012；McClay et al.，2004，2011；Reiter et al.，2011)。

1.1　砂箱物理模拟实验方法论

1.1.1　物理模型比例参数

砂箱物理模拟基于相似性原理模拟上地壳构造变形过程，需要满足能干性岩层和非能干性岩层的流变学准则，它们普遍被认为遵循莫尔-库仑破裂准则(Davis et al.，1983)。理想状态下完整均一的、各向同性的岩石(破裂变形前)具线性应力-应变关系，即遵循公式：

$$\sigma_s = C + \sigma_n \tan\varphi \tag{1-1}$$

其中，φ 为内摩擦角；C 为内聚力或内聚力强度；σ_s 和 σ_n 为潜在破裂面上剪切应力和正应力。

一般而言，上地壳岩石内摩擦角为27°～45°，其相应有效内摩擦值为0.5～1（Handin，1966；Jaeger and Cook，1976）。

此外，为了获得合理的实验模拟结果，除砂箱物理模型与自然界原型系统具有相似的流变学属性（即砂箱模型物质内摩擦角与上地壳岩石相似）外，砂箱模型（即比例砂箱模型，scaled sandbox modelling）和自然界原型几何学上还应符合如下经验公式（Hubbert，1937；Ramberg，1981）：

$$C^* = \rho^* g^* L^* \tag{1-2}$$

其中，C、ρ、g、L 分别为内聚力、密度、重力加速度和长度；*表示模型中参数与自然界之比或系数（即比例系数）。

一般而言，砂箱物理模型中常用颗粒材料内摩擦角普遍为 20°～40°（Eisenstadt and Sims，2005；Panien et al.，2006），因此与上地壳岩石具有大致相似的流变学属性（Krantz，1991；Schellart，2000）。物理模型中，重力系数 $g^*=1$，颗粒材料密度一般为 1.4～1.7g/cm^3，上地壳岩石平均密度为2.5g/cm^3，即 ρ^*=0.56～0.68。因此，由式（1-2）可以得到内聚力系数为

$$0.56L^* < C^* < 0.68L^* \tag{1-3}$$

如果砂箱物理模型实验中我们选择长度比例系数（L^*）为 10^{-5}，即砂箱模型中 1cm 代表自然界中 1km，则砂箱颗粒材料内聚力比例系数为（0.56～0.68）×10^{-5} 模拟上地壳岩石变形。Byerlee（1978）强调地壳浅部具较弱的内聚力强度，因此砂箱物理模型需要近似无内聚力的模型材料开展模型研究。

此外，黏性材料（如 PDMS 和 Gomme GS1R）能够较好地模拟具相似几何学和边界条件的地壳塑性/韧性变形过程（Weijermars and Schmeling，1986），其遵循经验公式：

$$\sigma^* = \eta^* \varepsilon^* \tag{1-4}$$

式中，ε^*、η^* 和 σ^* 分别为砂箱物理模型和自然界原型中应变率、黏度和应力之比或系数。

式（1-4）也可以表达为

$$\eta^* = \rho^* L^* T^* \tag{1-5}$$

其中，T^* 为模型和自然界原型时间之比。

如果构造变形过程中内部应力可以忽略，则模型与自然界的长度和时间之比是独立于物理模型实验之外的参数（Hubbert，1937）。式（1-5）可以表达为

$$\rho^* (L^2)^* = \eta^* v^* \tag{1-6}$$

式中，v^* 为模型和自然界原型速度之比。

由于自然界岩石密度已知，因此可以确定砂箱物理模型黏度和密度。基于颗粒材料的基础物理特征，选择合理的长度比例系数能够得到物理模型挤压速度值，或者选择合理的长度比例系数，基于自然界原型变形速率，得到黏度比，从而确定物理模型比例参数及其有效性。

需要指出的是，虽然 Hubbert（1937）强调合理的比例系数砂箱物理模型对于物理模型

能否得到自然界原型代表性结果至关重要，但实验室物理模型中很难以得到准确、系统的比例砂箱模型。同时，对于自然界原型中不同参数的有限了解及参数自身的不确定性，也限制着比例砂箱物理模型的模拟研究。

1.1.2　模型材料

干颗粒材料、湿黏土和黏性材料等已广泛应用于砂箱物理模拟实验中。干颗粒材料，尤其是石英砂(粒度为 100～500μm)相对于由黏土和部分微颗粒与水组成的湿黏土，或以硅胶为代表的黏性材料，由于它较易切片观测和构建模型而应用最为广泛。为了解不同材料物质特征参数及其适用性，以 Hubbert 型(Hubbert，1951)和 Ring-shear 型(Schulze，1994)为代表的较低正应力实验(即直剪和环剪实验法)研究受到广泛关注。一般而言，颗粒材料具有与上地壳岩石变形相似的流变学机制(Marone，1998；Panien et al.，2006；Klinkmüller，2011)，峰值强度下内摩擦角普遍为 31°～41°，而部分微颗粒内摩擦角相对较低，为 22°～30°(表 1-1)。与 Hubbert 型相反，Ring-shear 型不仅揭示峰值强度条件下实验材料的特征参数(如内摩擦角)，还能反映稳定动态强度下(即断层滑动)和稳定静态强度下(断层活化)下的参数。但 Ring-shear 型实验中干砂颗粒材料普遍具有 10%～30%的应变弱化特征，且断层滑动摩擦角和断层活化也相对于其初始时间明显较低。尤其是，Lohrmann 等(2003)和 Panien 等(2006)基于 Ring-shear 型实验强调砂箱物理模型中颗粒材料变形机制并不完全符合库仑破裂准则，破裂变形前的瞬时应变强化(峰值强度)及随后的应变弱化过程都具有弹塑性变形特征。因此，库仑破裂准则主要适用于初始破裂形成演化阶段。

需要指出的是，较低正应力条件下颗粒材料属性具有较大争议(Krantz，1991；Mourgues and Cobbold，2003；Schellart，2000)，即较低正应力条件下颗粒材料内聚力强度常常通过线性插值得到，揭示其较宽的范围值(单位为 10～100Pa)，它们都明显高于模型实验观察得到的石英砂极低或可忽略的内聚力强度。尤其是，Schellart(2000)通过 Ring-shear 型实验揭示出低正应力条件下(即小于 300Pa)颗粒材料内聚力强度仅为 0～10Pa。同时砂箱物理模型表明其断层首先在(低内聚力强度的)干颗粒材料形成剪切带(宽度为 10～15 倍颗粒大小)，导致颗粒膨胀扩大，其颗粒扩大过程有赖于颗粒密度、初始大小、磨圆和颗粒表面特征等(Koopman et al.，1987)。此外，实验室材料颗粒、布砂过程、测试方法和实验人员等因素对材料参数都有不同程度的影响(Krantz，1991；Lohrmann et al.，2003)，如筛选和喷洒方式相对于倾泻布砂方式使颗粒材料具有较高的内摩擦角和更易应变弱化，但 Krantz(1991)对比表明相同石英砂颗粒内摩擦角和内聚力强度主要与其密度相关。

相关学者普遍认为湿黏土材料内摩擦角与上地壳岩石相似且变形过程遵循库仑破裂准则(Tchalenko，1970；Sims，1993；Atmaoui et al.，2006；Withjack et al.，2007)，但其(较高)内聚力强度和含水性具有较大争议(Naylor et al.，1986)。湿黏土的内聚力强度伴随密度增大而增大，主要受含水性控制，也可能导致其变形特征等主要受含水性控制和影响(Arch et al.，1988；Eisenstadt and Sims，2005)。同时，湿黏土材料由于常常缺乏成分、粒度和含水比参数等导致其也难以在不同的研究模型实验中进行有效对比(Tchalenko，

1970；Wilcox et al.，1973；Sims，1993；Atmaoui et al.，2006）。

干颗粒材料和湿黏土材料具有相似的内摩擦角和内聚力强度特征导致它们在宏观构造变形方面具相似性，小尺度和微观尺度上它们之间的变形特征具有较大差异(Eisenstadt and Sims，2005；Atmaoui et al.，2006；Withjack et al.，2007)，可能主要与两者颗粒大小和形态、颗粒膨胀过程和孔隙水特征等密切相关。干颗粒材料主要通过颗粒膨胀和摩擦滑动产生变形，而湿黏土材料颗粒常具板-片状形态和有较强的水-岩反应过程。因此，干颗粒材料断层发展、传播和连接过程明显较快，具有较大位移量和较宽剪切破裂带，主断层系统控制砂箱模型变形与应变。

表 1-1　砂箱物理模型中颗粒材料特征参数综合表(Klinkmüller，2011)

实验室	材料	密度 (g/cm³)	颗粒大小(μm)	范围	分选	峰值内摩擦角(°)	峰值内聚力强度 (Pa)	稳态内摩擦角(°)	稳态内聚力强度 (Pa)	动态内摩擦角(°)	动态稳态内聚力强度 (Pa)
CAS	石英砂	1.6	191	好	一般到好	35.0±1.1	72	32.6±0.6	95	31.4±0.6	44
GFZ	石英砂	1.7	301	一般	一般	34.2±1.1	102	31.4±0.6	106	29.7±0.6	78
GFZ	染色石英砂	1.5	271	一般	一般	40.7±1.1	110	32.6±0.6	77	31.0±0.6	59
IFP	石英砂	1.4	127	好	好	36.9±0.6	29	35.0±0.6	46	31.8±0.6	60
KYU	石英砂	1.6	225	一般	一般到好	36.5±1.1	29	33.8±0.6	85	31.0±0.6	52
NTU	石英砂	1.6	180	好	好	36.1±1.1	34	33.4±0.6	65	27.9±0.6	96
NTU	染色石英砂	1.6	182	好	好	31.4±0.6	55	26.6±0.6	87	25.6±0.6	81
RHU	石英砂	1.6	204	一般	一般到好	33.0±0.6	74	29.7±0.6	91	28.8±0.6	65
RHU	染色石英砂	1.5	245	一般	一般	36.5±0.6	58	32.6±0.6	73	31.4±0.6	56
STU	石英砂	1.7	271	一般	一般	33.0±1.1	82	31.4±0.6	96	30.1±0.6	58
UBE	石英砂	1.5	171	好	好	36.9±0.6	23	33.7±0.6	73	30.8±0.6	60
UCP	石英砂	1.7	260	一般	一般	33.8±0.6	75	33.0±0.6	105	30.5±0.6	62
ULI	石英砂	1.7	220	一般	一般到好	33.8±0.6	70	32.6±0.6	106	31.0±0.6	71
ULI	染色石英砂	1.7	295	一般	差	33.0±0.6	59	32.2±0.6	91	32.6±0.6	64
UOP	石英砂	1.5	291	一般	好	39.4±0.6	60	32.6±0.6	116	30.5±0.6	82
UOP	染色石英砂	1.2	297	一般	一般到好	35.4±2.9	102	36.5±2.3	80	32.6±0.6	61
UPA	石英砂	1.7	224	一般	一般到好	33.0±0.6	102	31.8±0.6	104	30.5±0.6	62
UPU	石英砂	1.6	245	一般	一般	35.4±0.6	82	32.6±0.6	92	31.0±0.6	62
GFZ	玻璃珠	1.5	174	好	很好	25.6±0.6	11	23.7±0.6	25	21.8±0.6	25
GFZ	玻璃珠	1.6	277	一般	差	27.0±0.6	13	26.1±0.6	27	22.8±1.1	43
GFZ	玻璃珠	1.6	410	一般	差	29.7±1.1	18	26.1±0.6	39	23.7±0.6	34
CDUT	石英砂	1.4	340	一般	一般到好	38.6±1.0	2	33.3±0.6	125	30.2±0.6	92

注：CAS 为捷克科学院，GFZ 为德国地学研究中心，IFP 为法国石油研究所，KYU 为日本京都大学，NTU 为台湾大学，RHU 为英国伦敦大学皇家霍洛威分院，STU 为美国斯坦福大学，UBE 为瑞士伯尔尼大学，UCP 为法国塞吉－蓬图瓦兹大学，ULI 为法国里尔第一大学，UOP 为巴西欧鲁普雷图联邦大学，UPA、UPU 为瑞典乌普萨拉大学，CDUT 为成都理工大学。

1.1.3　构造物理模拟设备装置

Hall（1815）初始物理模型由一系列布片组成，分别受垂向和水平方向的橡木塞挤压变形，随后模型物质被改造成黏土物质（图 1-1）。虽然砂箱物理模型装置比较简单（即早期挤压砂箱模型原型），但它成功地揭示出自然界褶皱变形受控于水平挤压缩短过程。Daubrée（1879）在 Hall 装置上改进使用不同颜色石蜡初次构建了褶皱冲断带楔形体模型（图 1-1），揭示褶皱冲断带楔形体断层面垂直于挤压方向的特征。随后，Pfaff（1880）和 Forchheimer（1883）结合黏土、纸张和水-黏土-砂混合材料等物质基于 Hall 装置进行不同边界条件（张性、水平压缩和垂直压缩等）的物理模拟实验。Cadell（1888）使用不同颜色的石膏、湿砂和黏土等材料大大完善了该类型砂箱模型装置，初次揭示褶皱冲断带中前展式褶皱冲断过程。值得指出的是，Favre（1878）基于自由移动基底橡胶薄膜层和上覆均质黏土层设计出另一类砂箱物理模型装置（即早期俯冲砂箱模型原型），该装置得到与野外地质现象极其相似的背、向斜构造。

20 世纪初砂箱物理模型逐渐广泛兴起，不同学者对砂箱物理模型的褶皱变形机制进行了研究，如褶皱对称性与围限压力的关系（图 1-1）（Meunier，1904）、褶皱与断层的关系（Koenigsberger and Morath，1913；Link，1927）和弯流褶皱变形（Hobbs，1914；Ghosh，1968）等。同时，砂箱物理模型也广泛应用于不同构造过程与机制研究，如弧形构造（Hobbs，1914；Chamberlin and Shepard，1923）、反转构造（Terada and Miyabe，1929）、低角度逆冲推覆构造（Chamberlin and Miller，1918；Rich，1934）、斜向挤压变形（Cloos，1928）和盐构造/侵入构造（Chamberlin and Link，1927；Dobrin，1941）等。此外，砂箱物理模型比例系数/参数的属性问题也开始受到以 Hubbert（1937，1945，1951）为代表的群体的广泛研究（Beloussov，1960；Ramberg，1981；Davy and Cobbold，1991）。

虽然砂箱物理模型具有多种多样的设备装置，总体上目前主要有两类砂箱物理模型装置，分别为俯冲型砂箱模型（图 1-1）（subduction model，Davis et al.，1983；Malavieille，1984）和挤压型砂箱模型（indentation model，Ballard et al.，1987；Mulugeta，1988）。第一类主要由基底橡胶/薄膜层拖动上覆均匀物质发生运动，其受前端固定挡板阻挡发生变形（也称为 base-pull model、mobile base model、pull-type experiment）（Schreurs et al.，2006；Buiter，2012；Souloumiac et al.，2012）；第二类主要由后缘的活动挡板推动砂箱物质匀速挤压缩短变形（也称为 back-wall push model、fixed base model、push-type experiment）。两者垂直速度场都具有一个典型的突变极点，即速度不连续点（velocity discontinuity，VD）（Malavieille，1984）或奇点（singularity）（Willett et al.，1993），从而导致砂箱物质在速度突变点发生挤压缩短变形。

挤压型砂箱模型中，砂箱物质缩短变形与活动挡板几何形态具有较明显的相关性（尤其是早期变形阶段）（Persson，2001；Haq and Davis，2008），尤其是砂箱底部速度不连续点具有明显的迁移。俯冲型砂箱模型变形中，褶皱冲断变形远离活动挡板常形成双向楔形体，Koons（1990）主张相对于前者（挤压型砂箱模型装置）更加理想。虽然两类物理模型装置存在差异，但由于两者速度场具有可对比性和相似性，它们之间并不存在由于不同装置类型相关的砂箱物质变形过程与机制的重大差异（Dahlen and Barr，1989；Schreurs et al.，2006；Cubas et al.，2010）。

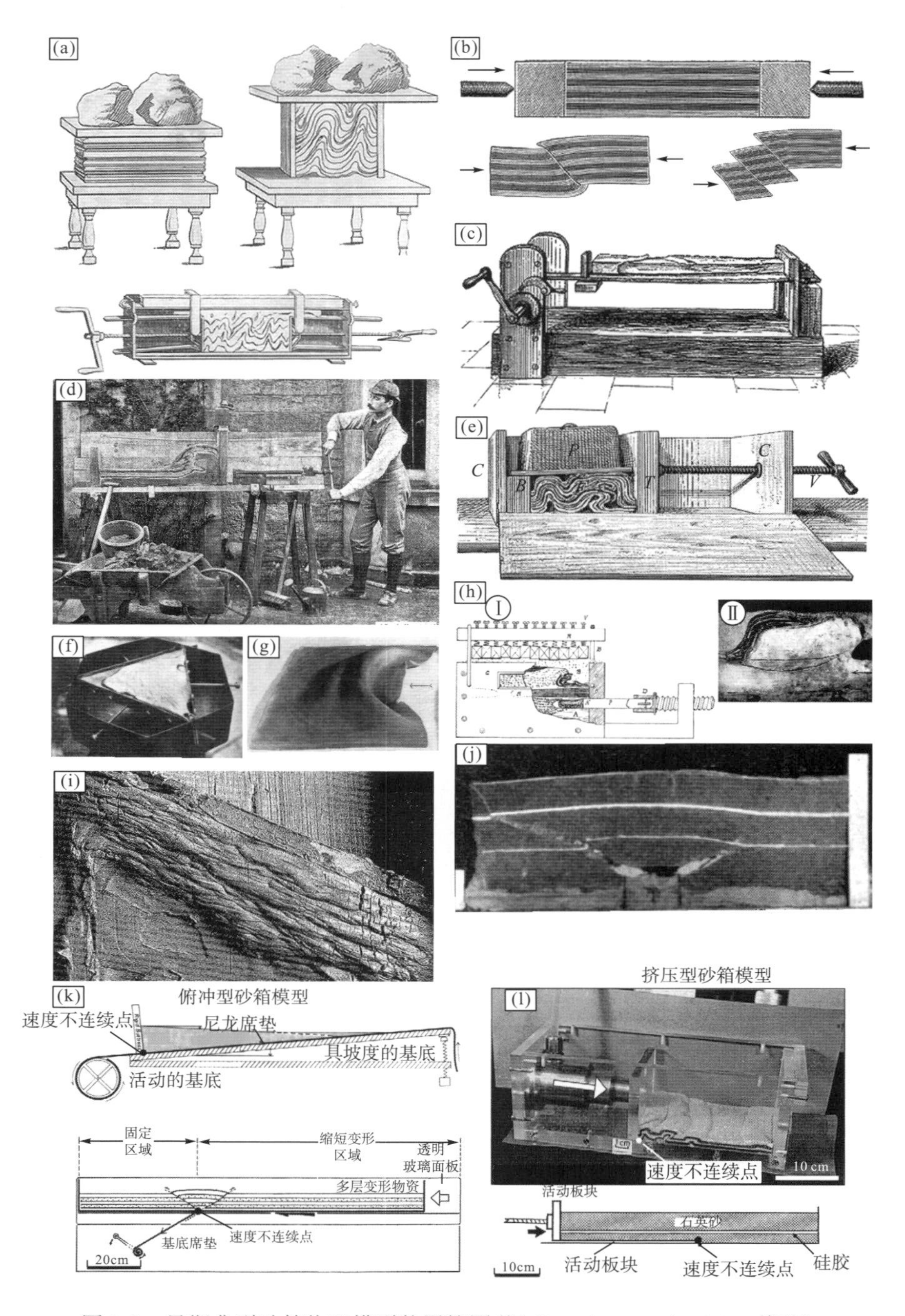

图 1-1　早期典型砂箱物理模型装置简图(据 Graveleau et al.，2012 修改)

(a) Hall (1815) 砂箱模型装置，上部砂箱物质为叠置布料，下部砂箱物质为黏土层；(b) Daubrée (1879) 褶皱冲断带楔模型；(c) Favre (1878) 砂箱模型装置 (Meunier，1904)；(d) Cadell (1888) 砂箱模型装置，缩短方向为自右向左；(e) 褶皱变形砂箱模型装置 (Meunier，1904)；(f)～(g) 弧形造山带砂箱模型装置 (Hobbs，1914；Chamberlin and Shepard，1923)；(h) 逆冲推覆构造砂箱模型装置 (Gorceix，1924a，b)；(i) 斜向挤压汇聚砂箱模型 (Closs，1928)；(j) 岩浆熔融侵入体砂箱模型 (Chamberlin and Link，1927)；(k)～(l) 俯冲型砂箱模型装置 (Davis et al.，1983；Malavieille，1984) 和 (单向) 挤压型砂箱模型装置 (Ballard et al.，1987；Mulugeta，1988)

砂箱物理模型直接观察和相机记录是一般构造物理模拟过程中最常用的手段，为了更加准确地研究物理模型与自然界原型实例间的对比性，如地貌学和运动学等，越来越多的技术手段被运用在实验中。早期物理模型中运动学标志体主要为物质表面画线(Davy and Cobbold，1991)、圆或椭圆(Cloos，1930；Marques and Cobbold，2002)、三角线、点或者网格(图 1-2)(Davy and Cobbold，1988；Martinod and Davy，1994)等，其不同几何学标志体能被动地作为不同变形过程(时间切片)的对比标志体，但标志体有效分辨率普遍较大，为 0.5～2cm。伴随计算机和数值 CCD 相机的进步，能够更加高分辨率地获取砂箱模型中不同像素或者点阵的运动规律。粒子成像测速技术(PIV)是基于两个连续时间切片中应变标志体(如石英砂颗粒等)的运动，有效量化砂箱模型运动学。每个时间切片的照片被划分为不同的审讯窗口(interrogation windows，IW)，下一个连续时间切片上相同位置的审讯窗口颗粒位置取决于其增量运动或增量应变(时间间隔内分别沿 X 轴和 Y 轴)，通过计算这两个审讯窗口可以得到该处的运动矢量($\boldsymbol{V}$)(Adam et al.，2005，2013；Hoth，2005)。此外，光流法(optical flow method，OFM)也能够有效检测砂箱物理模型运动学特征(Horn and Schunck，1981；Van Puymbroeck et al.，2000)。它们的绝对空间分辨率和位移矢量精度取决于审讯窗口大小、CCD 成像精度和相关算法，总体上都能够达到 0～0.5cm 精度。尤其是激光扫描技术、三维立体 CCD 技术和激光干涉仪等设备在砂箱物理模型中的使用，使砂箱模型实验的空间分辨率达到小于 1mm 的精度(Martinod and Davy，1994；Fischer and Keating，2005；Graveleau et al.，2008；Nilforoushan et al.，2008；Schrank and Cruden，2010)。

相对于数值模型模拟，砂箱物理模型内部变形特征的研究是目前最主要的进展之一(图 1-2)。早期砂箱模型内部变形研究仅能通过移除砂箱物质侧面进行阶段性检测(Cadell，1888；Meunier，1904)，随后通过在砂箱装置中加入玻璃面板，使我们能够连续观测内部变形(Linck，1902)。现今砂箱物理模型装置中(螺旋)X 射线计算机层析成像技术、地震反射技术、4D X 射线层析成像和 DIC(digital image correlation)粒子耦合数字图像等手段的加入，使我们能够在不破坏砂箱模型的条件下(任意时间切片和任意空间方向上)连续检测和获取砂箱模型内部变形的运动学过程(Colletta et al.，1991；Sherlock et al.，1996；Schreurs et al.，2003；Adam et al.，2013；Zwaan et al.，2018)。尤其是，通过对砂箱物理模型内部非均一性物质(如流体超压条件)或外部非均一性条件(如风化剥蚀)装置的设计，使我们对砂箱物理模型如何有效揭示自然界变形过程有了更进一步的了解(Cobbold et al.，2001；Persson and Sokoutis，2002)。通过在砂箱物理模型底部和尾部(或者局部地区)注入压缩空气(或流体)能够有效模拟砂箱模型流体超压和非均一性物质特征等变形过程(Cobbold et al.，2001；Galland et al.，2006；Montanari et al.，2010)，揭示出超压流体等对于挤压或张性楔形体几何学与运动学的重要作用。通过吸尘器或者直接刮掉砂箱模型中地貌高地的砂箱物质模拟风化剥蚀和在地貌洼地区域筛选加入新的同沉积物质模拟沉积过程，能够有效模拟地表浅部作用过程和构造变形过程的耦合性(Malavieille et al.，1993；Persson and Sokoutis，2002；McClay and Whitehouse，2004)。

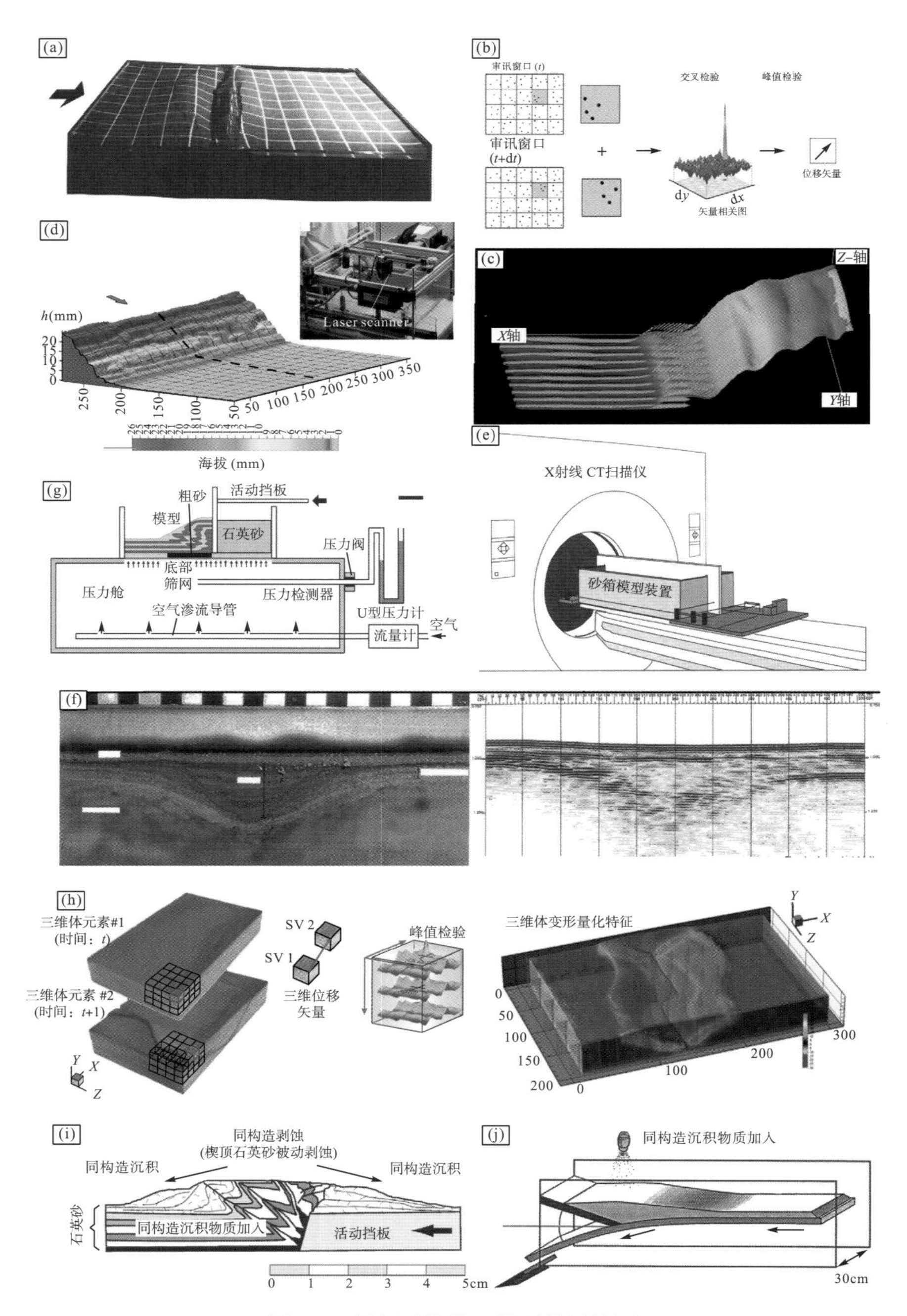

图 1-2　最新砂箱物理模型装置简图

(a) 砂箱模型表面手动运动学标志体 (Davy and Cobbold，1991)；(b)、(c) 粒子成像测速技术 (Hoth，2005；Adam et al.，2013)；(d) 激光扫描技术 (Nilforoushan et al.，2008)；(e) X 射线计算机层析成像技术 (Schreures et al.，2003)；(f) 地震反射技术 (Sherlock et al.，1996)；(g) 流体超压砂箱物理模型装置 (Cobbold et al.，2001；Mourgues and Cobbold，2006)；(h) 4D X 射线层析成像和 DIC 粒子耦合数字图像系统 (Adam et al.，2013；Zwaan et al.，2018)；(i)、(j) 浅部地表作用砂箱模型装置 (Malavieille et al.，1993；Persson and Sokoutis，2002)，主要通过人工技术从地貌高地刮掉部分砂箱物质使其沉积于低洼地区，或者直接添加部分新的物质 (Graveleau et al.，2012)

1.2　临界楔理论与自相似性生长过程

以褶皱冲断带为典型构造的造山带结构演化普遍遵循简单的变形机制，即临界楔理论(图 1-3)，Davis 等(1983)和 Dahlen(1990)将其描述为“移动推土机前方的楔形砂体”。推土机前方物质沿其底部滑脱面滑动挤压变形直到底部滑脱面倾角(β)和砂体顶面倾角(楔顶角，α)之间夹角恒定(即 $\alpha+\beta$ 恒定，称为临界角)，它主要受控于楔形体强度和基底特性。如果挤压形成的楔形体前方没有进一步的物质加积，则楔形砂体沿底部滑脱面仅发生滑动位移；如果楔形砂体前方发生进一步的物质加积，则楔形砂体发生保持其几何特征(即临界角 $\alpha+\beta$ 恒定)的自相似性生长过程。临界楔理论具有一定的假设前提(Dahlen，1984)：①较低或可忽略的内聚力强度和符合库仑破裂准则；②均质且各向同性的砂体特性；③均质摩擦基底特性；④砂箱物质和温度等属性不随时间变化。一般而言，楔形体遵循如下公式：

$$\alpha+\beta=\left(\frac{1-\sin\varphi}{1+\sin\varphi}\right)(\mu_b+\beta) \tag{1-7}$$

式中，μ_b 为基底摩擦系数；φ 为砂箱物质内摩擦角。

临界楔理论揭示褶皱冲断带自相似生长过程和其最终趋于稳态平衡演化的特征，即造山楔形体物质输入、楔形体几何形态(楔顶角和基底倾角)、楔形体内部(包括流体压力)和基底摩擦力相关的应力机制等因素最终达到稳态平衡(Davis et al.，1983；Dahlen，1984)。现今构造砂箱物理和数值模型不仅广泛验证了临界楔理论强调的基本推论，如基底倾角(增大)和楔顶角(减小)的相关性、前展式(倾角变大)与反冲断层(倾角变小)的相关性、楔形体(变宽)与基底强度(减小)的相关性、楔形体(变窄)与地表剥蚀作用(增强)的相关性等，而且对临界楔形体理论进行有效拓宽，如非临界楔状态的褶皱冲断带、非均质性物质和应变弱化带等(McClay et al.，2004；Bigi et al.，2010；Buiter，2012；Wenk and Huhn，2013)。临界楔理论强调褶皱冲断带自相似生长过程主要受控于多个基本因素：楔形体内部动力学、楔形体物质特性(如内聚力、密度、内摩擦系数和流体压力等)、基底特性(如几何学、摩擦角等)和地表作用过程。

一般而言，褶皱冲断带挤压楔形体动态演化常具有 3 种端元(图 1-3)：稳态平衡状态(阶段)，楔形体仅发生整体位于基底面上的稳定滑动、楔形体内部不发生构造变形(空白区为稳态域)，其楔形体底部滑脱面倾角与楔顶角之和恒定；有限或临界稳态平衡状态(阶段)，楔形体内部和基底摩擦力相关的应力状态、楔形体后缘加载和内聚力等初步达到稳态平衡状态(图中实线或虚线)，楔形体以自相似性特征生长变形、维持临界角及其几何形态；非稳态平衡状态(阶段)，楔形体通过构造变形调整其几何形态逐步达到临界稳态平衡状态，如亚稳态状态缩短变形、超稳态状态张性变形(图中阴影区)。亚稳定状态即楔形砂体顶面倾角相对于底部滑脱面过小，砂体通过挤压变形相关的前缘加积、冲断等作用增加其顶面角(楔顶角)，达到临界稳态平衡状态，即褶皱冲断带建造过程。超稳定状态即楔形砂体顶面倾角相对于底部滑脱面过大，砂体发生张性正断或滑动变形降低砂体顶面角，最终达到临界稳态平衡状态，即褶皱冲断带破坏过程。

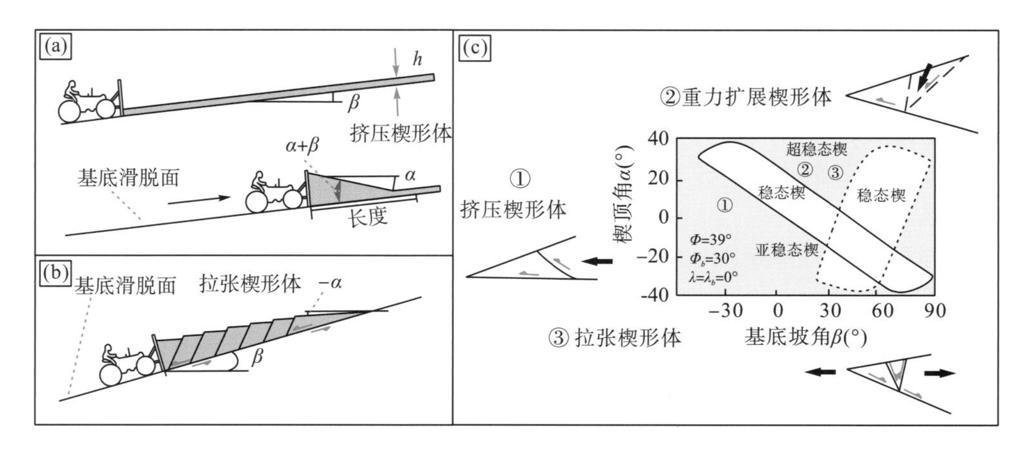

图 1-3　张性和压性体制临界楔理论综合示意图

(a)、(b)张性和压性造山楔形体(或增生楔)变形模型(据 Dahlen，1990；Xiao et al.，1991)；(c)张性和压性楔形体临界楔理论值变化协和图(据 Mourgues et al.，2013)，①挤压楔形体中基底面剪切力朝向楔形体外部的临界稳态平衡状态(Davies et al.，1983)，②重力扩展或重力滑动临界稳态平衡状态(Mourgues et al.，2013)，③张性楔形体中基底面剪切力朝向楔形体内部的临界稳态平衡状态(Xiao et al.，1991)

临界楔理论静态地诠释了造山楔恒定应力条件下的特征，它已经成功地运用于解释褶皱冲断带几何学发展演化过程。基底摩擦角增大将会导致稳态平衡状态缩小(图中稳态域缩小)，即基底倾角范围增大和楔顶角范围减小，也意味着早期非稳态状态域内的楔形砂体通过调整楔顶角大小获得稳态平衡状态。楔形砂体内摩擦强度增大和基底强度减弱相似，都会导致稳态平衡状态增大(图中稳态域增大)，即增大楔顶角范围。如果楔形砂体物质受剥蚀减少和增生加积平衡作用，则会发生褶皱冲断带稳态造山作用(Willett and Brandon，2002)，但高剥蚀速率会导致楔形砂体或造山带规模减小(如中国台湾和新西兰地区)，而低剥蚀速率则导致其规模增大(如安第斯中央高原)。Willett 和 Brandon(2002)进一步强调褶皱冲断带稳态造山作用的 4 个典型类型，即物质通量恒定、地貌稳态、热稳态和地表剥蚀作用稳态。在构造挤压变形过程中，楔形体通过内部和外部构造变形调整其几何形态最终达到并保持稳态平衡状态，即自相似性生长过程，其主要表现为通过楔形体内部冲断破裂变形的楔形体增厚过程与楔形体前缘扩展变形的楔形体增长过程周期性循环发生，从而保持构造楔形体几何学的相似性(Del Castello et al.，2004；McClay and Whitehouse，2004；Konstantinovskaia and Malavieille，2005；Bigi et al.，2010)。

基于张性和挤压构造背景下楔形体具有相似褶皱冲断带、增生楔特征及相反的滑动基底和楔形体内变形特性，Xiao 等(1991)初次对张性构造背景下楔形体变形进行物理模拟，认为张性楔形体变形过程是“移动推土机沿滑动面下倾方向运动的相关变形”，也遵循临界楔理论(Morgan and McGovern，2005)。当楔形砂体处于亚稳定状态时，将会通过沿基底倾向的滑动变形达到稳态平衡状态；当楔形砂体处于超稳定状态时，将会形成正断层变形减小楔顶角达到稳态平衡状态。但是，当张性楔形体中楔顶角小于临界值时它也可能处于稳态平衡状态，不发生楔形砂体内部变形，而与挤压构造背景下楔形砂体形成明显区别(Xiao et al.，1991)。最近，Mourgues 等(2013)通过数值和砂箱模型实验揭示张性构造背景下构造变形并不完全符合临界楔理论，认为基底滑脱面流体压力比控制张性构造楔形体的形成演化（Mourgues and Cobbold，2006），导致其形成典型的浅部滑塌和深部（构造楔主滑脱面）重力扩展变形。当楔形砂体处于超稳定状态时，受控于楔形体内压力小于临界压力比特性，砂体仅发生浅部滑塌变形，楔形体内压力大于临界压力比，导致与主滑脱面变形相关的重力扩展作用，且伴随流体压力比增大、楔顶角变小。

褶皱冲断带临界构造楔理论广泛地应用于不同造山带的研究（Davis et al.，1983；Willett et al.，2006），揭示出构造楔形体强度与基底等因素共同控制褶皱冲断带的自相似性生长过程，决定楔形体楔顶角与基底倾角的共同（线性相关）变化过程（Davis et al.，1983；Dahlen，1984）。因此，根据楔顶角与基底倾角特征（即 $\alpha+\beta$）可以将褶皱冲断带大致分为两类：中-高角度类型（$\alpha+\beta>10°$）和低角度类型（$\alpha+\beta<5°$），前者普遍发育较小倾角的前展式断层和较大倾角的反冲断层，而后者发育倾角大致相似的前展式和反冲断层，尤其是反冲断层明显发育（Davis et al.，1983；Buiter，2012）。同时，伴随周期性自相似性生长过程，楔形体常常形成明显的楔顶角破裂点或突变点（slope break），该突变点常位于以前展式扩展变形特征为主的楔形体前缘（或外带）和以无序冲断加积变形特征为主的楔形体内带之间的过渡带（Dominguez et al.，2000；Del Castello et al.，2004；Wenk and Huhn，2013），与基底属性可能具有一定成因关系（Del Castello et al.，2004）。值得指出的是，基于褶皱冲断带（如台湾冲断带、尼日尔三角洲褶皱冲断带等）的实例研究也揭示出，地壳浅部（小于 15km）普遍具有相对均一的物理特性，控制楔形体的自相似性生长过程，但是 15～20km 深度地壳物质具脆-塑性过渡带变形特征，导致楔形体强度减弱，楔顶角与基底倾角相关性不明显（Suppe，2007）。

1.3　挤压砂箱构造物理模拟

自然界挤压褶皱冲断带/或增生楔基于其变形传播方向通常可以分为两类（图 1-4）：单向汇聚楔形体类（Hubbert，1951）和双向汇聚楔形体类（Koons，1990；Willett et al.，1993），前者速度不连续点位于活动挡板前缘导致物质难以发生反向位移，后者速度不连续点位于砂箱模型中部导致砂箱物质能够同时发生向前或向后的位移与变形，即发生向俯冲盘方向的前展式褶皱冲断变形（forethrust）和向活动挡板方向的反向冲断变形（backthrust）。

挤压砂箱模型中由于基底变形传播的阶段性和周期性导致其单向汇聚楔形体生长的非稳态性（图 1-4），即楔形体前展式扩展变形形成新的前缘冲断层导致楔形体加积增生，新的楔形体进一步发生缩短（积累应变可能为10%左右）与增厚变形直到新的前缘断层形成（Mulugeta and Koyi，1992；Gutscher et al.，1996）。伴随楔形体持续变形增生，早期逆冲断层倾角逐渐减小。砂箱物理模型和数值模型实验中楔形体加积生长过程服从明显的临界楔理论（Mulugeta and Koyi，1992；Naylor and Sinclair，2007），且楔形体面积普遍服从线性增长趋势（Koyi，1995），楔形体可大致分为平顶部分和三角前缘部分，前者面积具稳定增长特征、后者面积长时间内具有稳定不变的特征，这主要归功于楔形体后缘物质的恒定加积作用和前缘物质沿楔形体表面发生扩散。但是，无论是黏土砂箱模型还是石英砂砂箱物质，楔形体内部物质主要发生向上的位移(Cowan and Silling，1978；Mulugeta and Koyi，1992)。一般而言，单向汇聚楔形体可以划分为3个典型的结构和运动学亚带(图1-4)：前缘变形带(frontal-deformation zone，FDZ)、前缘叠瓦冲断带(frontal-imbrication zone，FIZ)和内部加积变形带(internal-accumulation zone，IAZ)。前缘变形带由新形成的逆冲断层组成，常形成成对的前展式和反冲断层，具有较大的水平位移和较小的抬升变形，因而呈垂直拉伸应变椭球变形特征；前缘叠瓦冲断带常由数条逆冲断层组成，水平位移较前者小、抬升变形量适中，因此拉伸应变椭球体较前者小；内部加积变形带由无序冲断层与前缘叠瓦冲断带分开，水平位移和抬升变形量都极小，因此其通常具有各向同性的变形特征。

俯冲砂箱模型中双向汇聚楔形体也具有数个生长变形周期(Willett et al., 1993; Hoth et al., 2007)。早期快速扩展变形阶段(前楔低位移量冲断、反向楔快速冲断变形)，以形成典型受成对膝折带控制的冲起构造为主(Willett et al.，1993；Hoth et al.，2007)，物质主要发生反向楔内的反向扩展和抬升变形，随后前楔和反向楔持续发生物质加积变形形成楔形体轴带。后期为低速扩展变形阶段(前楔高位移冲断变形、反向楔低速冲断变形)，以形成持续的冲断岩片或推覆体叠置构造为主(McClay and Whitehouse，2004；Bigi et al.，2010)。一般而言，当楔形体高度达到最大时(临界楔形体高度)(图1-4)，反向楔载荷过高而难以持续其高滑动变形速率，此时楔形体轴带相当于阻挡体加速前楔扩展变形(Storti et al.，2000；McClay and Whitehouse，2004)。前楔与反向楔具有不同的加积增生机制，前者以前展式和基底加积为主，反向楔则以前楔物质的向上和反向剪切生长形成为主；前楔地貌坡度符合最小临界楔形体理论，反向楔地貌坡度具有较大争议(Davis et al.，1983；McClay and Whitehouse，2004)。

1.3.1　模型基底特性

砂箱基底特性对砂箱模型模拟过程中楔形体具有不同作用，其主要特性因素包括基底几何学性质(如坡度和地貌形态)、有效摩擦角、孔隙流体压力和垂直应力(之比)等。Davis等(1983)基于砂箱模型临界楔理论指出砂箱基底坡角变化(增大或减小)会伴随楔形体地表角度变化(减小或增大)，相对于基底砂箱模型中断层仍然具有相似特征，但相对于水平参考系前展式断层倾角更陡、反向扩展断层更缓。在基底摩擦角和缩短量一定的情况下，基底倾向后陆的砂箱模型相对于基底倾向前陆(扩展变形方向)的砂箱模型楔形体较短、较厚(图1-5)，主要归因于前者具有较高的平行层缩短和较高的非面积守恒应变特征(Koyi and Vendeville，2003)。尤其是当基底摩擦系数(或摩擦力)相对较高时，如μ_b=0.55，基底倾角对砂箱楔形体的影响更加明显，反之亦然。值得指出的是，增大基底倾角与增加基底摩擦系数对于楔形体(如楔顶高和临界楔顶角)具有相似的作用。Smit等(2003)揭示当基底倾角为0.75°～3.0°时，伴随其角度变化，石英砂箱模型构造样式具有明显不同的特性。低角度砂箱基底倾角形成较宽的前展式冲断构造变形特征，倾角较大则具有较窄的前展式和反向式冲断构造变形特征。当砂箱基底具有不同的正凸起和负地貌形态时(如火山口、地堑等)，挤压变形过程会导致砂箱物质发生典型的构造剥蚀现象(tectonic erosion)(Von Huene and Culotta，1989；Lallemand et al.，1994)。由于不同的变形机制导致形成复杂的地貌特征(图 1-5)，基底正凸起上覆砂箱物质发生反向冲断变形，楔形体后缘物质常常发生高角度走滑变形和正断层变形(Dominguez et al.，2000)。

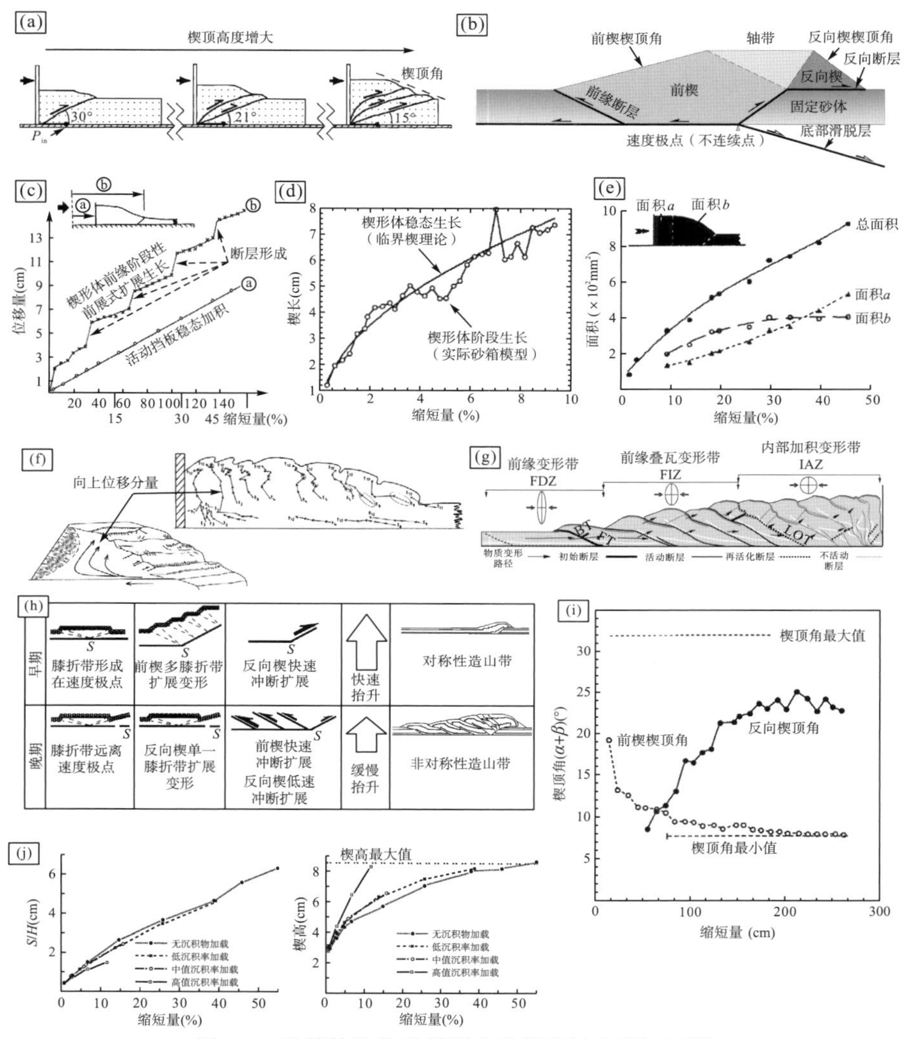

图 1-4　砂箱构造物理模型实验楔形体生长特征图

(a)单向汇聚楔形体类型砂箱模型生长过程及其断层演化特征(Marshak and Wilkerson，1992)，伴随楔形体增高，断层倾角逐渐减小；(b)双向汇聚楔形体类型砂箱模型(McClay and Whitehouse，2004)，其主要由前楔、反向楔和轴带等部分组成；(c)楔形体阶段性扩展变形与生长过程(Mulugeta and Koyi，1992)，楔形体前缘伴随新生成的逆冲断层前展式生长；(d)砂箱模型楔形体生长服从临界楔理论(Mulugeta and Koyi，1992)；(e)楔形体横截面近似恒定的生长规律(Koyi，1995)，楔形体可大致分为面积稳定生长部分和面积快速恒定部分；(f)黏土和石英砂楔形体内部物质运动轨迹(Cowan and Silling，1978；Mulugeta and Koyi，1992)，揭示砂箱物质普遍具有向上的运动轨迹导致地貌凸起；(g)单向汇聚楔形体结构分带性(Lohrmann et al.，2003)，其可大致分为前缘变形带(FDZ)、前缘叠瓦冲断带(FIZ)和内部加积变形带(IAZ)；(h)双向汇聚楔形体类砂箱模型生长变形周期性(Storti et al.，2000)，即早期快速扩展变形阶段(前楔低位移量冲断、反向楔快速冲断变形)和后期低速扩展变形阶段(前楔高位移冲断变形、反向楔低速冲断变形)；(i)前楔和反向楔地表坡度变化特征(Wang and Davis，1996)，伴随楔形体生长前楔地表坡度达到最小临界楔角度；(j)双向汇聚楔形体类砂箱模型生长楔形体高度变化特征(Storti and McClay，1995)，楔形体高度普遍具有与缩短量之比呈恒定速率的生长过程，最后达到最大值

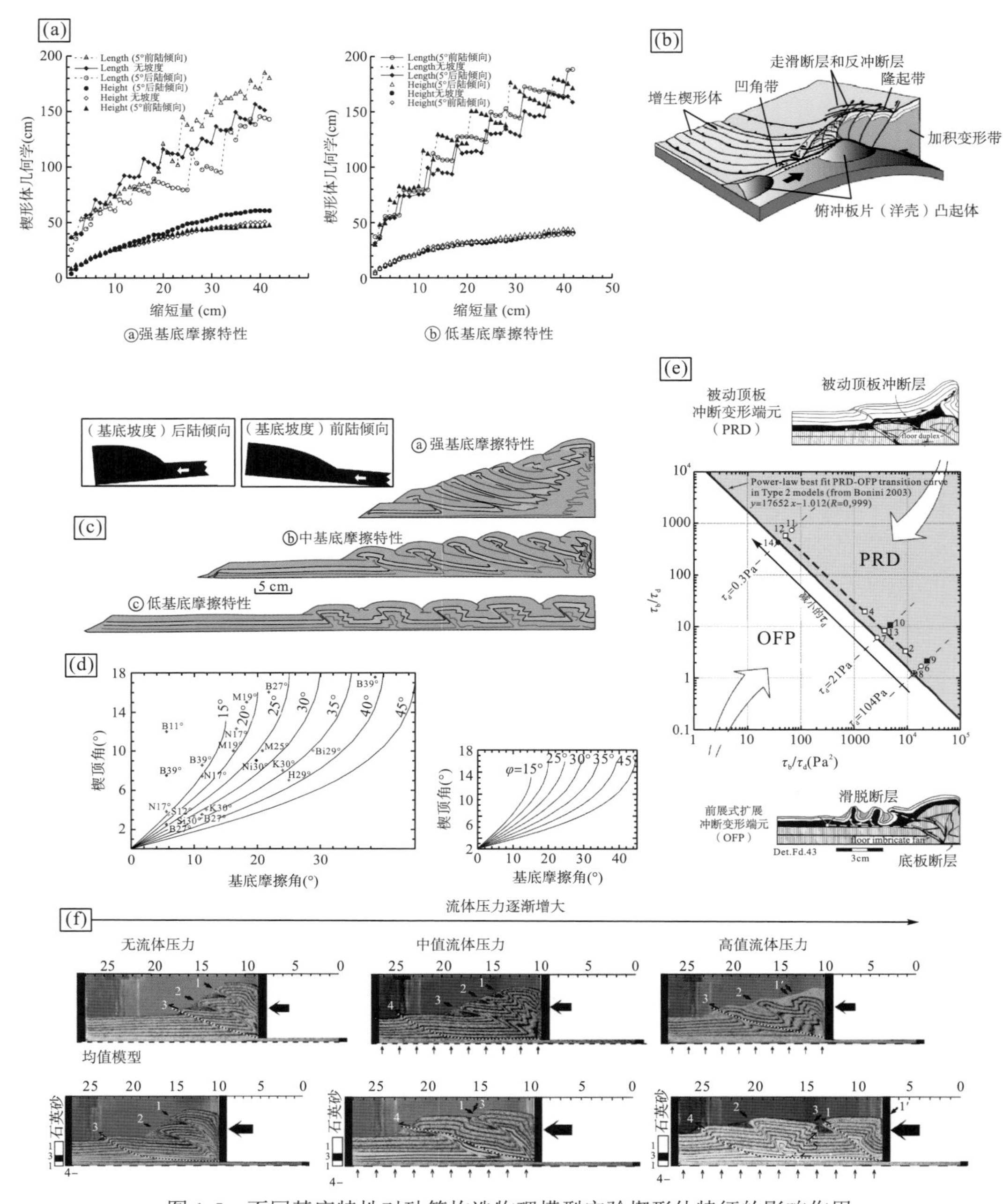

图 1-5　不同基底特性对砂箱构造物理模型实验楔形体特征的影响作用

(a) 基底坡度对砂箱模型楔形体特征的影响(Koyi and Vendeville，2003)，基底倾向后陆的砂箱模型相对于基底倾向前陆(扩展变形方向)的砂箱模型中楔形体较短、较厚(尤其是强基底摩擦特性)；(b) 基底地貌凸起(如火山口)对楔形体特征影响的三维形态(Dominguez et al.，2000)；(c) 基底差异性摩擦特征对逆冲楔形体形态的影响(Liu et al.，1992)，伴随摩擦系数或强度增大楔顶角明显增大，且构造运动学特征也具有明显变化；(d) 水平基底的摩擦系数与楔形体楔顶角或坡度的关系符合临界楔理论(Buiter，2012)，其中小图为大图的数值模拟结果；(e) 砂箱模型变形样式与基底和砂箱物质内剪切力的关系(Bonini，2007)，揭示基底和砂箱物质内剪切力关系之比控制着楔形体前展式扩展冲断变形或被动顶冲等构造变形过程；(f) 砂箱物质底部流体超压对楔形体的影响(Mourgues and Cobbold，2006)，流体超压导致楔形体更宽、楔顶角更小

砂箱模型中基底与砂箱物质的耦合特性（即沿楔形体底部滑脱面）是控制构造楔形体几何和构造特征的最重要的参数，自然界中其主要取决于沉积盖层和流体超压特性（图 1-5）。砂箱模型中通过在砂箱底部加入不同摩擦系数的物质（如玻璃珠 μ_b=0.36、塑料/聚酯薄膜 μ_b=0.21 等）来改变砂箱模型中基底的特性。低摩擦系数（或强度）砂箱模型中楔形体变形生长以（可能为对称性）箱状褶皱和冲起结构为主，具有较大的宽度和较小的楔顶角，且前展式冲断和反向冲断都较普遍（Liu et al.，1992；Mulugeta，1988；周建勋等，2002）；而高摩擦系数砂箱模型中楔形体变形生长以叠瓦状冲断构造变形为主，冲断变形以前展式无序冲断（常具多期活动）为主（Cotton and Koyi，2000；Koyi et al.，2000；Smit et al.，2003），且具有较高的平行层缩短变形（Koyi et al.，2004）。高摩擦系数砂箱基底的主应力轴（δ_1）倾向前陆方向，导致前展式冲断层相对于其反向冲断层具有较低的倾角而具有更大的缩短变形特征（Davis and Engelder，1985），因此 Bonini（2003，2007）认为，基底和上覆砂箱物质的内剪切力控制着楔形体的变形结构特征，尤其是砂箱物质内部滑脱层导致上下变形脱耦，形成典型被动顶冲双重变形结构。砂箱模型中流体超压严重影响楔形体几何形态，挤压楔形体具有明显较宽、较薄和较小楔顶角的几何学特征，伴随挤压过程砂箱底部形成水平滑脱层，并发生盆地向扩展移动（Cobbold et al.，2001；Mourgues and Cobbold，2006）。尤其是对于非均质性砂箱物质（即变化的渗透率和内聚力系数特征），滑脱层沿低渗透层形成、快速向盆地扩展传播，楔形体常具有较小楔顶角和近似对称的冲起结构特征。

砂箱基底面积（布砂面积，S_B）与相关剪切应力的比值，尤其是其与侧向固定挡板面积（布砂厚度接触面积，S_L）的比值（Souloumiac et al.，2012），导致楔形体挤压变形过程中，临近侧向固定挡板处砂箱表面断层发生不同程度弧形弯曲，从而严重影响砂箱变形 2D 剖面重建（Schreurs et al.，2006）。当 S_L/S_B 小于 0.1 时，砂箱基底面剪切应力较大、侧向固定挡板与挤压缩短方向相反的剪切应力可以忽略；当 $0.1<S_L/S_B<0.35$ 时，侧向固定挡板上剪切应力导致砂箱表面发生明显的侧向弧形弯曲。尤其是当 $S_L/S_B>0.35$ 时，砂箱表面断层侧向弯曲会产生重要的实验室误差（Souloumiac et al.，2012）。因此，初始设置砂箱构造物理模型的过程中，如果砂箱物质具有较高的摩擦系数，则将导致侧向固定挡板上的剪切应力和 S_L/S_B 值减小；相反，如果仅在砂箱基底布置滑脱层等低摩擦系数物质，则会导致侧向固定挡板上的剪切应力和 S_L/S_B 值增大。

1.3.2　模型物质特性

砂箱物质特性对于砂箱楔形体变形与演化具有明显的控制作用（魏春光等，2004；Konstantinovskaya and Malavieille，2011；Graveleau et al.，2012；），如内聚力、摩擦力（或强度）、厚度、孔隙度和渗透率等，尤其是其垂向属性的变化（图 1-6）。一般而言，砂箱物质强度增加导致其临界楔形体稳定区域面积增大，即最小临界（楔顶）角变小和最大临（楔顶）界角变大（图 1-3）。砂箱物质内部软弱层导致楔形体由以能干性楔形体的冲断褶皱变形为主的构造样式，转变为以褶皱变形样式为主的特征（Yamato et al.，2011）。物质压实作用使其内聚力增强，从而导致临界（楔顶）角变小形成凸起的地表形体，但由于内聚力与砂箱物质摩擦强度和流体孔隙压力密切相关，因此内聚力对整个褶皱冲断带变形影响作用有限（Simpson，2011）。由于砂箱物质普遍具有瞬时应变增强和应变弱化特性，使砂箱楔形体具有典型的依赖于物质压实作用的分带性（图 1-6）。Lohrmann 等（2003）认为砂箱物质的体积强度受控于其最薄弱层的摩擦强度（如断层等），因此早期存在的非均一结构可能使砂箱楔形体局部集中应变从而控制其构造变形过程与样式，如活动断层摩擦特性决定着楔形体不同分段的楔顶角和强度。同时砂箱楔形体向后缘由于断层旋转和弹性物质强度增加导致其体积能干性逐渐增大，不同砂箱物质纵向属性差异导致楔形体后缘集中应变带具有明显的运动学特征差异性。尤其是砂箱物质侧向非连续性是侧向或斜向断坡、撕裂断裂和转换带等构造形成的重要控制因素（Cotton and Koyi，2000；Marques and Cobbold，2002；Ravaglia et al.，2004），常常在砂箱物质表面表现为不同逆冲前缘连接带或逆冲岩片侧向终止构造样式，砂箱物质内部导致不同岩层厚度空间明显变化。砂箱物质侧向不连续带具有较高的平行层缩短变形和较低的逆冲分量，逆冲岩片（席）长度与逆冲滑动量可能存在一定的线性关系（Ravaglia et al.，2004）。同时，流体压力普遍存在减小砂箱物质有效应力的作用，导致破裂变形作用发生，因此含水砂箱楔形体具有较低的强度和较高的临界（楔顶）角（Cobbold et al.，2001；Strayer et al.，2001；Mourgues and Cobbold，2006），流体压力系数比和楔顶角共同控制着楔形体中滑脱层前展式变形传播和应变集中特征（Pons and Mourgues，2012）。

除砂箱物质自然属性的差异之外，不同砂体成型方法（如自动化筛砂和倾倒方式等）、上覆地层压力等也可能导致砂箱物质属性体现出一定差异性，从而影响其构造物理模拟结果（图 1-6）。自动化筛砂造型形成的砂箱楔形体物质具有较高的砂体密度、分选性、均一性、高压实性和相对较高的应变破裂强度等（Lohrmann et al.，2003；Panien et al.，2006；Gomes，2013）。磨圆度低、非均质性强、颗粒粗的砂箱物质，在挤压变形过程中由于较高的应力分散性常常产生较大的弥散式或弥散性变形、较高的应变弱化特征。因此，（新型）砂箱物质材料研究受到越来越多的重视。基于具相似峰值破裂强度等力学特性的石英砂、石英-重晶石混合砂和石英-白云母混合砂 3 种砂箱物质构造模拟揭示，砂箱物质中塑性颗粒物质（即重晶石、白云母等矿物）含量增加将导致更加均一的挤压冲断变形过程和楔形体几何学变化，同时也导致混合石英砂类砂箱物质需要较高的剪切应变量才能达到与纯石英砂相似的挤压破裂变形（Gomes，2013）。水饱和条件下微玻璃珠、硅粉、塑料粉末、石墨粉和四者的混合材料砂箱实验表明（Graveleau et al.，2011），相同挤压条件下微玻璃珠和塑料粉末砂箱物质产生相对较少的前展式断层和较小的楔顶角，挤压缩短变形过程中微玻璃珠楔形体前缘产生明显的褶皱缩短变形，而后者前缘则以脆性破裂变形为主；硅粉则具有更多的脆性破裂变形行为特征，前展式和反冲式断层普遍发育，且具较大的楔顶角，同时由于硅粉具有较高的内聚力，其断层空间距离明显较其他物质窄和密。

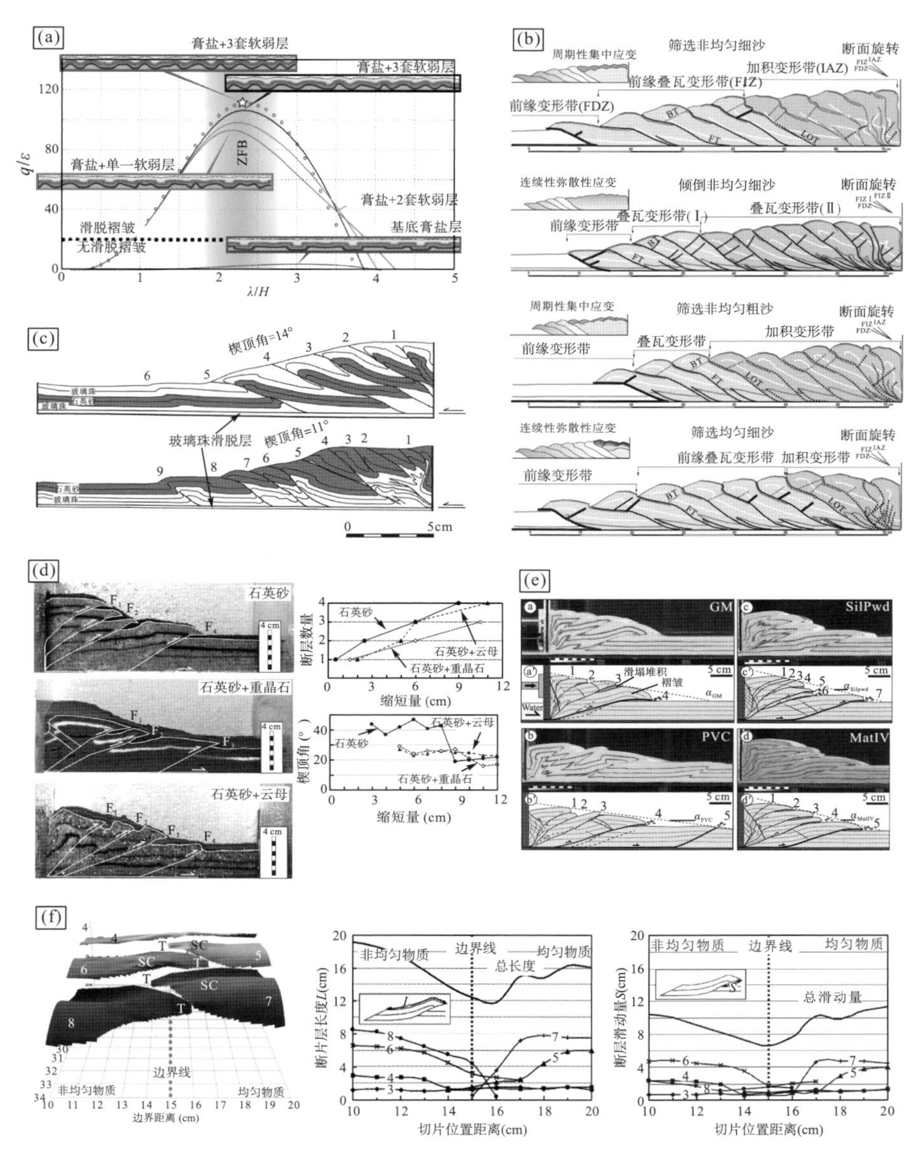

图 1-6　不同砂箱物质特性对构造楔形体变形的影响作用

(a) 多层滑脱层对楔形体变形的影响(Yamato et al.，2011)，单一基底滑脱层导致楔形体以低速褶皱变形和冲断变形构造样式为主，多层滑脱层导致楔形体以变形速率极其增大、以褶皱变形构造样式为主；(b) 不同砂箱物质楔形体特征(Lohrmann et al.，2003)，不同物质楔形体内部加积应变带(IAZ)具有运动学特征差异性，而其他部分则大致相似；(c) 能干层位置对于砂箱楔形体的影响(Teixell and Koyi，2003)，能干层位于砂箱底部具有相对顶部较大的楔顶角，从而控制着楔形体特征；(d) 纯石英砂、石英-重晶石混合砂和石英-白云母混合砂 3 种砂箱物质的构造变形过程，伴随砂箱物质中弹性颗粒物质含量增加，挤压冲断变形过程和楔形体几何学变化具明显更均一化特征(Gomes，2013)；(e) 相同挤压条件下，水饱和条件下微玻璃珠 GM、硅粉 SilPwd、塑料粉末 PVC、石墨粉 Graph 和四者的混合材料 MatⅣ砂箱物质挤压构造变形特征(Graveleau et al.，2011)，由于硅粉相对于其余几种物质具有较高的内聚力，其断层空间距离明显较其他物质窄和密，其前展式和反冲式断层普遍发育；(f) 砂箱物质侧向非连续性转换带在砂箱物质表面表现为不同逆冲前缘连接带或逆冲岩片侧向终止构造样式，具较高的平行层缩短变形和较低的逆冲分量，逆冲岩片(席)长度与逆冲滑动量可能存在一定的线性关系(Ravaglia et al.，2004)

物质能干性和非能干性岩层实验表明，能干性岩层(如石英砂)缩短变形以冲断构造变形为主而区别于后者(如玻璃珠)以褶皱变形为主，但不同的基底摩擦属性会导致典型的集中应变发生(尤其是低摩擦特性的砂箱基底)。能干性岩层会导致砂箱楔形体楔顶角明显增大，且能干性岩层位于砂箱底部相对于顶部对楔顶角增大作用更加明显。砂箱内部软弱层或滑脱层除相对于砂箱基底和其周围砂箱物质具有更低的能干性外(Kukowski et al.，2002)，其厚度和几何学展布对于楔形体变形也具有重要的影响作用，这主要归功于其低应力-应变条件有助于变形的扩展传播。滑脱层深度控制着楔形体褶皱变形空间格架及其构造样式，较浅的滑脱层导致楔形体具有更普遍的宽向背斜和深部冲断变形特征，而较深的滑脱层导致楔形体具有更快的传播变形特征和褶皱冲断变形样式(Ballard et al.，1987；Rossi and Storti，2003；Yamato et al.，2011)，尤其是叠瓦冲断构造样式。滑脱层侧向非均质性导致形成不同波长的冲断层系、弧形构造等，而其垂向非均质性决定着砂箱模型中不同级别的构造样式，即底部滑脱层系为一级结构、中部滑脱层系为二级结构。值得指出的是，区别于挤压砂箱物理模型和数值模型中滑脱层对构造变形过程的强烈控制作用(Kukowski et al.，2002；Stockmal et al.，2007；Konstantinovskaya and Malavieille，2011；沈礼等，2012)，其在俯冲挤压砂箱模型中对于砂箱楔形体的变形作用明显较弱(Hoth et al.，2007)。

1.3.3 模型动力学特性

砂箱动力学特性对砂箱模型模拟过程中楔形体差异性的作用主要体现在：砂箱不同几何边界(如活动或固定挡板)、不同挤压汇聚方向(即缩短方向与挡板边界)(McCaffrey，1992)和差异挤压汇聚速率导致砂箱物质变形过程存在典型的非均一性属性(图 1-7)。斜向汇聚碰撞导致砂箱楔形体存在较大楔顶角和典型分带性(Biagi，1988；Martinez et al.，2002；McClay et al.，2004)，楔形体外带逆冲断层倾向砂箱挡板、地表破裂普遍、平行逆断层具有一定的斜度；内带与外带之间由向外带增厚的、少量逆断层形成的新月形构造带分割，内带具有典型扭压走滑特征且切割早期逆断层及其分支。值得指出的是，斜向汇聚砂箱变形中楔形体变形过程普遍具有弥散性应变、斜向应变和应变集中 3 个不同阶段(Leever et al.，2011)。当楔形体后缘阻挡体较薄时，变形带相对较宽且内部扭压走滑带普遍位于砂箱模型速度不连续点；当活动挡板较厚时，内部扭压走滑带具有前陆向迁移特征。伴随斜向碰撞夹角逐渐增大(φ 为 45°～55°，砂箱物质位移矢量与砂箱边界活动挡板或速度不连续点的夹角)，内带逆冲断层倾角明显变陡、数量减少，且断层逐渐垂直、汇聚形成主断层，尤其是少量走滑断层会体现出正断层特征。在较高摩擦基底的砂箱模型中，走滑断层主要出现在具有较高斜向夹角的碰撞挤压模型中(90°＞φ＞40°～45°)，而在较低斜向夹角的碰撞挤压模型中位移的走滑分量主要被逆断层所吸收，因此应变集中主要发生于较高斜向夹角碰撞过程中(图 1-7)。如果砂箱模型基底具有更低的摩擦特征，则其临界斜向夹角变大(μ_b=0.2 时，φ=60°)(Martinez et al.，2002)。尤其是较高的斜向夹角碰撞挤压可能会形成几何学近似对称的、具有较高凸起轴带(被走滑断层切割)的双向汇聚楔形体(McClay et al.，2004；Leever et al.，2011)。

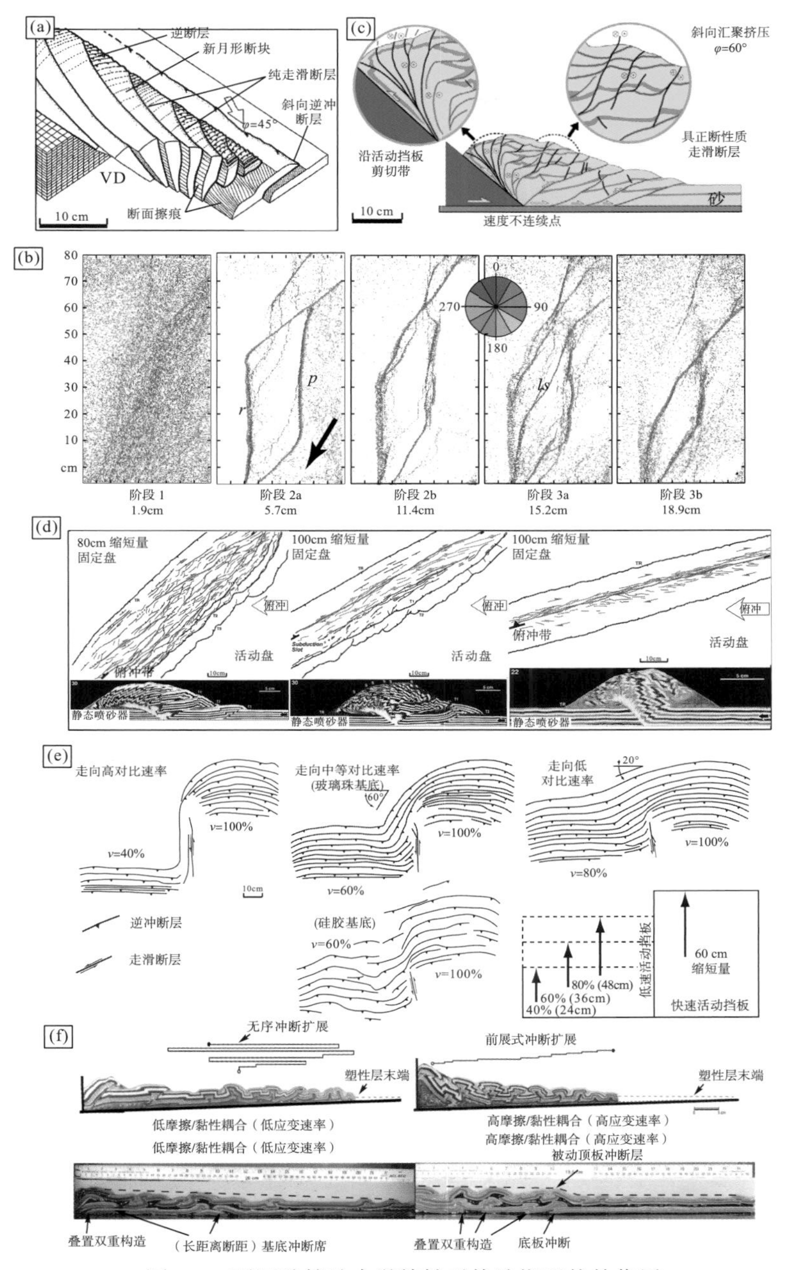

图 1-7　不同砂箱动力学特性对构造楔形体的作用

(a) 三维斜向碰撞挤压砂箱模型分带性(Biagi，1988)；(b) 斜向汇聚挤压(φ=30°)砂箱模型楔形体演化三阶段性(Leever et al.，2011)，即弥散性应变阶段、斜向应变阶段和应变集中阶段；(c) 高斜向挤压碰撞夹角砂箱模型走滑断层特征，其中少量走滑断层体现出正断层特征；(d) 斜向汇聚挤压夹角属性对楔形体变形的影响(McClay et al.，2004)，低斜向夹角变形缺少走滑断层，走滑断层构造变形发生的临界角为40°～45°；(e) 砂箱模型走向挤压速率变化与不同弧形楔形体的关系(Reiter et al.，2011)，楔形体前缘冲断变形具有典型弧形几何学特征且其弧度随速率走向对比性的增大而增大；(f) 双层和多层摩擦-黏性层耦合特性对楔形体的影响(Couzens-Schultz et al.，2003；Smit et al.，2003；Graveleau et al.，2012)，低挤压缩短速率楔形体中滑脱层有效变形使楔形体发生前展式和反向式冲断多期次活动

砂箱模型不同几何边界导致砂箱物质具有明显不同的切线运动速率，从而形成不同几何学和运动学特征(Bonini et al.，1999；Macedo and Marshak，1999；Marques and Cobbold，2002)，如弧形构造可能受控于初始地貌的几何学差异和/或活动挡板的几何学差异。尤其是活动挡板前缘倾角面不同于砂箱物质内摩擦角(约 30°)时，砂箱物质通过活动挡板与活动的反向剪切带之间物质加积和压缩机制(沿前缘倾角面传播)形成砂箱模型的有效挤压体(effective indenter)，从而控制砂箱模型楔形体的形成演化(Bonini et al.，1999；Persson，2001)。因此，活动挡板前缘倾角面存在两种不同端元模型，倾角面小于 45°时楔形体剪切传播点与活动挡板前缘点一致；倾角面大于 60°时楔形体剪切传播点与活动挡板前缘点不一致。

Reiter 等(2011)基于砂箱模型中走向缩短速率的变化揭示出斜向物质传播、冲断变形和物质旋转相关的系列弧形构造(图 1-7)。走向缩短速率变化较小时，楔形体走向具有连续性且具 20°～60°弧形结构；走向速率变化较大时，由于较高角度弧形结构(大于 60°)使楔形体走向不具有连续性。具有较大挤压缩短速率的楔形体前缘冲断变形结构发生侧向传播(向低速楔形体前缘)，从而影响后者前缘冲断变形和楔形体几何学特征。由于不同于砂箱物质中石英砂低(或非)应变敏锐性，黏性材料或黏弹性材料具有一定的应变相关性(Davis et al.，1983；Weijermars and Schmeling，1986)，因此挤压砂箱模型中不同走向缩短速率对楔形体变形至关重要，如挤压缩短速率控制着单向和双向挤压楔形体的地表形态和楔体大小(Rossetti et al.，2000)。较高缩短速率使楔形体具有更窄、更厚的几何特征，更易于发生应变集中化和前展式冲断变形，形成较陡的前缘楔顶角，楔形体体现出较高摩擦属性特征；低缩短速率使楔形体较宽、厚度较薄，具有弥散性变形与应变特征，以双向汇聚的褶皱变形为主(Smit et al.，2003；Pichot and Nalpas，2009)。受控于砂箱物质机制层厚度和缩短速率(Nalpas and Brun，1993)，低挤压速率下滑脱层有效变形使楔形体发生前展式和反向式冲断多期次活动；而高挤压速率下滑脱层重要性相对较弱、楔形体常具前展式扩展变形序列(Smit et al.，2003；Couzens-Schultz et al.，2003；Yamato et al.，2011)。

1.3.4　模型浅表作用过程

浅表作用过程(如剥蚀与沉积)直接影响砂箱物质模型地貌，同时与楔形体内部变形过程具有典型互馈过程(Koons，1990；Beaumont et al.，1992；Willett，1999；Hilley et al.，2004)。浅表作用过程首先影响浅部物质负载，从而增加或减小砂箱基底摩擦应力，同时也导致楔形体体积强度增大或减小；其次剥蚀和沉积作用都可能导致楔顶角减小、楔形体处于不稳定状态(即亚稳定状态)，从而导致楔形体通过变形调整达到临界稳态平衡状态(图 1-8)。不同于沉降过程的连续性，自然界中剥蚀过程常常具有非连续性和阶段性，因此砂箱模型实验中的浅表作用过程普遍被简化，如倾斜的或水平的剥蚀界面(Persson and Sokoutis，2002；Konstantinovskaia and Malavieille，2005)、与海拔线性相关的剥蚀速率(Hoth et al.，2006)或非线性河流剥蚀规律(Cruz et al.，2010)等。

浅表剥蚀作用过程普遍导致楔形体扩展变形速率减小、宽度减小、断层倾角变大、活动时间增长(多期活动与无序冲断)和应变集中化(剥蚀区域)等，尤其是走向剥蚀速率的变化可能导致形成弧形褶皱冲断带(Marques and Cobbold，2002)；浅表沉积作用具有与之相反的特性(Storti and McClay，1995；Willett，1999；Hoth et al.，2006；Bigi et al.，2010；Cruz et al.，2010；Konstantinovskaia and Malavieille，2005，2011)。砂箱楔形体演化不仅对剥蚀和沉积等浅表作用具有敏锐的响应性，且对剥蚀和沉积等浅表作用发生的区域也具有响应性。当剥蚀发生在双向楔形体前楔时能够导致冲断层数量减小、倾角增大，断层活动却并不具有无序冲断活动特征；当剥蚀发生在反向楔(或同时发生在前楔与反向楔)时对冲断层数量并没有明显影响，但断层活动却具有无序冲断活动特征(Hoth et al.，2006，2007)。非均一性浅表剥蚀作用导致砂箱逆冲断层多期活动使楔形体变形与应变集中化，最终导致楔形体发生反向位移(Persson et al.，2004；Cruz et al.，2008)；楔形体轴带(尤其是前楔与后楔界限带)受局部剥蚀作用也发生明显的迁移现象，前楔剥蚀导致轴带后楔向迁移、后楔剥蚀导致轴带前楔向迁移(Cruz et al.，2008；Willett，1999)。

砂箱物质剥蚀路径主要依赖于其初始结构位置和浅表作用强度，较强的剥蚀作用显著增加砂箱物质剥蚀路径倾角，从而使楔形体深部物质剥蚀出露；倾角较缓的活动挡板更有利于其前缘物质具有更陡的剥蚀路径(Cruz et al.，2008；Konstantinovskaia and Malavieille，2005，2011)。受控于砂箱基底摩擦特性及其相关的断层传播变形过程，低摩擦强度基底(即具基底滑脱属性)砂箱模型剥蚀作用相对于高摩擦强度基底砂箱模型较弱，主要发生在楔形体中部产状高陡的冲断带(即前缘叠瓦冲断带后缘和内部加积变形带前缘)；高摩擦强度基底砂箱模型的剥蚀作用主要发生于中等倾角的冲断带(即前缘叠瓦冲断带)，尤其是剥蚀强度增大会导致楔形体最大剥蚀带向楔形体内部迁移(Malavieille，2010；Konstantinovskaia and Malavieille，2005，2011)。砂箱模型具多层滑脱层层系时，上述剥蚀作用和现象会得到不同程度的放大，导致砂箱物质基底层俯冲冲断变形形成典型的伴随剥蚀速率变化而变化的多重构造和飞来峰构造等，但却不利于反向冲断层发育(图 1-8)。不同于较小剥蚀斜坡角条件下(4°～6°)楔形体形成的复背斜双重构造，当剥蚀斜坡角为 8°时(临界斜坡角)，滑脱层上部楔形体形成断坡背斜、下部形成具正滑特征的双重构造和底板俯冲构造。

与浅表剥蚀作用相似，浅表沉积作用也会改变挤压楔形体或其前缘(即前陆盆地)物质强度、重力及应力状态，导致楔形体楔顶角降低、冲断层数量减小和逆冲断层活动序列改变。单向挤压楔形体因此普遍发生冲断层的多期无序构造活动以及后缘方向冲断发育，从而更加有利于砂箱楔形体趋于临界稳态平衡状态(Persson and Sokoutis，2002；Storti and McClay，1995)。双向挤压楔形体中当沉积作用发生于楔形体一侧时(前楔或者反向楔)，导致楔形体变形分异，前楔发生沉积作用导致前展式冲断层数量减小且构造变形无序化和反向楔变形活动及其楔顶角急剧减小(McClay and Whitehouse，2004；Bigi et al.，2010)。尤其是当同构造沉积和剥蚀浅表作用共同发生时，楔形体反向冲断构造变形活动加剧。

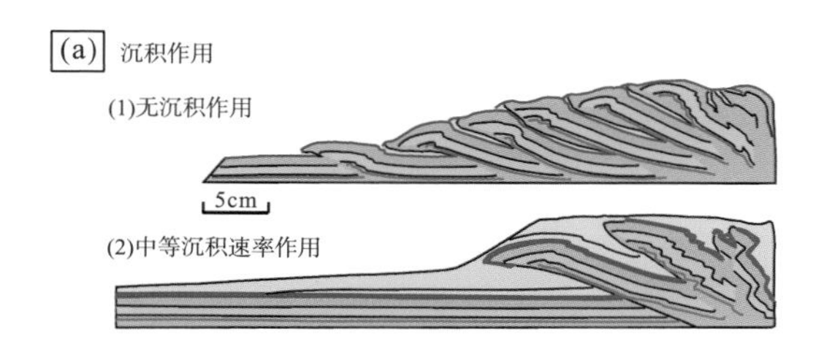

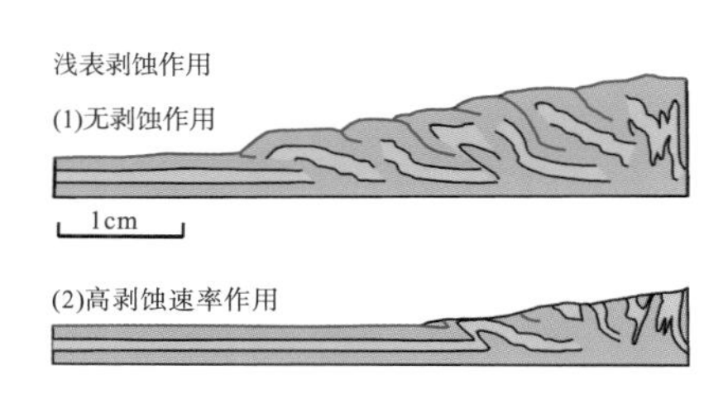

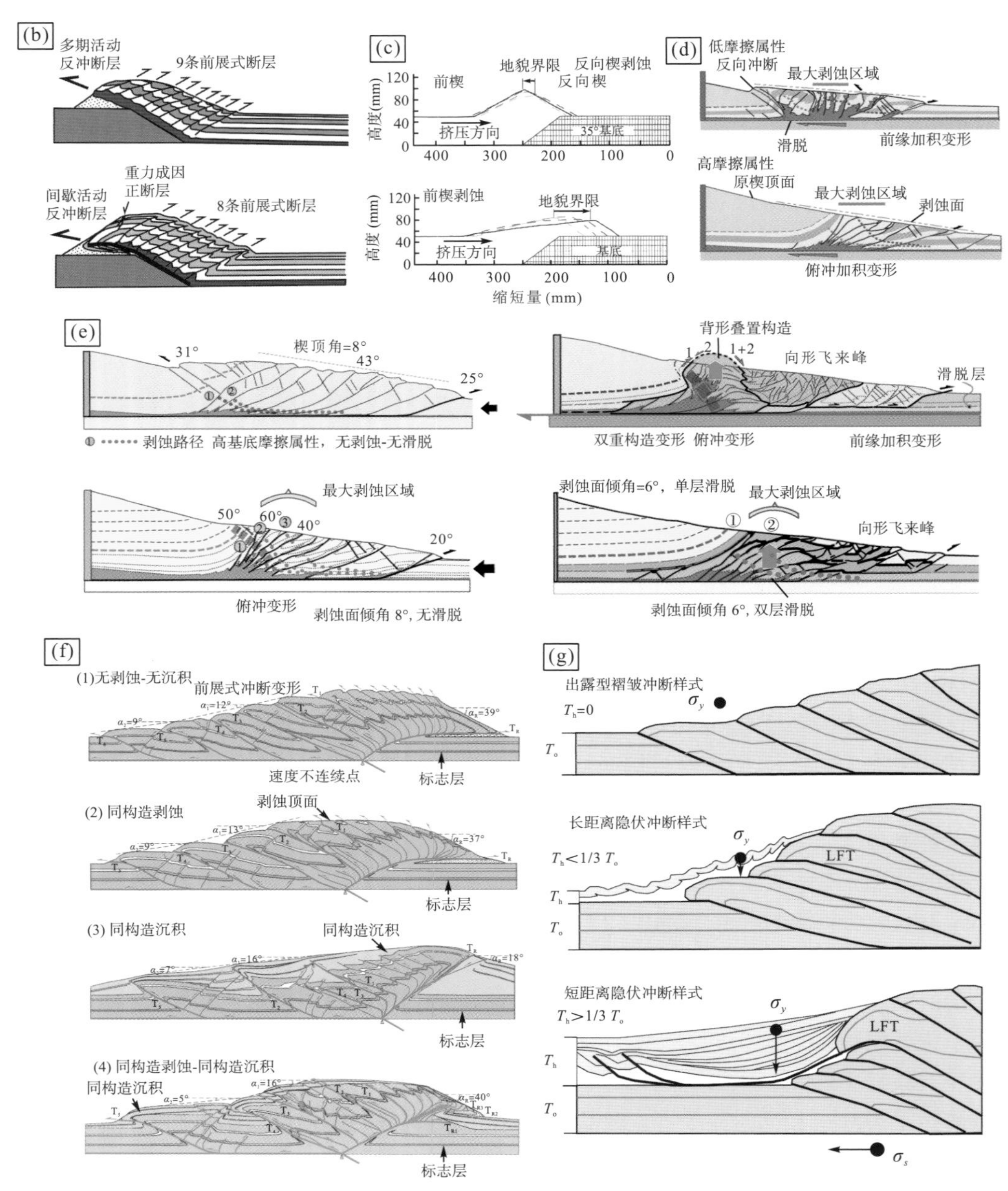

图 1-8 浅表作用过程对砂箱构造楔形体的作用

(a) 浅表剥蚀和沉积作用对挤压楔形体的影响(Storti and McClay，1995；Cruz et al.，2010)；(b) 浅表剥蚀作用对楔形体断层特征的影响(Persson et al.，2004)；(c) 局部剥蚀作用导致楔形体地貌迁移(Cruz et al.，2008)，楔形体地貌分隔带向局部剥蚀反向位移；(d) 不同砂箱基底摩擦属性剥蚀强度对砂箱剥蚀特征的影响(Malavieille，2010)，低摩擦强度基底砂箱模型剥蚀作用发生在楔形体中部高陡冲断带；(e) 浅表剥蚀作用对多套滑脱层系砂箱模型楔形体构造变形的影响(Konstantinovskaia and Malavieille，2011)；(f) 挤压楔形体同构造沉积和剥蚀浅表作用对楔形体构造变形特征的作用(McClay and Whitehouse，2004)；(g) 受控于同沉积作用的楔形体前缘构造变形三端元模式(Duerto and McClay，2009)，T_h为同沉积地层厚度，T_o为同构造前期地层厚度，出露型褶皱冲断样式、长距离隐伏冲断样式和短距离隐伏冲断样式

前陆盆地沉积物质特性(均一性或变化的同构造沉积)对冲断楔形体构造特征具有重要的控制作用，普遍阻止楔形体前缘新逆冲断层发育、增加楔形体下部基底俯冲冲断活动等(Duerto and McClay，2009；Bigi et al.，2010)，因此存在 3 种端元模型(图 1-8)：缺失同构造沉积的出露型褶皱冲断带样式、中等同构造沉积(速率)的长位移距离隐伏冲断结构样式(即欠充填盆地)和高同构造沉积(速率)的短距离隐伏冲断结构样式。不同构造端元主要受控于同构造沉积厚度与构造变形前地层厚度之比，由挤压楔形体前缘垂直和水平应力平衡状态决定其临界比率为 1/3(Duerto and McClay，2009)。此外，冲断楔形体前缘褶皱变形几何学生长过程主要受控于其沉积速率和抬升速率的相互关系，伴随沉积速率的增大褶皱变形难度增大(Nalpas et al.，2003；Pichot and Nalpas，2009)，尤其是断层相关褶皱两侧具有非均一性沉积速率时导致非对称性变形特征，即变形向低沉积速率侧聚集。

1.4　张性砂箱构造物理模拟

1.4.1　拉张构造变形模型与机制

拉张构造变形过程砂箱物理模型典型装置主要为两类(图 1-9)：一类由拉张剪切变形基底(由固定板片和树脂或橡胶板片组成)与上覆砂箱物质组成，通过调整树脂或橡胶板片宽度、走向等改变砂箱模型设备装置条件；另一类由刚性的未变形下盘断层(常为铲式和断坡铲式几何样式)和上盘砂箱物质组成，可以通过改变断层几何学改变砂箱装置条件(McClay，1996；Keep and McClay，1997；周建勋和漆家福，1999；Yamada and McClay，2004；钟嘉猷，2014)。基底与断层几何学、砂箱物质特性和非均质性、动力学条件等控制着拉张构造(如地堑、地垒或盆-岭系统)的形成演化过程及其特征(Bose and Mitra，2009；Cloos，1968；Erickson et al.，2001；McClay and Ellis，1987；McClay et al.，2005；Withjack and Schlische，2006)。一般而言，张性构造主要发育两种模式：基底滑脱(或拆离)断层及其上覆面状(或铲式等)旋转断层所控制的多米诺样式结构和铲式扇状张性结构。砂箱物质变形中张性断层初始倾角一般较大，常为 60°～70°，且张性断裂宽度(即破裂面或剪切带)与其物质粒度成正比，大致为物质粒度的 5 倍(McClay，1990)。伴随持续张性应变过程，砂箱模型中正断层角度逐渐旋转，倾角减小，且普遍具有铲式、凸面向上的几何学演化特征，早期断裂普遍受晚期高角度张性断裂切割、形成鞍部张性地堑及其局部逆冲断裂结构。早期断裂形成主要受刚性边界断裂控制，但远离基底断裂区域常形成与拉伸方向垂直的新生正断层，伴随拉伸量增加，晚期断层常反映区域拉伸作用方向(童亨茂等，2009)。受控于基底断裂(即面状或铲式等)样式和特性，多米诺张性断层结构主要发生平行于断裂面和基底断裂的剪切变形，形成典型反向正断层控制的反向剪切带，且伴随拉张变形增强，反向剪切带不具旋转变形，但具有明显的倾向传播特征；基底铲式断层控制其上覆张性结构具两期演化过程(早期对称地堑与对称正向和反向剪切断裂体系发育阶段，晚期为非对称滚卷结构发育的半地堑演化阶段)，其最显著的特征是发育上盘滚卷背斜、(非)对称张性地堑和断块旋转(图 1-9)(Bose and Mitra，2009；Erickson et al.，2001；Gibbs，1984；McClay and Ellis，1987；McClay，1990)。一般而言，具断坡-断坪铲式基底断层导致其上盘物质

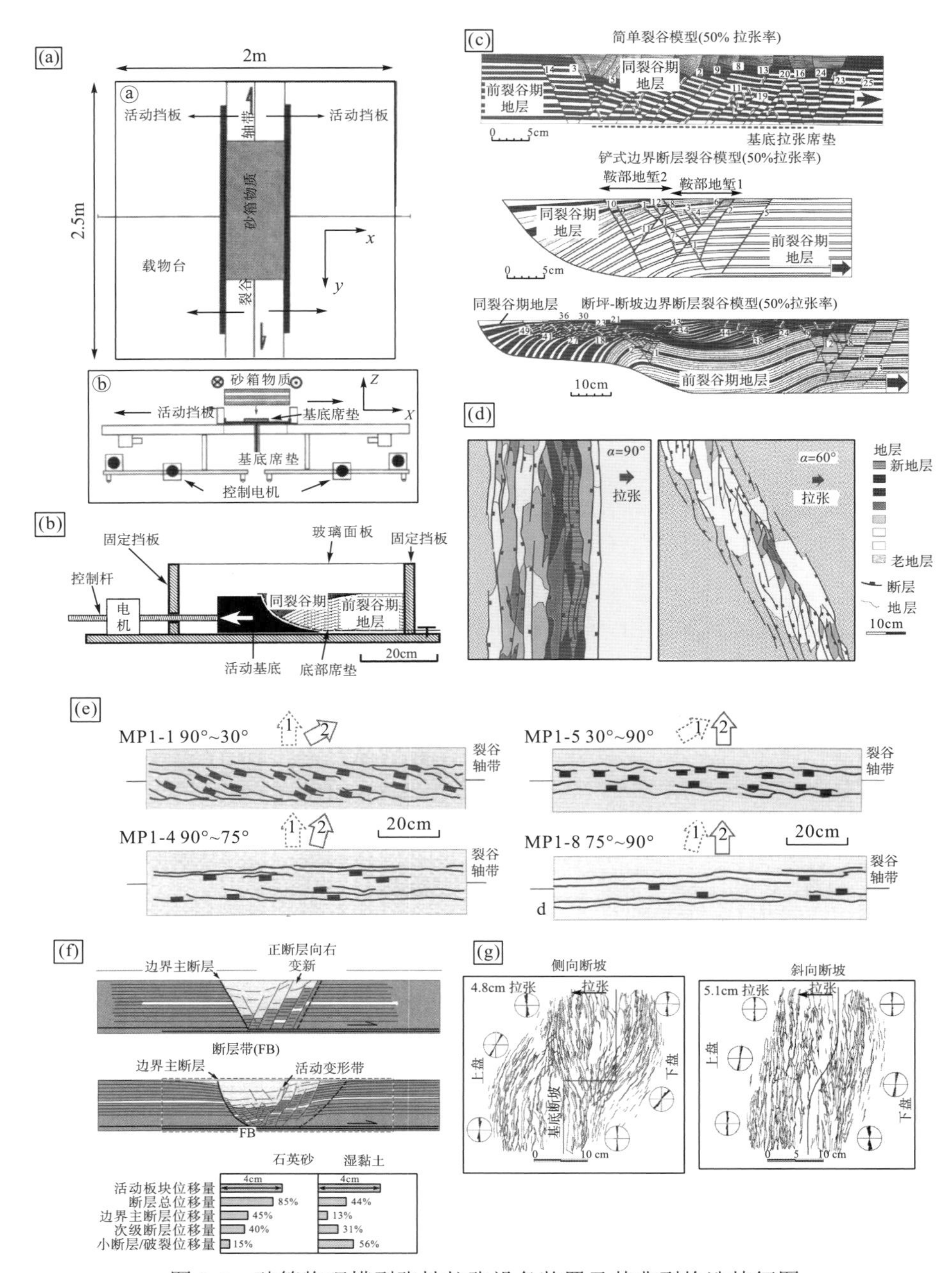

图 1-9　砂箱物理模型张性拉张设备装置及其典型构造特征图

(a) 典型拉张构造砂箱物理模型装置(Keep and McClay，1997)，通过底部基底板片决定拉张构造变形基底特性等；(b) 基底铲式断层砂箱物理模型装置(Yamada and McClay，2004)，既可以通过装置中基底断层几何形态改变边界断裂几何学，也可以通过步进电机控制拉张构造变形或者挤压反转变形；(c) 砂箱物理模型中铲式、断坡-断坪式和多米诺样式张性结构发育特征(McClay，1990)；(d) 正交或斜向拉张构造变形过程中断裂体系特征图(McClay and White，1995)；(e) 多期拉张构造变形过程中断裂体系发育特征图(Keep and McClay，1997)，其中数字 1 和 2 表示第一期和第二期拉张应力方向，角度为主应力与轴向夹角；(f) 石英和黏土物质拉张构造变形特征对比图(Withjack and Schlische，2006)，其中黏土物质具有较低的有效剪切角和较多的次级断裂发育特征；(g) 砂箱基底侧向断坡或斜向断坡对上覆物质变形过程的影响(Bose and Mitra，2009)，斜向断坡前缘的断层走向与断坡夹角明显较侧向断坡处夹角小

在凹面处常发育反向剪切带、凸面向上（基底断裂）带发育正向剪切带（Xiao and Suppe，1992；Withjack et al.，1995）。因此，砂箱模型装置中基底断裂几何学普遍控制着上盘（同变形生长期）物质分布、同（和前）变形生长期地层拉张变形特征等（Withjack and Schlische，2006），伴随剥蚀或同沉积作用时构造变形样式和地层展布特征将更加复杂。童亨茂等（2009）则定义不协调递进伸展变形机制过程来进一步解释伸展裂陷盆地复杂断层体系中基底断裂对于后期复杂断层组合和构造面貌的影响。

砂箱基底断裂走向变化对上覆物质变形构造样式及其特征等具有重要的控制作用（图 1-9）。当砂箱基底断裂含侧向断坡或斜向断坡时，砂箱物质断层几何学（如产状、形状、大小等）及其空间展布（如空间分布、连接与聚集、密度等）与其断坡角度、（断坡）结构位置和拉张变形总量密切相关（Bose and Mitra，2009；Corti et al.，2003，2012）。沿侧向（lateral fault）或斜向（oblique fault）断坡次级断裂走向展布角度发生明显变化，沿前缘断坡砂箱物质断裂走向展布与断坡大致平行，在侧向断坡前缘断裂走向与断坡夹角为 30°～32°，但在斜向断坡前缘其夹角明显减小为 3°～9°（Bose and Mitra，2009）。砂箱物质早期断裂受控于侧向或斜向断坡具有明显分段性，伴随拉张变形持续增大断裂发生聚集、连接；沿前缘断坡早期大致平行的断裂发生连接常形成长条状断层聚集带，但侧向或斜向断坡处由于早期断裂走向变化较大（尤其是侧向断坡基底模型中断层产状伴随拉张变量增大发生显著变化），因此断层连接常形成菱形的或斜方形的断层聚集带。

拉张主应力与物理模型中断裂体系密切相关，拉张主应力与其张性裂谷轴向正交时，砂箱物理模型发育长而平直的地堑肩部断层和与主应力场垂直的地堑内断裂体系；而拉张主应力与轴向斜交时断裂空间展布长度较短且具明显分段性（即转换调节带分割），地堑肩部（受控于基底特征）形成平行于下覆基底的边界断裂体系，地堑内部断裂体系具明显雁列式特征且与张性应力场呈高角度夹角（McClay and White，1995；McClay et al.，2005）。伴随拉张应力场及其裂谷轴向夹角减小，地堑内部断裂走向发生明显旋转，其与地堑肩部夹角明显较小，但却无典型走滑或斜向走滑转换断层。然而在脆性-塑性双层砂箱物质拉张变形过程中（Tron and Brun，1991），拉张应力与裂谷轴线呈高角度夹角时常发育弯曲的正断层和走滑断层，伴随夹角减小发育明显的走滑断层或斜向断裂体系。多期拉张构造砂箱物理模型变形过程中，裂谷或地堑中常常发育弧形、港湾状和膝折断裂体系，尤其是早期张性构造变形对晚期构造变形过程具有明显的控制作用（Keep and McClay，1997）。早期正交应力体系（第一期拉张应力与裂谷轴向垂直）中，晚期与裂谷轴向斜交应力场导致先期断裂发生弯曲、分段；伴随斜向夹角（拉张应力与地堑轴向间夹角）减小，断裂分段性增强（转换带增多）且体现出明显雁列式特征；早期斜交应力地堑体系中，晚期正交应力场导致早期分段性断裂发生聚合、连接。晚期拉张应力场主要控制着地堑中心地带构造变形，常形成由平直的多米诺式正断层控制的较深和较窄的堑垒结构带。当砂箱模型含有基底树脂或橡胶板片以形成砂箱中弥散性应变带时，其变形样式明显复杂化（Corti，2003；McClay et al.，2005），尤其是分段式基底树脂板片控制着上覆砂箱物质转换调节带的空间分布位置（图 1-9）。

石英砂物质拉张变形过程中，砂箱物质常常形成以主断裂为主的反向正断层构造样式，其有效剪切方向与反向正断层平行，且有效剪切角较大，普遍为 60°～65°，主断层位移量普遍较大，且上盘鞍部塌陷变形带较窄；黏土砂箱物质变形中则形成较多的次级正断裂(正向和反向断裂都发育)的构造样式，其有效剪切角较小，普遍为35°～50°，主断层位移量较小(主要变形位移量由次级断裂或颗粒破裂变形产生)，且上盘鞍部塌陷变形带较宽(Withjack et al.，1995；Withjack and Schlische，2006)。黏土砂箱物质变形具典型的均匀有限应变简单剪切模式，即变形过程中主应变恒定，且主变形带边界和倾斜剪切方向相互平行。尤其是，砂箱模型基底属性(如不同基底滑脱属性)不同可能导致主断裂位移变形量强烈影响上盘物质变形。当基底具有低摩擦属性时，上盘发育大量向上传播的次级正断层，其深部具有较大的位移变形量，倾斜剪切角为30°～40°，且最大拉张应力分量大致平行于地层；当基底具高摩擦属性时，上盘次级正断层较少，且大多数次级断层向下传播，因此其下部位移变形量较小，倾斜剪切角较小，为15°～20°，且最大拉张应力分量明显较地层倾角较大(Withjack et al.，1995)。

1.4.2　重力驱动构造变形模型与机制

砂箱物理模型基底含塑性滑脱层时常发育典型的受重力驱动的构造变形(即重力滑动或重力扩展变形，gravity sliding or gravity spreading)，表现为盆地向/前陆向传播变形过程(图1-10)，其砂箱物质上倾后缘以张性构造变形为主、下倾前缘以挤压收缩变形为主，且重力势能沿基底滑脱面(盆地向/前陆向)逐渐减小，符合张性临界楔理论(McClay et al.，2003；Rowan et al.，2004；Xiao et al.，1991)。因此，砂箱物质前陆向(下倾向)滑动过程包含两种运动方式[图1-10(a)]：沿基底滑脱面运动(即重力滑动，gravity sliding)和不同块体的内部变形(即重力扩展，gravity spreading)(Ramberg，1981；Rowan et al.，2004；Peel，2014)。重力滑动表现为重力势能由于物质沿滑脱面滑动导致重力中心降低而减小，重力扩展表现为重力势能由于砂箱物质变薄导致重力中心降低而减小，其主要差别在于重力势能减小是源于平行于基底滑脱面的运动(重力滑动)还是源于垂直于基底滑脱面的运动(重力扩展)。

虽然重力驱动构造变形过程具有不同的形成机制，但其构造变形样式主要受控于基底滑脱层属性(McClay et al.，2003；Rowan et al.，2004；Jaboyedoff et al.，2013)。基底滑脱层相对较高强度和摩擦属性(如泥岩滑脱层系)，上覆地层形成典型的前陆向叠瓦冲断和褶皱构造样式；若滑脱层具较低强度和较高黏性(如膏盐岩层系)，则上覆地层常形成对称滑脱褶皱、缩短的盐底辟或盐丘等。与滑脱层系具相似作用的是砂箱基底流体超压机制，中-高流体压力与薄层泥岩滑脱层系具一致的重力驱动变形属性，伴随流体压力值增大，上盘物质变形传播速度增大、断块旋转量逐渐减小或者为零；而接近静岩压力值的高压流体压力与薄层塑性滑脱层(如超高压泥岩、膏盐岩)具一致的动力驱动变形属性(Mourgues and Cobbold，2006；Mourgues et al.，2009)。尤其是，基底滑脱层具不同坡度时可能强烈影响远端变形构造特征，常常形成膏盐底辟构造、龟背构造等(Adam et al.，2013)。重力驱动构造变形既受控于基底滑动摩擦属性，也受控于砂箱上覆物质/上覆层系下倾端压力与岩石破裂相关的地层强度因素。因此，河流切割或剥蚀作用导致其下倾端重力滑动或扩展的阻挡物或支撑物作用减小，能够强烈改变重力驱动构造变形过程(Schultz-Ela and Walsh，2002)。当砂箱物质下倾端河流切割作用持续(多期次)发生时，导致砂箱物质沿下倾端首先发生张性断裂，随后向上倾端扩展变形，有利于重力驱动构造变形作用增强；伴随切割作用增强(或基底坡度增大)，扩展变形区域增大(图 1-10)。

不同沉积模式和沉积速率与砂箱物质重力驱动变形样式具有较强耦合性，动态沉积特征、断层相关的沉降和膏岩层系等综合控制着其重力驱动变形过程(Krezsek et al., 2007)。一般而言，受控于沉积速率具基底滑脱层系的上覆砂箱物质重力驱动张性变形过程大致为早期对称地堑发育、中期(成熟期)前陆向/盆地向铲式生长断层和滚卷构造样式发育、晚期后陆向铲式生长断层和滚卷构造发育(图 1-10)。当缺少同构造沉积物加载时，砂箱物质常常具有较低的应变速率、发育被动底辟构造；当砂箱模型中添加同构造沉积物加载时，会导致模型中同时发育主动底辟和被动底辟构造，但较小的沉积物加载过程更加有利于前陆向/盆地向铲式生长断层和(与膏岩收缩相关的)排驱滚卷构造(expulsion rollover structure)(Krezsek et al., 2007)发育，尤其是滚卷构造发育位置与重力不稳定带密切相关。

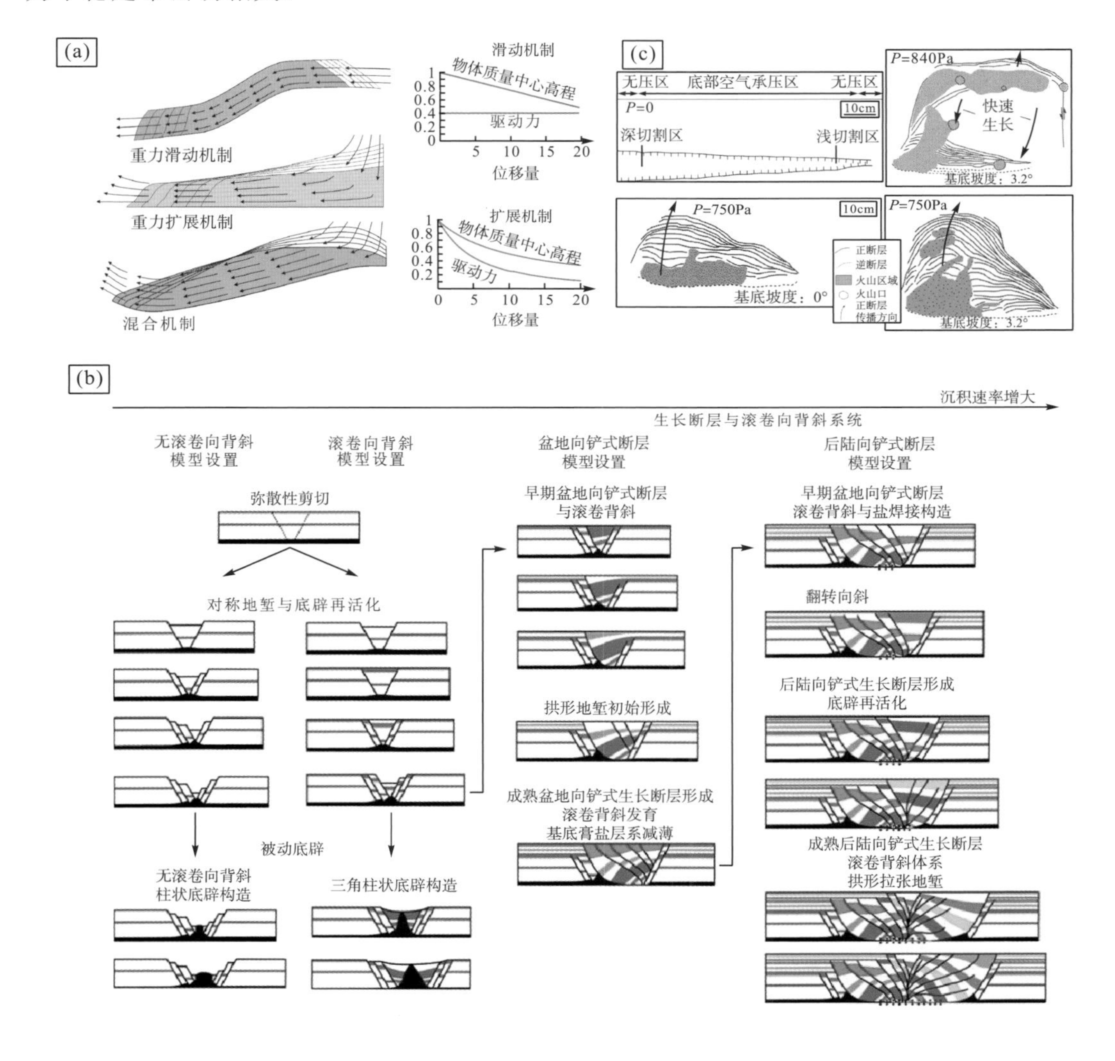

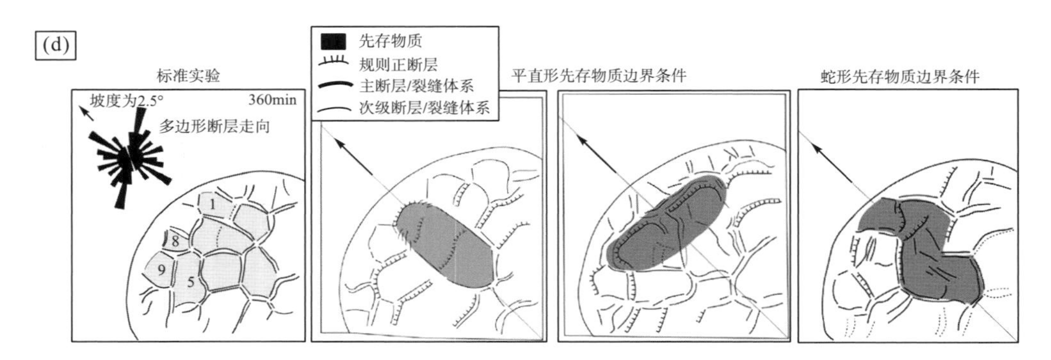

图 1-10　重力驱动构造变形过程控制因素及其相关特征

(a)重力驱动变形(即重力滑动或重力扩展变形)模型(Peel，2014)，其中重力滑动和重力扩展表现出不同的重力势能减小机制和与滑脱位移量呈不同的关系；(b)重力驱动变形与沉积速率相关的阶段性形成演化特征(Krezsek et al.，2007)，其可大致分为对称性地堑、前陆向铲式断层和后陆向铲式断层相关的滚卷系统发育3个阶段；(c)河流切割作用与重力驱动变形过程，河流切割作用导致砂箱物质下倾端重力失稳和张性构造发育；(d)沉积物侧向变化不连续性与重力驱动变形过程(Victor and Moretti，2006)，张性构造发育具有两阶段性：局限于石英砂通道内垂直于其边界的张性断裂发育阶段、受石英砂通道方向影响的晚期多边形破裂变形阶段

需要指出的是，砂箱物质的侧向变化或空间不连续性也会导致重力驱动构造变形样式发生重要变化，如岩性的侧向或水平变化相关的通道流等(Victor and Moretti，2006)。一般而言，塑性滑脱层上覆的均匀砂箱物质由于自身多向重力扩展或滑动作用发生多边形破裂构造变形，即侧向均匀重力扩展变形仅发育于塑性基底，导致上覆石英砂砂箱物质多向张性变形。当塑性硅胶物质内部含有石英砂通道时(即物质侧向不连续性或非均一性)，早期正断层集中发育于两者的不连续性界面且垂直于通道边界(不受基底滑脱层坡度和坡向影响)，随后断层逐渐向上传播至同构造沉积物质中，最终导致上覆砂箱物质多边形破裂构造变形样式发生改变；同时，由于垂直于石英砂通道断裂的发育导致石英砂体布丁化，且布丁化的石英砂体的有限应变特征也与石英砂通道几何学、基底斜率等不具相关性，揭示出均一性重力扩展作用的重要性。

1.4.3　反转构造物理模型实验

沉积盆地早期张性构造发生晚期挤压变形从而发生正反转，或早期逆断层后期拉张变形发生负反转，它们是自然界中较普遍的现象，构造反转通常导致盆地物质孔隙度变化和大量超压相关的流体活动(Sibson，2009；Turner and Williams，2004)，具有巨大油气地质和地灾意义而备受关注。大量的砂箱物理模型研究揭示构造反转变形过程主要受模型特性(如流体压力、基底塑性层等)和结构与构造特性［如(先存)断层几何学和挤压应力方向、同沉积负载］等因素控制和影响(Cooper and Williams，1989；Brun and Nalpas，1996；Yamada and McClay，2004；Withjack et al.，2010；Bonini et al.，2012)。Cooper等(1989)强调盆地构造反转必须包含两个条件：①早期拉张期盆地主要受其边界主断裂控制；②前期或先存断层受晚期构造反转普遍发生构造活动。尤其是自然界中大多数反转构造变形并不是共轴挤压应力机制下的构造反转，因此其普遍以斜向或走滑动力学机制下发生构造反转变形为主。

反转构造砂箱物理模型普遍由早期拉张构造变形和晚期挤压反转构造变形两个阶段组成(图 1-11)。早期拉张构造变形阶段形成典型平行于边界主断层的滚卷背斜或向斜，鞍部以塌陷地堑系统为主；后期挤压反转通常形成走向平行于早期张性结构的逆冲断层及其所分割的鱼叉状背斜(harpoon structures)。不同(边界)断层几何学对反转构造变形特征具有明显的控制影响作用(Ellis and McClay，1988；McClay，1989；Yamada and McClay，2004；Bonini et al.，2012)。早期拉张构造变形阶段，张性正断层平面空间上具有强烈的空间分段性，边界主断层走向上凸起区域常常形成走滑断层以协调张性变形分量空间上的差异性；尤其是凹面主断层几何形态控制上覆物质形成典型滚卷背斜，而凸面主断层几何形态导致上覆物质形成典型的滚卷向斜结构(图 1-11)。晚期挤压反转构造变形阶段，边界主断层为面状正断层时将形成典型的对称背斜结构(Buchanan and McClay，1991)，而凹面向上和向下的先存铲式正断层构造反转具有明显不同特征的反转不对称背斜，前者前翼较窄、后者前翼较宽(Yamada and McClay，2004)；尤其是最大反转抬升地区普遍对应于早期最大张性沉积发生地区。先存(控盆)正断层构造极性对后期正反转构造也具有至关重要的作用，现今后陆倾向正断层有利于反转构造砂箱模型中前陆扩展冲断变形，相反现今前陆倾向正断层有利于反向扩展冲断变形(Cooper et al.，1989)。

正反转通常伴随早期正断层不同样式的构造反转活动(McClay，1989；Williams et al.，1989；Coward et al.，1991)，如断层完全反转和部分反转、早期正断层被后期逆断层切割(削截)、断层旋转等。先存断层构造反转活动性不仅与其产状相关，还与断层间隔和位置等密切相关(Sassi et al.，1993；Mandal and Chattopadhyay，1995；Panien et al.，2005)。因此，通常使用反转比率(R_i，$R_i=d_c/d_h$)来量化构造反转变形强度，即零点位置(the null point，即未受早期拉张正断错切的沉积标志面，也是地层位移量转变点)之上挤压收缩变形位移(d_c)与上盘拉张正断期沉积地层厚度(d_h)之比(Williams et al.，1989)。Domenica 等(2014)强调当挤压方向与早期张性构造正交时先存正断层普遍被削截；当两者为斜交时，早期正断层普遍晚期再活化形成断坡等构造。当先存正断层不发生后期再活化时，它将作为重要的不连续机制点控制和影响晚期逆冲断层形成演化，如上盘削截和下盘削截、冲起构造等。

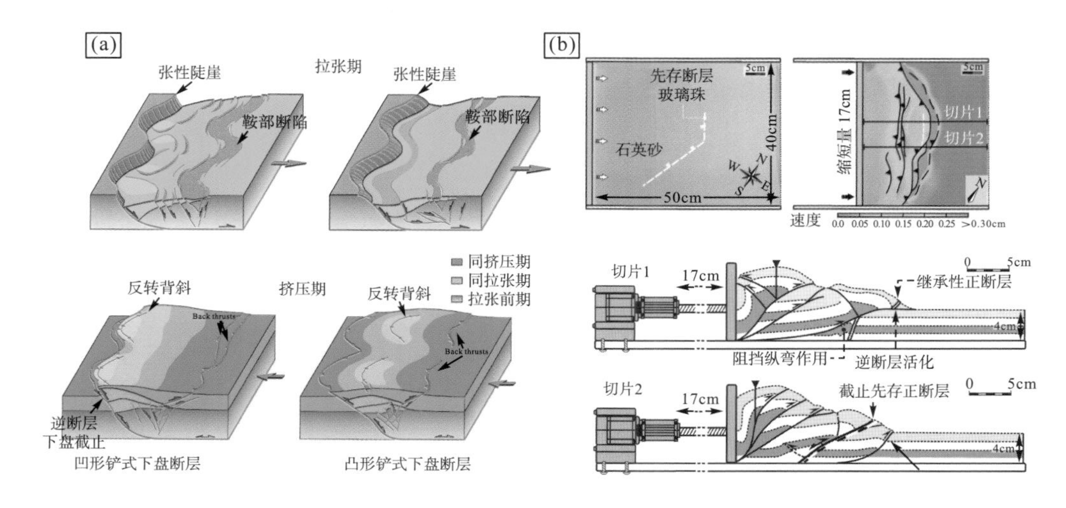

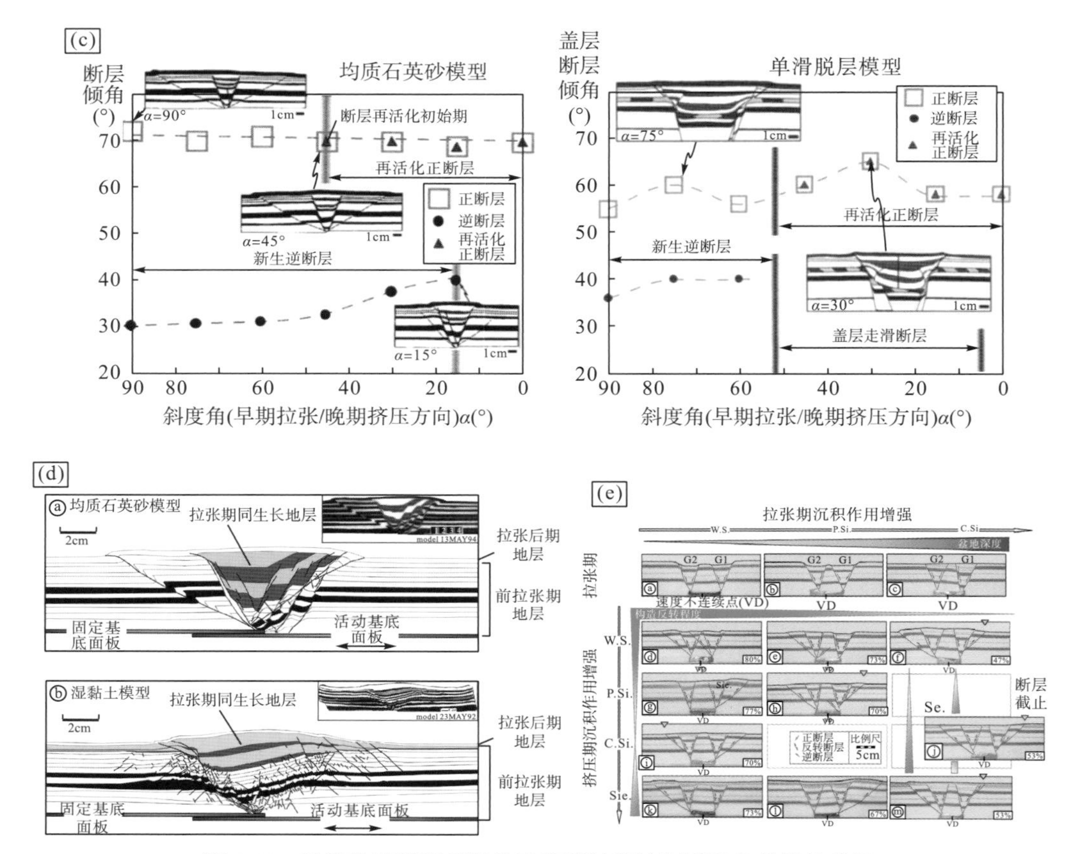

图 1-11　砂箱物理模型反转构造变形过程控制因素及其相关特征

(a)先存断层几何学对正反转构造变形特征的控制影响(Yamada and McClay，2004)，其中凹面主断层几何形态控制拉张变形期的典型滚卷背斜，而区别于凸面主断层几何形态形成的滚卷向斜结构；(b)(先存)正断层晚期削截或再活动差异性特征(Domenica et al.，2014)；(c)差异斜度角与正反转构造发育的关系(Brun and Nalpas，1996)，先存正断层反转形成逆断层揭示出较大的斜度角，同时滑脱层系存在时导致低角度逆断层明显向早期地堑肩部位移集中；(d)砂箱物质对反转构造变形过程的影响(Eisenstadt and Sims，2005)，石英砂物质早期张性地堑内同构造沉积物质受两条边界断层反转逆冲被动抬升，其抬升幅度明显较黏土砂箱物质反转构造变形过程大，后者主边界断层和次级断层普遍发生反转变形形成宽泛开阔的抬升区；(e)同构造沉积作用对反转构造变形的影响(W.S.—无沉积物，P.Si.—地堑内部部分具沉积物，C.Si.—地堑内部完全具沉积物，Sie—地堑内外都具沉积物，Se—仅外部具沉积物)(Pinto et al.，2010)，其中同构造变形期沉积物质对张性构造期和反转构造期都具有明显的影响

斜向挤压构造正反转变形过程中(图 1-11)，当斜度角较小时(即晚期挤压主应力方向与早期裂谷走向的夹角，$\alpha>45°$)，新的逆冲断层普遍倾角较小，先存(正断层)断裂体系构造反转有限；当斜度角较大时($\alpha<45°$)伴随先存正断层构造反转形成逆冲断裂，其走滑构造变形作用明显，且常形成中等倾角的逆冲断层体系(Brun and Nalpas，1996；Dubois et al.，2002；Amilibia et al.，2005；Domenica et al.，2014)。尤其是，斜向挤压反转过程中同构造沉积通常导致逆断层具有较大的走滑分量，即同构造沉积作用明显改变早期正断层后期反转变形的倾向滑动和走向滑动比率。砂箱物理模型中，具浅部塑性滑脱层的条件下构造

反转初期地堑肩部常以低倾角逆冲构造变形为主；当盖层与基底发生脱耦时(通常受控于斜度角大小)，盖层反转变形过程中的地堑肩部逆冲断层与地堑中走滑断层具有明显的分割性(Brun and Nalpas，1996)。

负反转构造砂箱物理模型实验揭示负反转构造与正反转构造具有相似特征(Corti et al.，2006)，晚期拉张构造变形呈直角叠加于早期缩短变形过程中，导致早期缩短变形结构发生后期拉张变形(如早期背斜部位后期变形应变集中、早期逆断层后期发生拉张变形等)。虽然石英砂和湿黏土物质在构造变形过程中普遍具有相似的结构特征，但 Eisenstadt 和 Sims(2005)基于黏土物质和石英砂物质变形对比，揭示构造反转变形中物质成分对其变形过程具有重要控制影响作用；构造反转变形过程中由于湿黏土物质断层破裂带具有较高的流体压力，先存正断层普遍发生后期反转逆冲变形，而石英砂物质仅有部分先存正断层发生反转逆冲变形。与同构造沉积作用相似，反转构造砂箱模型中早期同拉张期沉积作用(在侧向和垂向空间上物质的非均质性)对构造反转变形构造样式具有重要的控制作用(Mandal and Chattopadhyay，1995；Dubois et al.，2002；Ravaglia et al.，2006)。早期拉张构造变形阶段，伴随同构造沉积物增加，常常形成正断层与非对称地堑变形样式；构造反转变形阶段，较小同构造沉积量(即较低压实量)有利于断层反转再活化，而较大沉积量通常导致先存正断层晚期变形中发生自锁，而有利于晚期新生逆冲断层活动、切割先存正断层(Dubois et al.，2002)。尤其是，同拉张期地堑中包含塑性软弱物质时，通常导致构造反转变形过程中基底与上覆物质(即沉积盖层)脱耦，高角度断层发生构造反转形成逆断层(即使斜度角较小时，即 $\alpha>45°$)，且反转断层常常伴生底辟结构。当反转构造砂箱模型中存在多套滑脱层系时，更加有利于早期断层晚期活化、发生断块旋转变形。

1.5　走滑砂箱构造物理模拟

瑞士地质学家 Arnold Escher von der Linth 基于近 8km 的地表线状构造(the sax schwendi fault)及其发育的水平擦痕和阶步特征，在 1850 年最早记录和解释了左旋走滑断层活动，其断距为 500～800m(Sylvester，1988)。1906 年旧金山地震导致 San Andreas 断层活动形成最大达 4.7m 的右旋走滑活动，断层走滑活动的作用及意义逐步开始受到地质学界的广泛关注。走滑断层(strike-slip fault)强调断层的动力学含义，主要指断层具有平行于其走向的运动矢量。随后，平移断层(wrench fault)、转换断层(transform fault)和大型平移断层(transcurrent fault)等概念也广泛应用于走滑断层的阐述。Woodcock(1986)和 Sylvester(1988)将其主要归为两类走滑断层系统，即板缘构造转换断层(interplate transform fault)和板内走滑断层(intraplate strike-slip fault)(图 1-12)。前者主要是位于板块边界的、切割岩石圈的区域性走滑断层系统，如洋中脊转换断层、海沟机制走滑断层等；后者主要为不同类型的、较小断层发育深度(局限于岩石圈内部)的走滑断层系统，如构造结机制走滑断层、撕裂断层等。因此，走滑构造系统具有多种成因机制，包括不规则板块/块体碰撞、力学属性条件侧向变化导致的岩石圈变形、相邻板块/块体不均一运动、板块/块体差异性旋转或碰撞等机制(Storti et al.，2003；Mann，2007)。

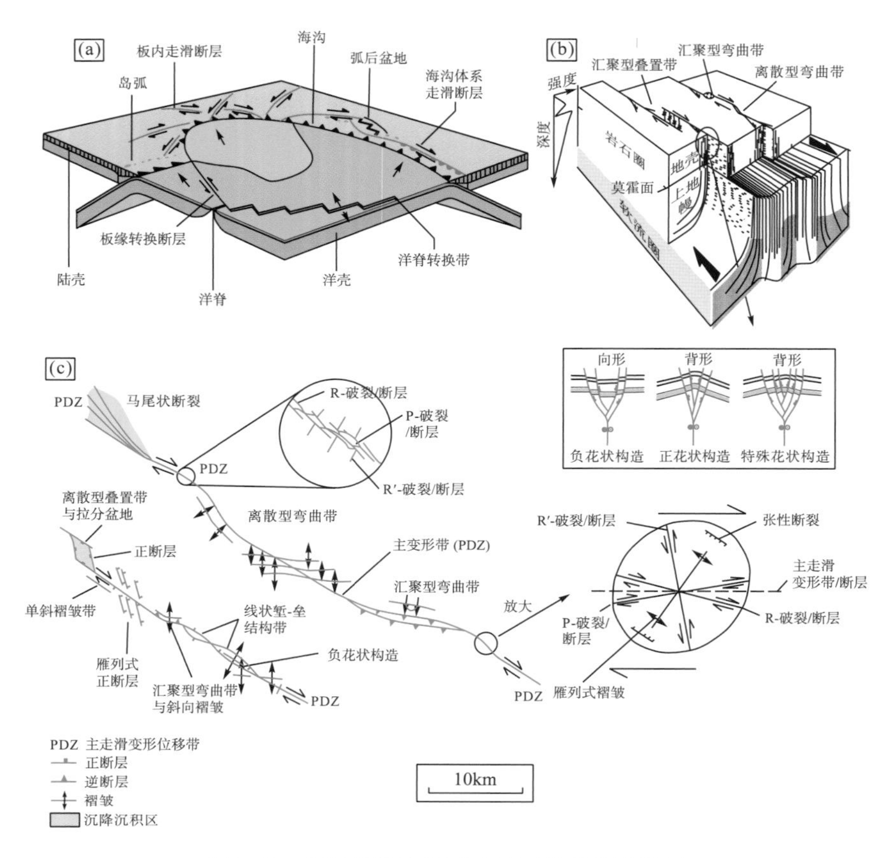

图 1-12　走滑构造系统形成过程及其应变机制

(a) 走滑构造系统的板块动力学机制及其板内和板缘走滑构造体系特征(Woodcock，1986)；(b) 板内走滑构造系统模式图与典型走滑断裂系统类型，揭示随走滑剪切变形深度增加，其走滑断裂带倾角和厚度的持续变化特征(Storti et al.，2003)，其中插图显示 3 类典型走滑花状构造样式：负花状构造、正花状构造和特殊花状构造(正断层和背形组合构造样式)(Huang and Liu，2017)；(c) 右旋走滑构造系统典型构造特征综合图，揭示右旋走滑构造主走滑变形位移带(PDZ)的分段性与典型构造特征综合图、应力-应变机制与伴生的 5 类断裂特征图(Bartlett et al.，1981；Wilcox et al.，1973)

由于自然界中走滑构造变形带中地层通常具非均质性特征，导致其带内主断裂和次级断裂连接、生长形成不规则的走滑断裂带/系统(Sylvester，1988；Storti et al.，2003；Mann，2007)，其走滑断裂系统不规则性可以大致分为两类：走滑断层弯曲类(bends)、走滑断层叠置类(stepovers、jogs 或 offests)(Woodcock and Schubert，1994；Sylvester，1988)。前者为走滑断层走向相连，但发生弯曲，否则为断层沿走向发生断离、不连续(图 1-12)。陈发景等(2011)基于渤海湾盆地走滑拉张构造特征，进一步将其走滑断裂系统归纳为(聚敛型和背离型)共轭反向类和同向类走滑转换带/调节带。需要指出的是，浅表发育的走滑断层叠置带通常伴随深度变化逐渐转化为走滑断层弯曲带，即浅表相互断离的走滑断层在深部逐渐连接形成弯曲的走滑断层。基于我国东部地区独特复杂的板内走滑动力学过程，我国地质学家进一步完善和发展了走滑断裂体系中的走滑派生构造或走滑转换带(漆家福，2007；陈发景等，2011；童亨茂等，2013；徐长贵(2016)系统总结归纳渤海海域存在(基于空间位置结构分类的)断边转换带、断间转换带和断梢转换带三大类型，以及(基于局部应力状态分类的)增压型和释压型走滑转换带两小类走滑转换带，尤其是增压型转换带石油地质储量占郯庐断裂带总地质储量的 81%。吴智平等(2013)强调走滑与拉伸构造叠加导致走滑主断裂走滑侧接作用形成走滑双重构造，其平面空间上具叠瓦状结构，剖面空间上具典型花状结构，也可以基于应力-应变特征分为挤压型和拉张型走滑双重构造类型。由于断块层系相对于主走滑变形位移带(principal displacement zone，PDZ)具有不同的运动矢量特征，导致发育复杂的拉张和/或缩短构造变形过程，逐渐形成汇聚型(transpressional 或 restraining)和离散型(transtensional 或 releasing)走滑构造变形带，从而形成汇聚挤压变形的隆起构造和离散拉张变形的拉分盆地，它们的垂直剖面切片上具有典型的正花状或负花状构造特征。基于我国东部郯庐断裂带渤海湾地区复杂走滑构造特征的研究，Huang 等(2017)揭示出张扭带内走滑相关挤压变形作用形成的特殊花状构造，即正断层和背形组合构造样式，而明显区别于典型的正花状或负花状构造样式。

走滑构造系统普遍发育雁列状断层和褶皱且正断层和逆断层普遍共生，断层深度上可能切断浅部地壳或岩石圈深度。雁列状断层和褶皱与主走滑变形位移带展布方向和应力-应变特征具有空间上的一致性和分段性(图 1-12)，即主走滑断裂尾端走滑位移量逐渐消失，常与系列雁列状、马尾状分散次级断裂相连，走滑断裂带主体带通常汇聚型隆起构造和离散型拉分盆地成对发育，它们普遍伴生雁列状褶皱、拉张正断层、线性排列地堑和地垒断片等构造。基于自然界观测和实验模型模拟研究揭示出走滑断裂带 5 类主要的断裂特征：R-破裂(即吕德尔剪切破裂)、R′-破裂、P-破裂、张破裂和平行于 PDZ 带的 Y-破裂。

1.5.1 吕德尔剪切模型

基于板内和板缘普遍存在的线性走滑剪切变形带特征，Cloos(1928)初次进行走滑构造砂箱物理模拟实验(图 1-13)，即吕德尔剪切实验(Tchalenko，1970)，其模型设备装置由两部分组成：①基于产状近直立的、平直的基底断层(由两块相邻刚性基底组成，其中一块固定，另一块发生水平运动位移)；②基底断层上覆未变形地层系统。吕德尔剪切物理模拟实验揭示基底断层上覆未变形物质的纯剪切走滑构造变形特征，此后该模型实验装置得到广泛的改进与完善，如转换挤压和转换拉张剪切物理模型(Naylor et al.，1986；Richard and Cobbold，1990)和多走滑基底断层剪切物理模型(Richard et al.，1995；Schellart and Nieuwland，2003)等。自然界走滑剪切变形过程并不局限于某一狭窄构造带，而常常

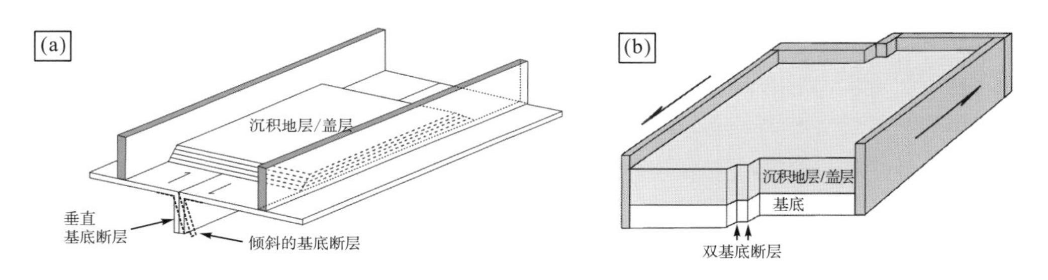

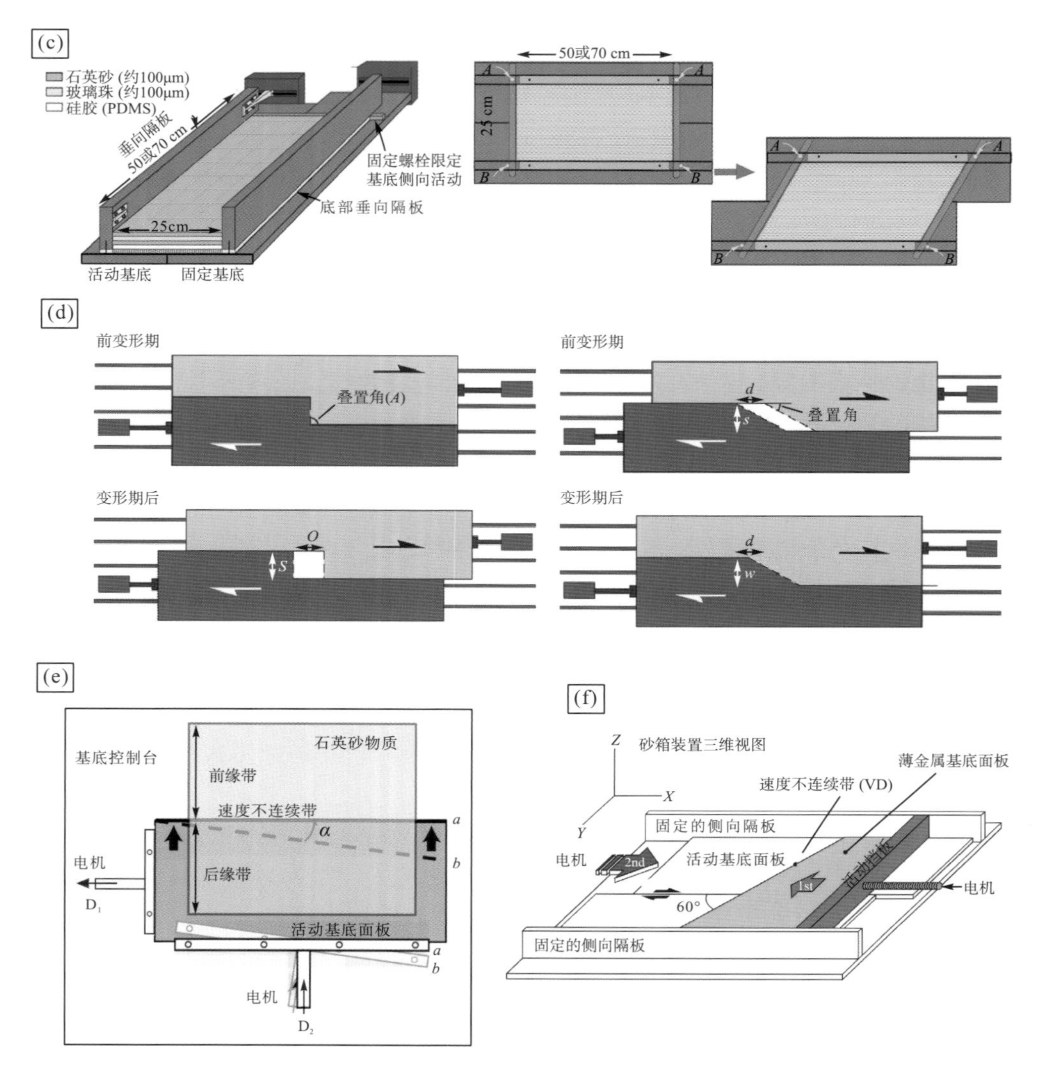

图 1-13　走滑构造砂箱物理模型实验典型装置

(a) 吕德尔剪切砂箱物理模型装置，砂箱基底主断层具有垂直或倾斜等不同边界条件，若垂直，则代表为典型吕德尔砂箱模型边界条件 (Dooley and Schreures，2012)；(b) 多走滑基底断层剪切物理模型装置 (Schellart and Nieuwland，2003)，上覆砂箱物质变形特征受下覆两条垂直平行基底断层控制；(c) 弥散性剪切砂箱物理模型实验装置及其剪切变形示意图 (Schreurs，2003；Dooley and Schreures，2012)；(d) 走滑剪切带基底断层叠置或弯曲类砂箱物理模型装置 (Dooley et al.，1999；McClay and Bonora，2001)，其中字母 S、O 分别表示主断层间距和叠置程度；(e)、(f) 多期叠加走滑挤压变形砂箱物理模型装置，可以通过进一步控制 D_1 期走滑变形模型中基底活动板片与固定板片的夹角来模拟走滑拉张变形过程 (即 $\alpha>0°$) 或纯剪切走滑变形过程 (即 $\alpha=0°$) (Soto et al.，2006)，同时后期叠加挤压过程中通过控制基底活动板片速度不连续界限 (velocity discontinuity，VD) 与早期走滑剪切主断层的夹角，来揭示斜向挤压叠加变形的作用过程 (Rosas et al.，2012)

分布于数十至数百千米宽的构造带，从而形成弥散性剪切变形带 (distributed strike-slip)，如 San Andreas 断裂系统、新西兰 Alpine 断裂系统和 Dead Sea 断裂系统等，因而弥散性走滑剪切砂箱构造物理模拟实验也广受关注 (Naylor et al.，1986；Schreurs，2003)。弥散性剪切带变形物理模型主要由两块相互独立的基底板片与上覆平行排列的细板片（即 5mm 宽有机玻璃棒）（图 1-13）装置组成，它们分别发生水平剪切位移导致上覆砂箱物质由长方形（或正方形等）发生弥散性剪切逐渐转变为平行四边形。

由于自然界变形过程中普遍具有多期叠加变形过程（即拉张走滑或挤压构造变形等），因此走滑变形过程与挤压缩短或拉张变形的叠加过程也受到较广泛的关注，它们主要基于基底板片的叠加过程来实现自然原型实例的物理模拟，通过基底板片之间不同夹角来模拟走滑拉张构造变形、纯走滑剪切变形和不同动力学变形过程的叠加构造变形过程（Rosas et al.，2012）。需要指出的是，通过对基底断层弯曲或相互叠置条件的设置，实现对不规则性走滑断裂系统（即走滑断层弯曲类和叠置类，或者走滑转换构造带等）构造变形过程的模拟（图 1-13）。由于复杂大陆动力学背景导致我国东部地区普遍具多期走滑或拉张叠加构造特征，因此更加侧重于对于先存构造或基底、多期走滑与拉张复合作用过程的物理模型实验装置（朱战军和周建勋，2004；Tong et al.，2014；李艳友等，2017），同时也暴露出简化物理模型装置与复杂地球动力学之间与生俱来的矛盾。尤其是在多期构造变形过程中，地壳浅表变形作用普遍具有复杂动力学过程，如多期走滑反转、多期旋转动力拉张走滑构造过程、稳态和非稳态浅表剥蚀-沉积作用等，它们如何在简化走滑砂箱模拟装置中实验实现是有待解决的难点之一（邓宾等，2016，2019；陈兴鹏等，2019），如郯庐断裂带渤海湾盆地早期左旋走滑和晚期右旋走滑反转叠加、青藏高原东缘红河走滑带早期右旋走滑和晚期左旋走滑反转叠加、南海珠江口盆地新生代多期（顺时针旋转）拉张走滑动力学变形叠加过程等。

早期吕德尔剪切物理模型实验普遍以均质性物质为主（如石英砂或黏土），揭示走滑剪切构造变形过程的差异性（Tchalenko，1970；Naylor et al.，1986）。典型黏土物质砂箱物理模拟实验中，早期雁列式、正向吕德尔剪切破裂（即 R-剪切）走向与基底主断层的夹角约为 12°（$\alpha \approx 12°$），伴随走滑位移量增加，R-剪切走向传播旋转，导致其走向与基底断层夹角减小或近平行（图 1-14）。随后，进一步形成与基底主断层呈低角度夹角的正向剪切破裂（即 P-剪切），其与基底断层的反向夹角约为 10°（$\alpha \approx -10°$）；伴随走滑位移量增加 P-剪切与 R-剪切相交形成呈菱形的正向位移变形带，即 Y-剪切（Morgenstern and Tchalenko，1967）。在较低含水量的黏土砂箱模型中，常常发育反向的吕德尔剪切破裂（R′-剪切），它常与早期 R-剪切呈近 80°夹角。R-剪切和 R′-剪切相互共轭，它们的夹角平分线分别平行于最大和最小主应力方向。均质石英砂构造物理模拟实验中，早期雁列式、正向 R-剪切破

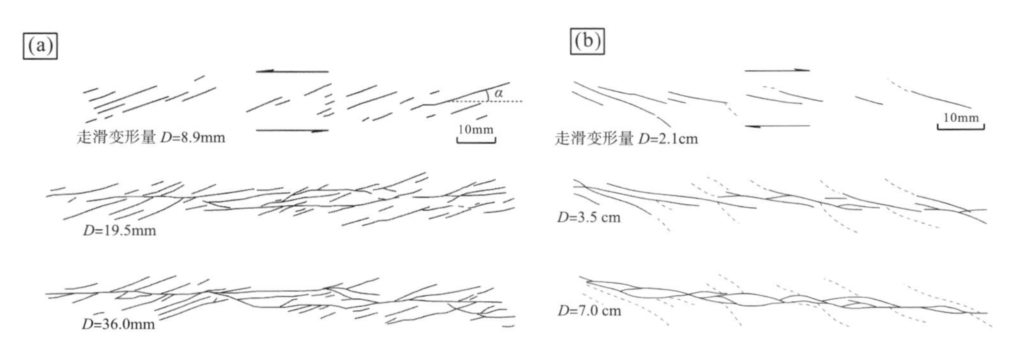

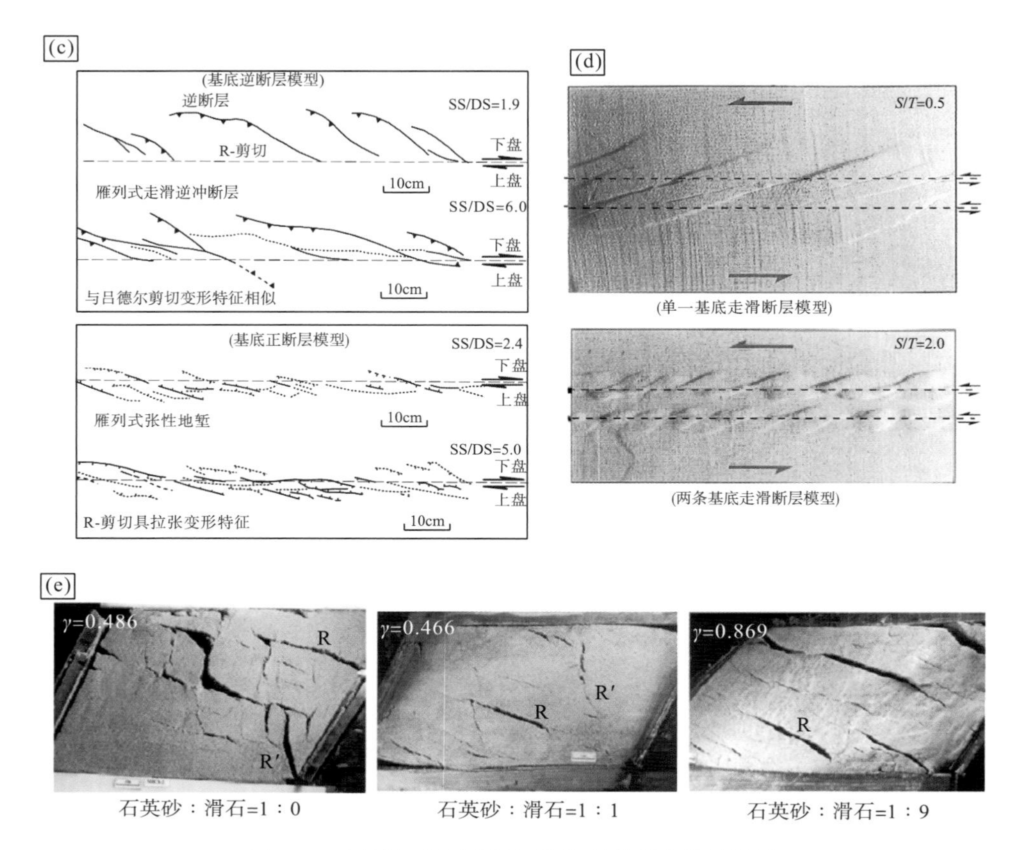

图 1-14　吕德尔剪切砂箱构造物理模型实验特征图

(a)黏土物质砂箱物理模型剪切破裂发育过程及其特征(Tchalenko，1970)；(b)石英砂物理模型剪切破裂发育过程及其特征(Naylor et al.，1986)，相对于黏土物质模型其剪切破裂具有较高的初始 R-剪切破裂角；(c)具 45°倾角基底主断层的砂箱物理模型剪切破裂与断裂等发育特征(Richard et al.，1995)，其中 SS/DS 为走向滑动与倾向滑动比率，注意挤压走滑变形与拉张走滑变形构造样式的差异性；(d)双垂直基底主断层砂箱物理模型剪切走滑变形过程及其特征(Richard et al.，1995)，其中 S/T 为基底断层间隔与上覆砂箱物质厚度之比；(e)(石英砂：滑石)物质非均质性对 R-剪切和 R′-剪切集中发育程度的影响(Misra et al.，2009)，其中 γ 为走滑剪切比

裂 α=17°～20°，R-剪切破裂伴随走滑位移量增加形成分支或扩散破裂(图 1-14)，随后 R-剪切破裂末端形成低角度正向剪切破裂，其夹角普遍小于 17°，且 P-剪切破裂形成且常具较低角度夹角特征(Naylor et al.，1986)。与黏土物质砂箱模型中的剪切走滑变形同时形成 R-剪切和 R′-剪切不同，石英砂模拟实验中 R′-剪切普遍形成于晚期，且剪切破裂位移普遍大于黏土物质中剪切走滑破裂变形位移量。自然界实例和砂箱物理模拟实验中 R-剪切和高角度共轭 R′-剪切发育程度具有明显的主次性，其成因可能归结于砂箱物质粒间孔发育程度、非线性应力-应变物质特征、物质非均质性等(Misra et al.，2009)，尤其是砂箱物质中片状矿物的增加所导致的物质非均质性，将会显著增加(与剪切带呈低角度夹角)R-剪切破裂变形的集中发育程度(Misra et al.，2009；Cooke et al.，2013)。

一般而言，较高的剪切变形强度普遍导致更宽的走滑剪切带、较发育的 R′-剪切,而

R-剪切较少，砂箱物质厚度增加通常也会导致 R-剪切破裂较少(Atmaoui et al.，2006)；砂箱物质浅部的雁列式破裂变形普遍向下逐渐归并入深部基底走滑断层，与自然界走滑剪切带逐渐归并为主剪切断层切割岩石圈深部的特征相一致，且相邻或叠置的走滑断裂间形成典型走滑隆起带(Naylor et al.，1986；Richard et al.，1995；Ueta et al.，2000)，剪切带宽度普遍与砂箱物质厚度及其内摩擦角相关。不同走滑剪切动力学特性对砂箱物理模拟构造变形具有明显不同的控制作用(Naylor et al.，1986；Richard and Cobbold，1990；Richard et al.，1995；Tong et al.，2014)，如走滑拉张、走滑挤压和倾斜基底断层等。倾斜的基底主断层物理模拟(挤压)走滑剪切构造变形过程中，砂箱上盘常形成雁列式非对称性断层，断层临近基底主断裂普遍具有较高的走滑分量、远离基底主断裂则具有较高的逆冲分量；而(拉张)走滑剪切构造变形过程中，砂箱物质普遍具有较对称性破裂变形特征，断层几何学特征与基底主断层位移量和上覆砂箱物质厚度之比密切相关(Richard et al.，1995)。当砂箱物理模型具有多条基底断层时，砂箱物质断层发育特征主要受控于基底断层间隔与上覆砂箱物质厚度之比(Richard et al.，1995；Schellart and Nieuwland，2003)。当其比率较低时(0.25～0.5)砂箱物质早期形成叠置的、较长的 R-剪切破裂带(图 1-14)，伴随走滑剪切位移增大，低角度 R-剪切、R′-剪切和 P-剪切逐渐形成相互叠置的破裂变形带；当比率较大时砂箱物质形成两个相互独立的走滑剪切变形带。

1.5.2　弥散性剪切带变形模型

弥散性走滑剪切砂箱物理模拟变形过程中早期走滑剪切破裂变形具有长演化周期且控制着后期构造变形过程(An and Sammis，1996；An，1998；Schreurs，2003)，它通常形成两类不同剪切变形破裂或断裂(Schreurs，2003)，一组为共轭 R-剪切和R′-剪切，另一组为晚期应力场旋转形成的斜切破裂/断裂(R_L 或 R_L')，主要发育于 R-剪切和R′-剪切间(图 1-15)。伴随剪切应变量的增加，相邻断裂间常形成平行于剪切带走向的隆起带，尤其是 R-剪切(或R′-剪切)的“合并联合”现象，即相邻剪切断裂沿走向传播、叠置与合并演化，或者 R-剪切(或R′-剪切)断裂之间的较短的正向和反向剪切断裂的形成，这些剪切断裂与 R-剪切(或R′-剪切)断裂具有较小的夹角(R_L 或 R_L')。

虽然砂箱物质弥散性剪切变形过程中早期变形阶段 R-剪切和R′-剪切都普遍发育，但由于砂箱模型边界条件的差异(如几何类型或砂箱物质成分等)，可能导致剪切变形过程中砂箱物质以R′-剪切变形为主(Gapais et al.，1991)。不同方向的斜向挤压剪切动力学条件对砂箱物质变形过程也具有重要的控制和影响作用(Schreurs and Colletta，1998)，如斜向挤压汇聚角(挤压方向与走滑剪切边界夹角)较小时，砂箱物质早期主要形成走滑剪切破裂变形，但其角度超过 18°时逐步形成走滑逆冲破裂变形。弥散性剪切变形过程中砂箱物质能够发生侧向位移(砂箱横向边界不固定，图 1-15)，这与我国东部渤海湾地区发育的凹陷边界断层“跃迁”特征具有相似性(童亨茂等，2018)；晚期 R_L 或 R_L'-剪切破裂伴随剪切应变增加形成具弱倾向滑动的 S 形或 Z 形弯曲变形，同时形成旋转构造和张性堑-垒结构等，它们与拉张走滑体系下大量弧形弯曲走滑断裂带特征相一致，如渤海湾辽西构造带(徐长贵，2016)。

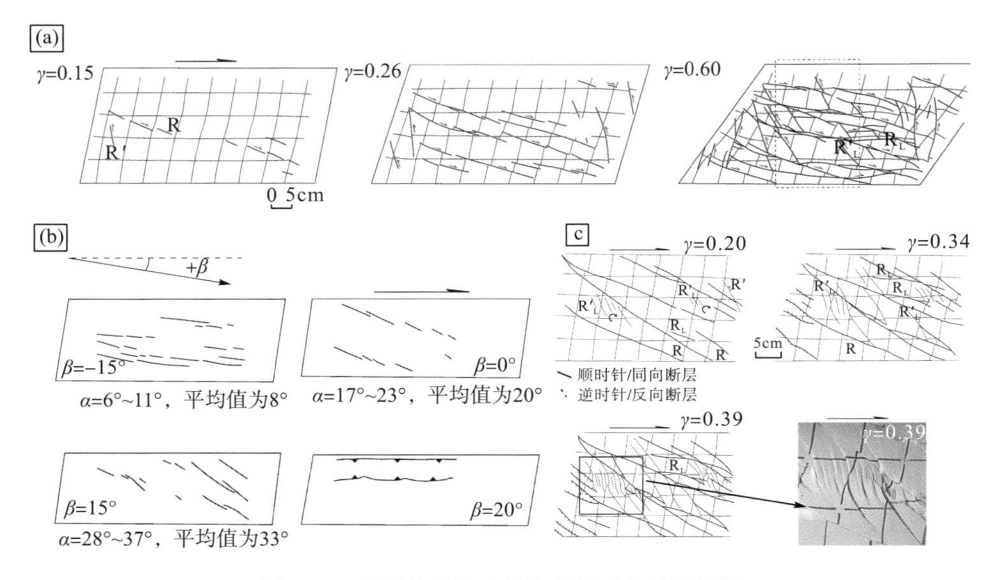

图 1-15　弥散性剪切砂箱物理模型实验特征图

(a)弥散性剪切砂箱物质走滑剪切变形过程及其特征(Schreurs，2003)；(b)斜向弥散性剪切变形过程砂箱物质表面断裂发育特征对比图(Schreurs and Colletta，1998)，其中 β 为主应力方向与基底断裂或剪切主边界的夹角，负值为张性剪切、正值为挤压剪切，β=0°为典型弥散性剪切变形模式；(c)横向或侧向边界不固定条件下弥散性剪切砂箱物质变形过程(Schreurs，2003)，其主走滑剪切断裂间形成旋转变形和张性堑-垒结构

吕德尔剪切砂箱物理模拟实验中主剪切应变带走向平行于基底主断裂，伴随剪切变形增大该主剪切应变带变窄，形成典型的主走滑变形位移带(PDZ)(Naylor et al.，1986；Richard et al.，1995)；弥散性剪切物理模型实验中复合的正向剪切带一般与砂箱模型基底主断裂具有 10°～15°夹角，伴随剪切变形增大该主剪切应变带变宽。由于吕德尔剪切物理模型实验中基底主断裂走向大致平行于潜在的低角度 R_L-剪切破裂走向，其不发育低角度 R_L-剪切破裂变形，因此 R-剪切破裂叠置合并常常形成 Y-剪切；相反，在弥散性剪切变形模型中，发育大量的 R_L-和 R_L'-剪切破裂变形。一般而言，自然界中弥散性剪切带变形模型普遍具有如下特征(Schreurs，2003)：数条分散的、叠置的主走滑断裂，主走滑断裂间普遍发育年轻的、较短的和具(相对于主走滑断裂)较小走滑变形的走滑断裂(其剪切属性与主走滑断裂相反)，主走滑断裂和(直线型或弯曲的)R_L 或 R_L'-剪切断裂间常发生物质旋转变形形成隆起带或凹陷带。吕德尔剪切和弥散性走滑剪切物理模拟实验普遍揭示出物质剖面结构上的花状结构样式，它们与自然界走滑断裂体系具有一致性，尤其是弥散性走滑剪切物理模拟实验中所揭示的大量物质旋转、断层侧向斜列叠置和传播生长等与自然界复杂走滑变形特征体现出较好的相似性。

1.5.3　走滑剪切构造变形分段性

自然界中走滑剪切构造带普遍由连续的、具分段性的断裂体系及其走滑转换带构成，如断层带弯曲/叠置带(包括低叠置/过叠置、断层间隔性)等。基底断层走向变化、叠置等几何学特征变化常常导致走滑剪切构造系统中应力-应变条件沿走向差异变化，它是走滑断裂分段及走滑转换带构造变形差异的重要控制因素之一(Dooley，1994；Richard et al.，1995；McClay and Bonora，2001；Mann，2007；马宝军等，2009；Mitra and Paul，2011)。弧形弯曲基底走滑主断层砂箱物理模拟揭示，受控于弧形主走滑断层主应力场与基底断裂夹角沿两侧的差异性(即弧形主走滑断裂两侧明显不同的走滑挤压剪切应力分量)，导致砂箱物质应变差异、相关断裂具不同发育序列和发育程度(Dufréchou et al.，2011)。一般而言，弧形主走滑断层内凹侧较早形成吕德尔剪切断裂且具有较高发育程度，随后主断层凸出外侧形成较稀疏 R-断裂，最终形成平行于主走滑断裂的弧形断裂体系(图 1-16)。基于走滑断裂叠置长度、横向间隔和走滑位移量等，任健等(2017)揭示走滑构造带系统中走滑断层叠置长度增加和横向间隔距离减小都会导致走滑转换带内横向断层与斜向断层数量比增加，且它们之间存在一定的比例函数关系。复杂拉张走滑构造变形作用下，伸展与走滑作用的强弱配比关系控制影响着断裂的发育特征(陈兴鹏等，2019)，走滑作用与伸展拉张作用复合联合形成平面上为帚状或梳状的组合断裂样式、发育 R 和 P-剪切断层等，垂向剖面成多级 Y 字形、似花状构造或负花状断裂组合样式等(图 1-16)。走滑剪切带断层走向末端，由于应力-应变逐渐沿走向释放撒开，导致平面上呈马尾状断裂组合样式(即帚状断裂体系)，且伴随地层能干性减弱或软弱层厚度增加，帚状断裂体系平面延伸长度和宽度显著增大、走向稳定性增强，从而形成系列规模较大的断块，而区别于走滑剪切转换带构造变形特征(McClay and Bonora，2001；李艳友等，2017)。

一般而言，压扭性断层弯曲或叠置带、走滑转换带等常常发育不同几何形态与构造特征的隆起带或冲起构造带，未叠置断层带常常发育拉伸的菱形冲起构造、高叠置主断层带形成 S 形冲起构造，压扭性走滑断层叠置带常发育平行四边形或箱状冲起构造，伴随主断层间隔距离的增大冲起构造带几何形态逐渐转变为平行四边形且断层倾角显著增大(Richard et al.，1995；McClay and Bonora，2001；Mitra and Paul，2011)。基底走滑主断层间差异叠置性/弯曲性导致走滑冲起构造形成明显不同的旋转变形分量，如从低叠置压扭性断阶(约 30°叠置夹角)导致形成冲起构造带 7°逆时针旋转变形到高叠置断阶(约 150°叠置夹角)，再导致形成冲起构造带 16°逆时针旋转变形(McClay and Bonora，2001)，同时压扭性断阶/弯曲带冲起构造与逆断层由外向内的生长过程可能也具有差异性。

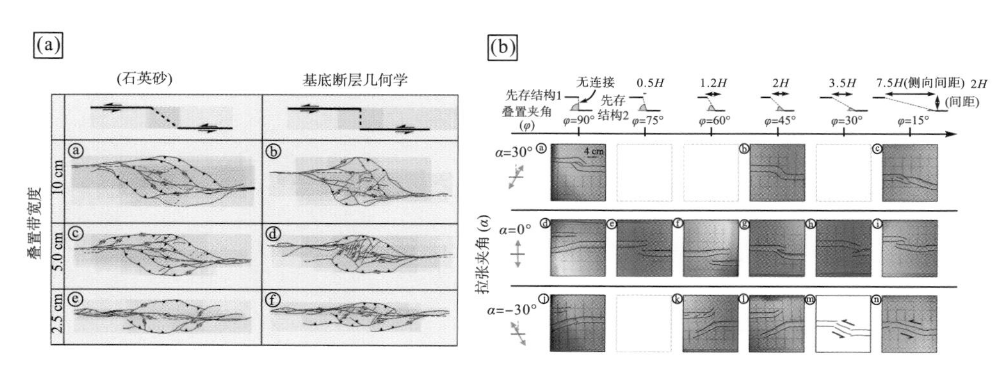

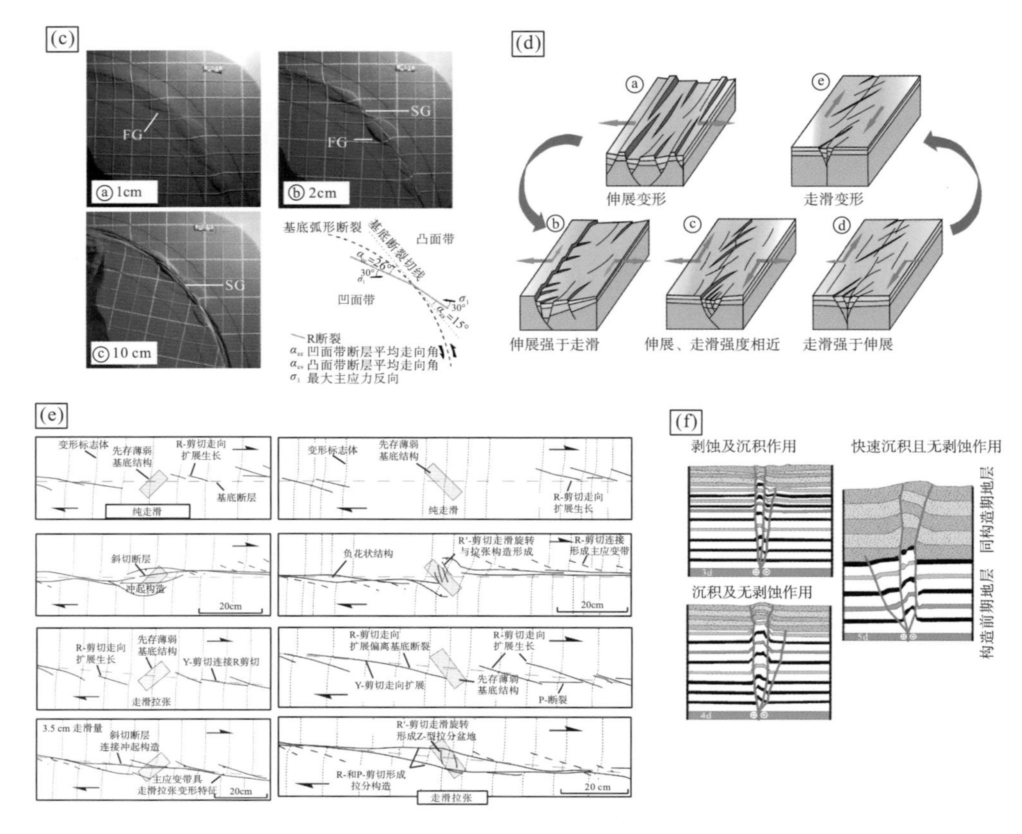

图 1-16　走滑剪切构造变形分段性特征及其控制因素

(a) 砂箱物理模拟实验中基底断裂几何学(即叠置性、断阶间距)与冲起构造特征，伴随基底断裂间距(即断阶间距)增大冲起构造规模明显增大且内部构造变形复杂化增强(McClay and Bonora，2001)；(b) 走滑剪切主应力场方向与基底断裂带相关性控制走滑转换带变形特征(Zwaan and Schreurs，2016)，右旋走滑剪切作用条件下，(右阶)相叠置基底断层更加容易走向传播生长，形成以离散性走滑断层为主的走滑转换带；(c) 受控于弧形主走滑断层两侧差异性应力-应变机制，基底走滑断裂内凹侧较早形成吕德尔剪切断裂且具有较高发育程度(Dufréchou et al.，2011)；(d) 伸展与走滑作用的强弱配比关系控制影响着断裂发育特征(陈兴鹏等，2019)，走滑作用强于拉张伸展作用导致平面上张性断层、P 和 R-剪切发育形成走滑剪切带；(e) 非均质性砂箱物质导致走滑剪切带应力-应变走向变化，线性软弱带不同展布方向对纯剪或张剪性构造变形作用过程的影响(Dooley and Schreures，2012)；(f) 浅表构造剥蚀与沉积作用过程对走滑剪切变形作用的控制影响作用(Guerroue and Cobbold，2006)，同构造剥蚀和沉积作用导致走滑构造带断层倾角普遍增大、走滑隆起花状结构带宽度显著减小

自然界复杂动力学作用通常导致沿走滑剪切构造带的应力-应变机制走向发生变化，如纯走滑剪切、张性/挤压走滑剪切等变形，砂箱物理模拟实验广泛揭示拉张或挤压方向(相对于主走滑断裂带)对走滑构造体系分段性及其走滑转换带构造变形具有重要控制作用，尤其是主应力场方向与走滑断裂带相关性(Zwaan and Schreurs，2016)。右旋走滑剪切作用条件下，(右阶)相叠置的基底断层更加容易沿走向传播生长，形成以离散性走滑断层为典型特征的走滑转换带；与之相反，左旋走滑剪切作用下，相叠置的基底断层更加容易相背生长。叠置基底断层间先存构造通常在晚期走滑剪切变形作用过程中再活化，但它

们普遍继承早期构造的几何学特征。拉张剪切主应力场与基底走滑断裂的夹角减小，导致走滑剪切构造带走向分段性减弱且走滑转换带几何学规模明显减小(Zwaan et al.，2016)。

砂箱物质非均质性特征，如(与走滑剪切带斜交)先存构造变形带或软弱带等，常常导致走滑剪切带沿该非均质结构带发生应力-应变集中(Mann et al.，2007；Holohan et al.，2008；Dooley and Schreures，2012)，伴随走滑剪切位移逐渐增大形成典型的成对弯曲断层系统。沿走滑剪切带展布的非均质性砂箱物质分布特征(如双圆柱软弱带、线性软弱岩带等)对剪切带构造变形分带性具有重要的控制和影响作用(图1-16)。当线性软弱岩带与砂箱基底断裂带具逆时针或顺时针45°斜向夹角时，沿软弱岩带普遍会形成S形或平行四边形冲起带，砂箱走滑剪切破裂沿该带周围传播、合并形成主走滑变形带，但后者通常还会形成较高角度的R′-剪切破裂。当走滑剪切变为张性走滑剪切时，其相关冲起构造带具有相对较小的隆起程度和变形范围，同时受晚期斜切断裂(以R_L-为主)切割，主走滑变形带(PDZ)末端普遍形成不同形态的拉分盆地。当砂箱物质包含多个非均质结构带(如膏盐体或膏盐带)时，由于非均质软弱结构带未直接就位于基底断裂带上方导致通常形成贯通断层带切割砂箱物质，低角度R-剪切破裂逐渐形成、叠置与合并形成主走滑变形带(PDZ)和相对较窄的张性位错与张性弯曲断层带，尤其是形成典型的张性拉分盆地。浅表作用过程(如剥蚀与沉积)通过控制浅部物质负载作用过程控制影响走滑剪切构造带应力-应变的条件，从而对其变形作用过程具有重要影响性(Guerroue and Cobbold，2006)。浅表剥蚀和沉积作用通常导致走滑断层埋深停止活动生长、部分断层持续走滑切割同沉积地层或剥蚀暴露，总体上断层倾角普遍增大、走滑隆起花状结构带宽度显著减小。总体而言，走滑剪切构造系统分段性及其走滑转换带差异变形特征受控于基底走滑断层应力-应变条件沿走向差异变化的特性，其走向差异变化特性的主要控制因素包括基底断层几何学(如弯曲/叠置性、间隔性、弧形断层等)、砂箱动力学特性(如纯走滑剪切、张性/挤压走滑剪切等)、(非)均质性砂箱物质特征(如黏土和膏岩等)、基底非均质性(如塑性基底物质几何学等)等(Mann et al.，2007；Dooley and Schreures，2012)。

地壳浅部盆-山系统/盆-岭系统等普遍受控于具耦合互馈特性的多种机制或边界条件，从而具有长期构造演化过程和复杂的构造特征，其不同控制因素，如结构几何特性、基底特性、物质(非均质性)特性、动力学特性和浅表作用过程等，限制着我们对于地壳浅表构造体系的四维时空结构演化的理解。砂箱构造物理模拟方法学的兴起与发展，为地壳浅表构造体系演化过程及其动力学机制等提供了独立有效的研究手段。砂箱物理模型已揭示地壳浅表构造变形过程普遍符合库仑临界楔理论，其多种机制或边界条件对于地壳浅表构造体系具重要控制作用，其典型机制包括基底特性(基底几何学、有效摩擦角、基底耦合性和流体超压)、变形物质特性(空间几何学、能干层、流变学和非均质性)、动力学机制(砂箱几何边界、汇聚速率和汇聚方向)、浅表作用(剥蚀和沉降)，尤其是张性砂箱物理模型中的重力驱动机制、反转构造变形机制和走滑构造砂箱物理模型中的弥散性剪切变形机制。

伴随砂箱构造物理模拟实验在构造变形过程及其动力学机制研究中的广泛使用，其挑战性在于如何把创新性砂箱装置、新型砂箱物质、全时三维监测和三维应变量化手段等融入不同的砂箱物理模型中，以有效解译地壳浅部变形的实际问题。尽管大量砂箱物理模型研究已经揭示出对于构造变形过程(广泛的)不同因素具有明显不同的控制和影响作用，但是目前仍有许多变形细节及其相关因素未做深入的模型研究，如温度相关的属性、重力均衡机制、流体压力、应力与应变集中等。此外，典型互馈机制的浅表构造、剥蚀和沉降等在砂箱构造物理模型中的研究越来越受到重视，但也有待更深入的研究，如剥蚀与沉降的时间和方式模型、物质运输等。在砂箱物理模型设备装置上，虽然基于 X 射线成像技术的全时三维监测手段和基于光应变监测元件的三维应变量化手段等对于揭示砂箱模型连续内部变形过程具有独特性，但它不仅依赖于砂箱厚度和宽度，还依赖于砂箱物质，如石英砂相对于黏土物质具有明显较好的可视性。值得指出的是，构造砂箱物理模型实验装置、变形物质和理论等 200 年以来的持续进步和发展不仅扩展了构造地质学的研究领域，也增进了我们对于构造地质学的新发现。

第2章　砂箱物理模型构造运动学与光纤光栅耦合性特征

传统砂箱物理模型注重其结构-构造的可视性（几何学-动力学）对比，而高分辨率应力-应变监测手段能够进一步有效对比砂箱物理模型和自然界中（瞬时）的应力-应变、变形等动态过程及其互馈机制等。高分辨率应力-应变监测手段主要基于光纤光栅传感器技术，其光纤光栅的布拉格波长特性伴随温度、应力-应变等环境变量而发生变化（漂移），因此基于光纤光栅传感器技术的应力-应变监测能够有效揭示砂箱物理模型和自然界实例中（瞬时）的应力-应变、变形等动态过程，从而实现对其动力学过程的解译。本章基于砂箱物理模型模拟、光纤光栅原理和不同光纤光栅布线原则等研究，探讨构造砂箱变形过程光纤光栅设备布线方式对于变形物质环境应力-应变的耦合关系。

2.1　光纤光栅传感器基本原理

1978 年加拿大渥太华通信研究中心的 Hill 等（1978）首次在掺锗光纤中采用驻波写入法制成世界上第一只光纤光栅（FBG），直到 20 世纪 90 年代 Meltz 等发展了横向侧面曝光光纤光栅制作法，大大推动了它的快速发展，尤其是相位掩膜法等，使得光纤光栅器件具有广泛使用的现实性。

光纤光栅是通过改变光纤芯区折射率，产生小的周期性调制而形成的，其折射率变化通常在 10^{-5}～10^{-3} 之间。将光纤置于周期性变化的紫外光源下即可在光纤芯中产生相似的折射率变化（图 2-1），即用两个紫外光束形成的空间干涉斑纹图来照射光纤，导致光纤芯部生成了永久周期性折射率调制。光纤芯中的折射率调制周期由下式给出：

$$\Lambda = \frac{\lambda_{uv}}{2\sin\left(\frac{\theta}{2}\right)} \tag{2-1}$$

式中，λ_{uv} 是紫外光源波长；θ 是两相干光束间的夹角。

由于周期性折射率扰动仅对很窄的小段光谱产生影响，宽带光波在光栅中传输时入射光在相应频率上光谱部分被光纤光栅反射，其余透射光谱则不受影响（图 2-1），从而实现光纤光栅对光波的选择性反射，采用这种反射原理的光纤光栅被称为布拉格光纤光栅，其反射条件称为布拉格条件（Hill and Meltz，1997），反射中心波长由下式确定：

$$\lambda_B = 2n_{eff}\Lambda \tag{2-2}$$

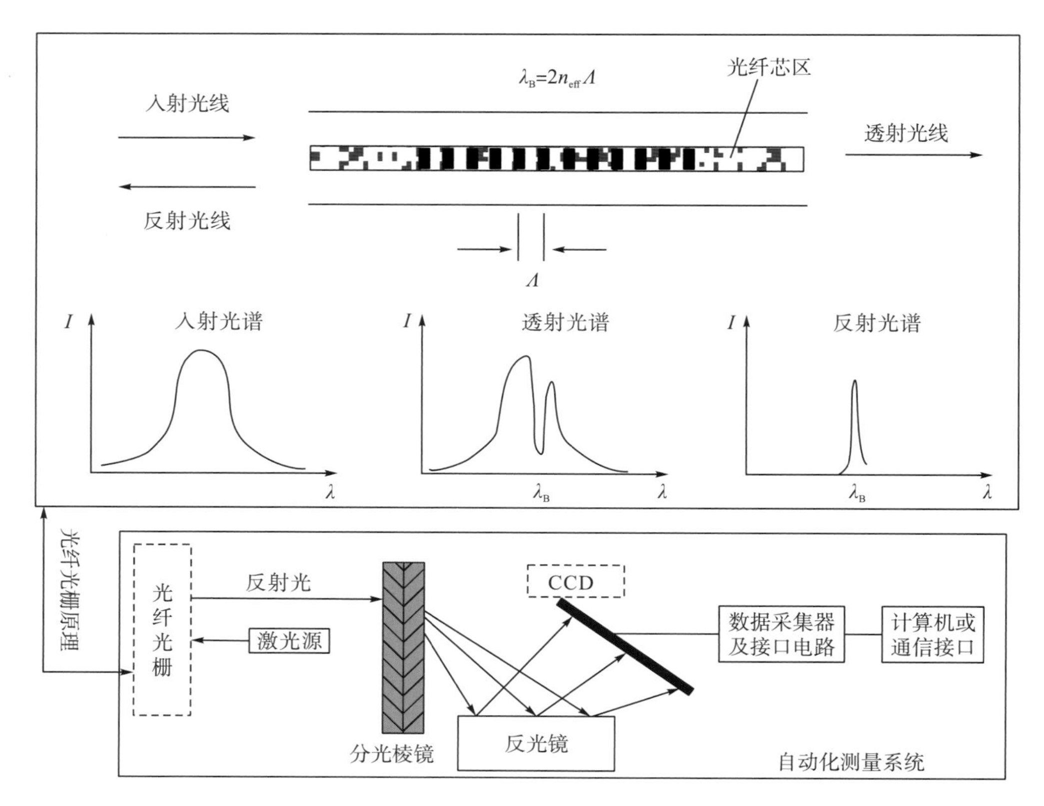

图 2-1　自动化光纤光栅测量系统及其布拉格光纤光栅原理
[据 Hill 和 Meltz(1997)，周振安和刘爱英(2005)，马科夫等(2015)修改]

式中，Λ 是光纤芯折射率调制周期；n_{eff} 是光纤芯有效折射率。

光纤光栅布拉格波长通常伴随光纤芯有效折射率和折射率调制周期的变化而发生变化(漂移)。当外部温度(光栅反射系数 n_{eff})、压力-应力(图 2-1 中 Λ)变化时，由于光栅的热胀冷缩效应、热光效应、微弱形变等，使得光纤光栅波长发生变化(Hill and Meltz，1997；周振安和刘爱英，2005；袁伟等，2008)，此时布拉格波长漂移用以下公式表示：

$$\Delta\lambda_B = 2\Lambda\Delta n_{eff} + 2n_{eff}\Lambda \tag{2-3}$$

因此，压力和应力变化都会影响光栅变化，其光纤光栅布拉格波长变化可以用以下公式表示(袁伟等，2008)：

$$\Delta\lambda_B = \frac{1-2v}{E}\left[n^2{}_{eff}\left(\frac{P_{11}}{2}+\mathrm{P}_{12}\right)-1\right]\lambda_B\Delta P = K_P\Delta P_1 \tag{2-4}$$

式中，E 为光纤光栅材质的杨氏模量；v 为光纤光栅泊松比；K_P 为压力引起波长变化的灵敏度系数。

对于一定材质的光纤光栅，P_{11}、P_{12}、v、E、n_{eff} 为常量，根据式(2-4)可以估算出 K_P，从而得出 ΔP 。

从式(2-3)可知，温度变化也可导致光纤光栅布拉格波长漂移，温度改变使得光栅产生热胀冷缩效应影响光栅 Λ 变化，其光纤光栅布拉格波长变化可以用以下公式表示：

$$\Delta\lambda_{\mathrm{B}} = (\alpha + \varepsilon)\lambda_{\mathrm{B}}\Delta T = K_T \Delta T_1 \tag{2-5}$$

式中，α 为光栅热胀系数；ε 为光栅热光系数；K_T为温度引起波长变化的灵敏度系数。

对于一定材质的光纤光栅，α、ε 为常量，因此可以估算出 K_T。

光纤光栅通过波长变化来定量计算应力-温度变化，因此，我们能够有效监测 10^{-12}m 量级波长的动态变化，高精度揭示出其环境应力-应变和温度变化(Kersey et al.，1997；James and Tatam，2003)，进一步结合自动化光纤光栅测量系统(图 2-1 中光纤光栅传感器/元件、光学系统、数据采集系统)，能够有效量化光纤光栅波长变化及其温度和应力值特征。

2.2　砂箱物理模拟构造运动学特征

2.2.1　物理模型装置设计

砂箱物理模型装置为成都理工大学“油气藏地质及开发工程”国家重点实验室构造物理模拟综合实验平台，该平台可以实现 0.0001～1.0mm/s 不同量级恒定速率下挤压、拉张和隆升等构造变形过程。实验室砂箱物质为均质石英砂，粒径为 0.2～0.4mm，内摩擦角为 29°～31°，内摩擦系数为 0.55～0.58，被广泛地应用于岩石圈浅表脆性变形过程模拟研究(McClay，1990；Lohrmann et al.，2003)。本次实验共设计 4 组模拟实验，具相同的砂箱几何学特征(图 2-2)，即长 800mm、高 35mm(15mm、10mm 和 10mm 石英砂，间隔 1mm 彩色石英砂标志层)；相同运动学特征，即恒定缩短速率为 0.01mm/s、缩短量为 300mm(约 37.5%缩短量)，从而检验光纤光栅的应力-应变及其动力学特征。

光纤光栅是环境压力-温度敏感元件，因此实验室保持环境温度和相对湿度分别为约 10℃和 60%，从而保证多组实验的精确性。光纤光栅采用 4 组不同布线方式(图 2-2)，光纤光栅元件分别垂直、平行和斜交于活动挡板挤压方向(即主应力挤压方向)，同时为便于不同挤压方式的有效性对比我们分别在实验中使用两套独立的光纤光栅设备进行应力-应变监测。第一组采用一套独立的光纤光栅设备和 U 型布线方式，第二、第三和第四组为两套独立的光纤光栅设备，并分别采用十字型、斜交型和双平行型布线方式；每组实验光纤光栅都布置在顶部第一层红色标志层内。通过定时相机拍照记录挤压过程(即 1mm/张照片)、光纤光栅数据采集系统实时采集光栅元件的环境应力-应变数据信息，采用重复性实验验证以避免偶然因素等不利影响。

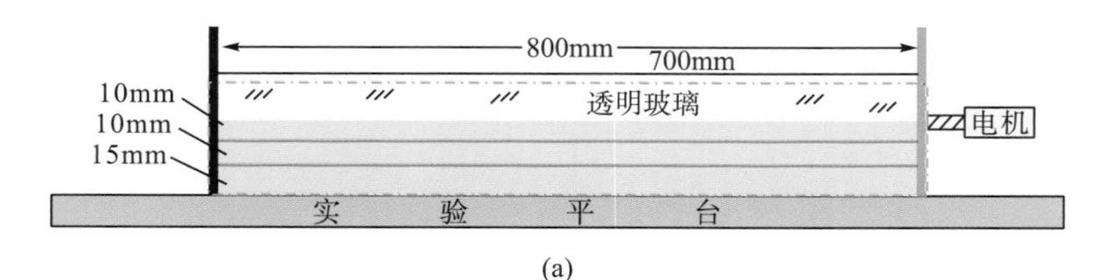

(a)

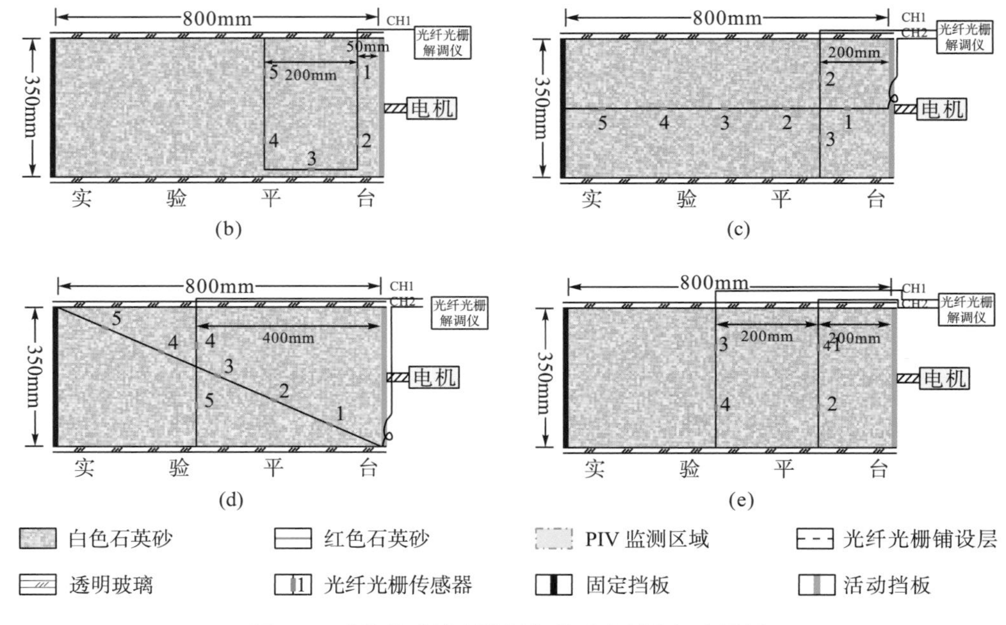

图 2-2　砂箱构造模型边界条件及光纤光栅布置图

(a)砂箱相同几何学特征；(b)～(d)砂箱物理模型不同光纤光栅布线方式(U 型、十字型、斜交型和双平行型布线方式)，其中 CH1 和 CH2 为两组光纤光栅设备，数字 1～5 为光纤光栅传感器元件

2.2.2　砂箱物理模拟构造变形与运动学特征

本次实验中 4 组模型挤压变形过程中揭示出砂箱物质构造变形运动学具有一致性(图 2-3)，总体上可以分为两个阶段。第一阶段为挤压楔形体快速生长阶段(缩短率为 0～12%)，其楔形体楔长、楔高和楔顶角快速增加到临界楔形体状态；第二阶段为楔形体自相似性生长阶段(缩短率为 12%～37%)。在约 3%挤压缩短变形量时，活动挡板前缘砂箱物质形成第一个逆冲断层及其伴生的冲起构造，随后楔形体前缘断层具前展式扩展变形过程，依次形成前展式冲断层 T_1、T_2 和 T_3。至 7.5%缩短变形量时，楔形体楔高、楔长和楔顶角快速生长达到临界楔形体形态(即楔高为 59.74mm，楔长为 114.51mm，楔顶角为 15.46°)。

楔形体自相似性生长阶段砂箱物质前展式扩展变形循环重复第一阶段挤压缩短变形过程，形成内部加积变形带、前缘叠瓦变形带和前缘扩展变形带。伴随挤压缩短变形，楔形体前缘形成新的前展式逆冲断层(T_4、T_5 和 T_6)及不对称的箱状背斜，如 11.3%、21.2%缩短率时。后期挤压变形导致第一阶段冲起构造及其相关叠瓦断层发生明显反转变形，并与后期逆冲断层形成似花状构造。楔形体内部加积变形带由于强变形作用形成大量隐伏断层。需要指出的是，伴随持续挤压缩短变形，砂箱物质通常发生平行层缩短变形和应变积累过程，如 3%(T_1)、11.3%(T_4)、21.2%(T_5)和 35.3%(T_6)缩短率时。

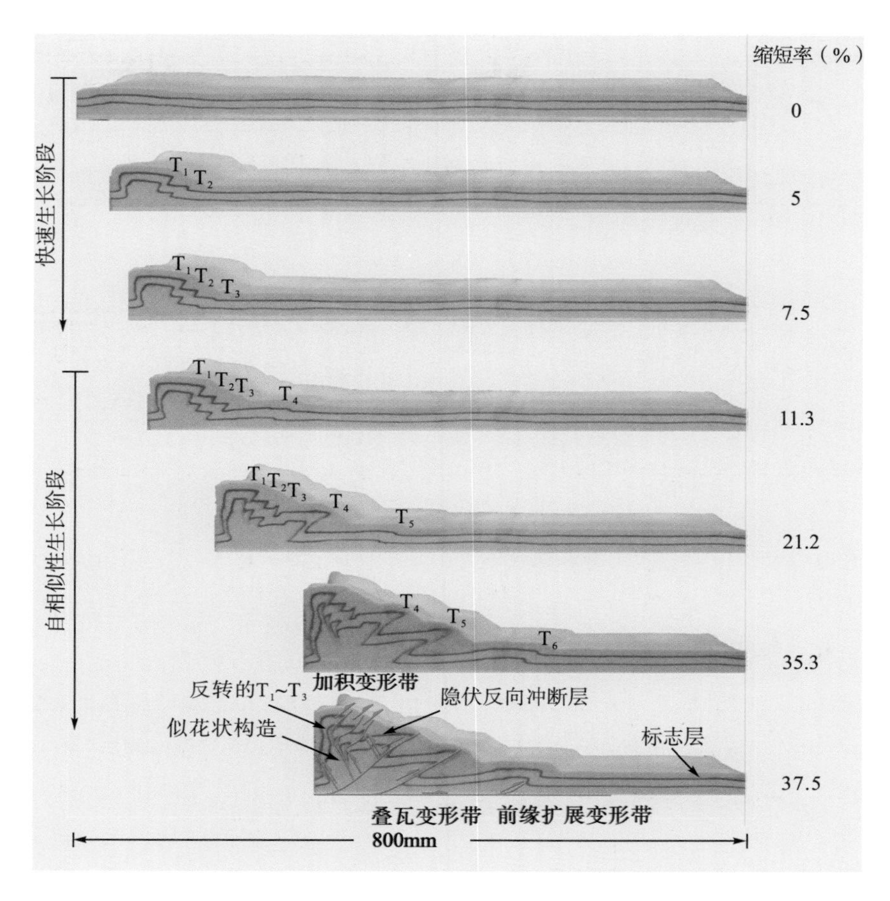

图 2-3　砂箱物理模型构造变形特征图

2.3　光纤光栅差异布线方式应力-应变响应特征

光纤光栅传感器元件在持续挤压过程中伴随砂箱物质应变量增大，其应变值累积变化效应明显(微应变值累积增大)；当砂箱物理应变积累达到物质破裂强度发生脆性破裂变形作用时(即断层初始形成)，传感器元件发生明显的应变突变(微应变值突变减小)，从而反映出伴随缩短量增加的波状/动态增加-减小过程特征。独立光纤光栅 U 型布线方式 5 个传感器元件在早期砂箱模型挤压缩短变形过程中具有大致相似的应力-应变响应，但后期由于光纤光栅挤压变形破坏而未能有效记录环境变化特征(图 2-4)。

U 型布线方式实验过程中，当活动挡板匀速挤压后砂箱物质逐渐发生累积应变，光纤光栅传感器初始应变值快速降低达到临界值，随后逐渐记录环境应力-应变值。伴随应变积累过程达到物质破裂强度，应变值发生明显突变性减小(对应于断层初始形成)，传感器元件 No.2 和 No.3 具有大致相似的响应特征，其 3%、7%、11%和 20%缩短率时微应变值突变分别对应于冲断层 T_1、T_3、T_4和 T_5形成时刻。No.1 传感器元件有效记录 11%、13%、15%和 20%缩短率时微应变值的突变，与 No.2 和 No.3 传感器元件相似，但第二个和第三个突变值(即 13%和 15%时刻)可能为砂箱物质局部环境应力-应变变化，推测为光纤光栅布线过程人为因素导致不一致性。传感器元件 No.4 和 No.5 仅记录下 3%、7%缩短率时微应变值突变的过程。根据砂箱 10%挤压缩短率时刻其楔形体扩展变形前缘大致位于 No.3 传感器元件布线位置处，认为挤压缩短变形导致光纤光栅设备转折端处破坏，从而未能进一步记录环境应力-应变数据信息。

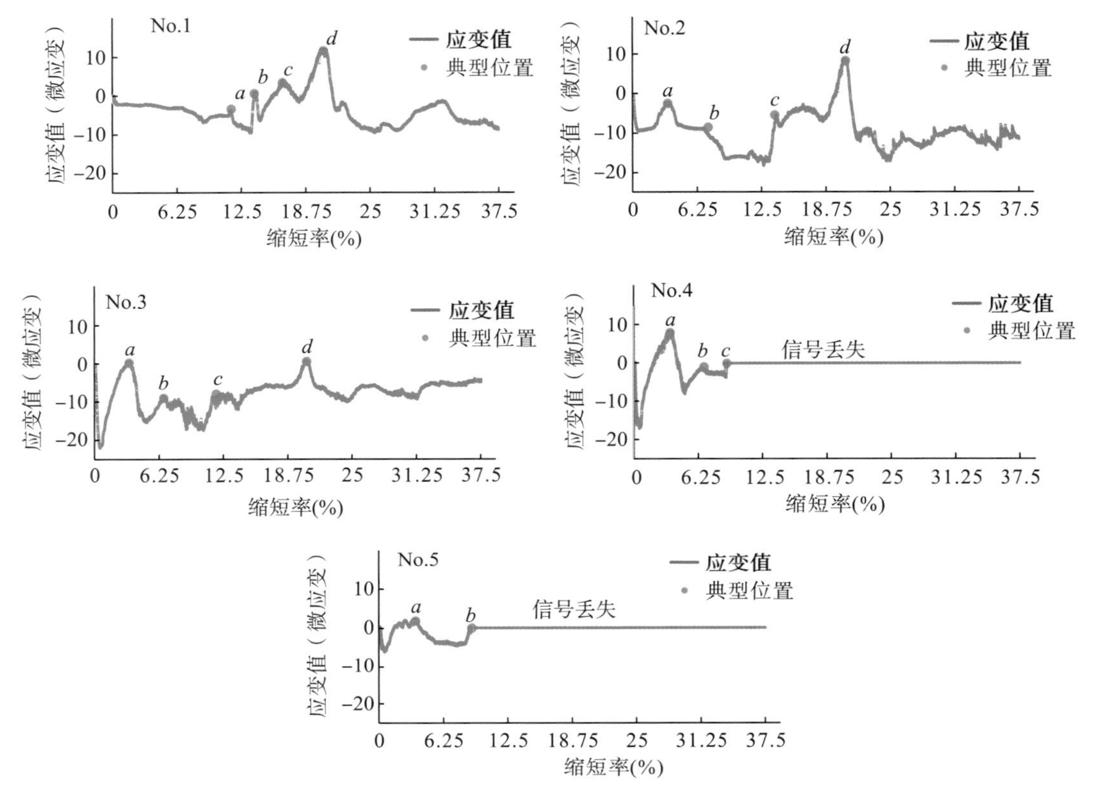

图 2-4　U 型布线方式光纤光栅响应特征综合图

十字型布线方式揭示出不同布线方式明显不同的环境应力-应变记录特征(图 2-5)。CH1 光纤光栅设备中仅 No.2 和 No.3 传感器元件分别记录下砂箱物质持续变形过程中应变值波状增大-减小的动态过程(后面详述)，且波状曲线具有完全一致的动态特征；而未在砂箱物质中布置的传感器元件明显未记录任何有效数据信息。垂直于砂箱活动挡板运动方向的 CH2 光纤光栅设备仅记录砂箱物质变形过程的早期环境应力-应变信息，其微应变波状曲线具有明显一致的动态特征，但在大于 7%挤压缩短率变形过程后普遍信号丢失。

斜交型布线方式中 CH1 光纤光栅设备仅 No.4 和 No.5 传感器元件分别记录下砂箱物质持续变形过程中应变值波状增大-减小的动态过程；而未在砂箱物质中布置的传感器元件(即 No.1、No.2 和 No.3)明显未记录任何有效数据信息(图 2-6)。传感器 No.4 有效记录 20%、25%和 31%缩短率时微应变值的突变，主要对应于砂箱冲断层(T_5和 T_6)形成时刻；传感器 No.5 则有效记录 25%和 31%缩短率时微应变值的突变，体现出两者之间的相似性。

CH1 No.4 和 No.5 传感器元件相对于活动挡板布线位置大于其余不同组的布线位置，因而其初始记录砂箱物质环境应力-应变值的动态变化明显滞后于其余几组实验，体现出砂箱物质前展式扩展变形过程中应力-应变传递过程的延时性。

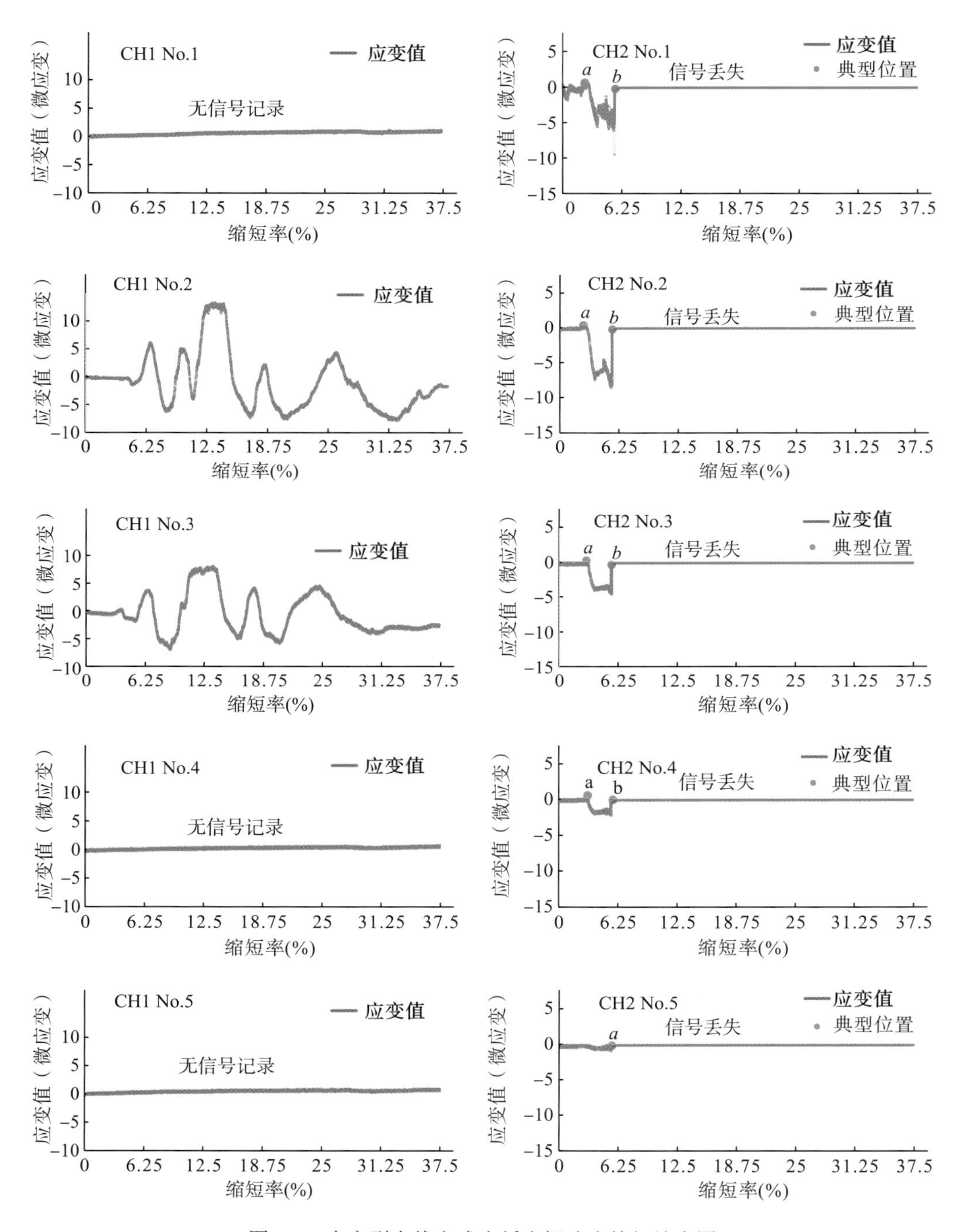

图 2-5　十字型布线方式光纤光栅响应特征综合图

注：CH1 和 CH2 为两组光纤光栅设备，数字 No.1～No.5 为光纤光栅传感器元件。

斜交于(约 30°)砂箱活动挡板运动方向的 CH2 光纤光栅设备仅记录砂箱物质变形过程早期的环境应力-应变信息，其微应变波状曲线具有明显一致的动态特征，但在大于 7%挤压缩短率变形过程后普遍信号丢失(图 2-6)。与十字型布线方式实验中垂直于活动挡板挤压运动方向光纤光栅传感器元件信息一样，所有环境应力-应变值数据都具有锯齿状特征，并且 CH2 No.2～4 数据信息特征完全一致，仅微应变值变化程度相对减小(即 0～-10 变化值大小)，与砂箱物质应力-应变前展式扩展传递效应不相吻合(即 CH2 No.2～5 传感

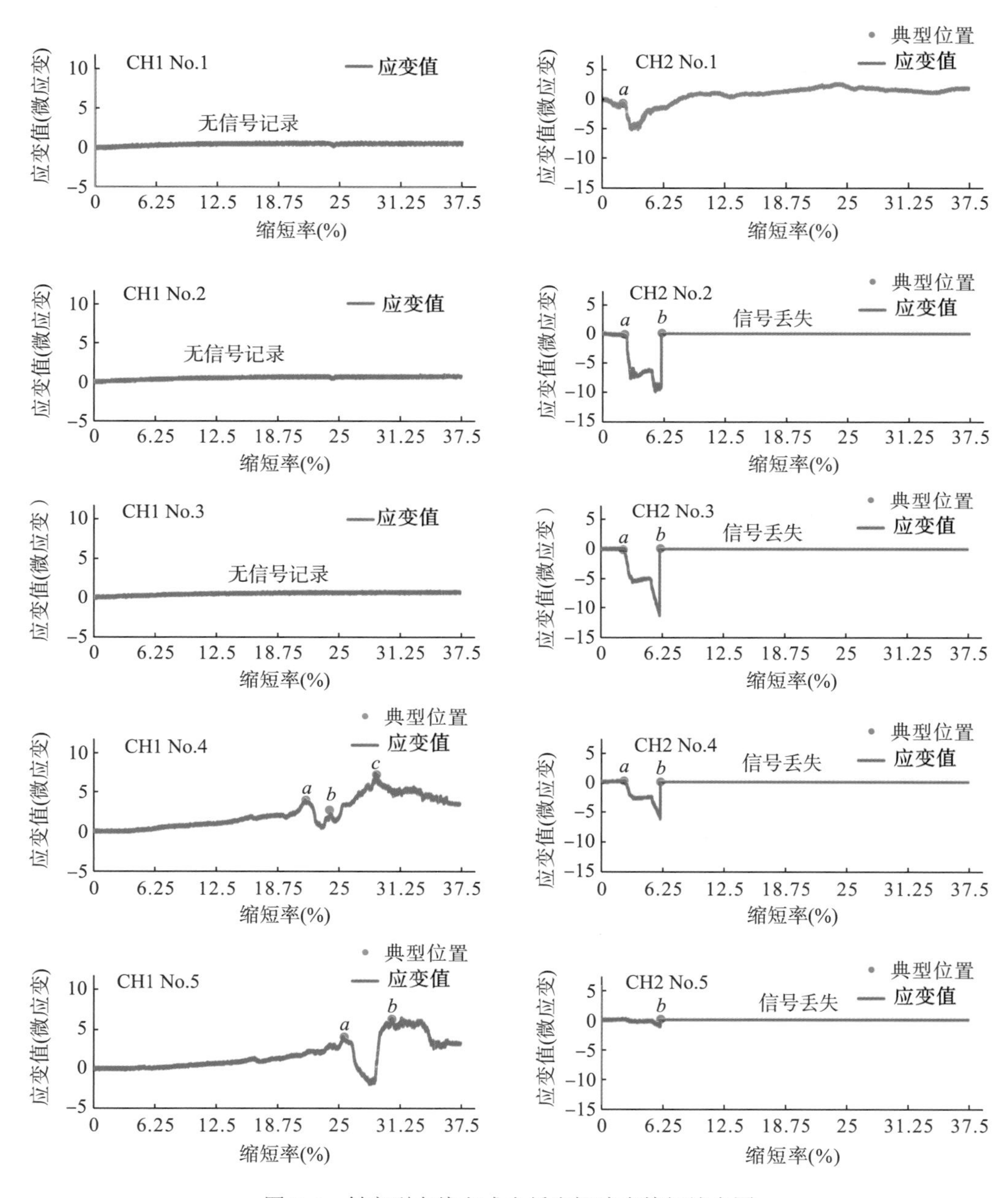

图 2-6　斜交型布线方式光纤光栅响应特征综合图

器元件应该具有挤压缩短方向上缩短量上的延时性）。因此，光纤光栅设备中传感器元件与活动挡板挤压移动方向(即主应力方向)大致相似或者呈低角度斜交，不能真实记录砂箱物质中环境应力-应变的动态变化特征。

双平行型布线方式砂箱物理模型实验中，CH1 光纤光栅设备中仅 No.3 和 No.4 传感器元件、CH2 光纤光栅设备中仅 No.1 和 No.2 传感器元件有效记录下砂箱物质持续变形过程中应变值波状增大-减小的动态过程(图 2-7)。CH1 No.3、No.4 与 CH2 No.1、No.2 传感器元件布线相对于砂箱活动挡板具有明显的距离，因此它们记录的环境应力-应变值具有明显的时间上的差异性，揭示出砂箱物质前展式扩展变形及其相关应力-应变传递过程。CH2 No.1、No.2 传感器元件主要记录早期缩短变形过程中环境应力-应变值的动态特征，即 7%、12%和 20%缩短率时微应变值突变(即冲断层 T_3、T_4 和 T_5 形成时刻)；而 CH1 No.3、No.4 传感器元件主要记录挤压缩短后期变形过程中环境应力-应变值的动态特征，即 20%、31%和 34%缩短率时微应变值突变(主要对应于冲断层 T_5 和 T_6 形成演化时刻)。

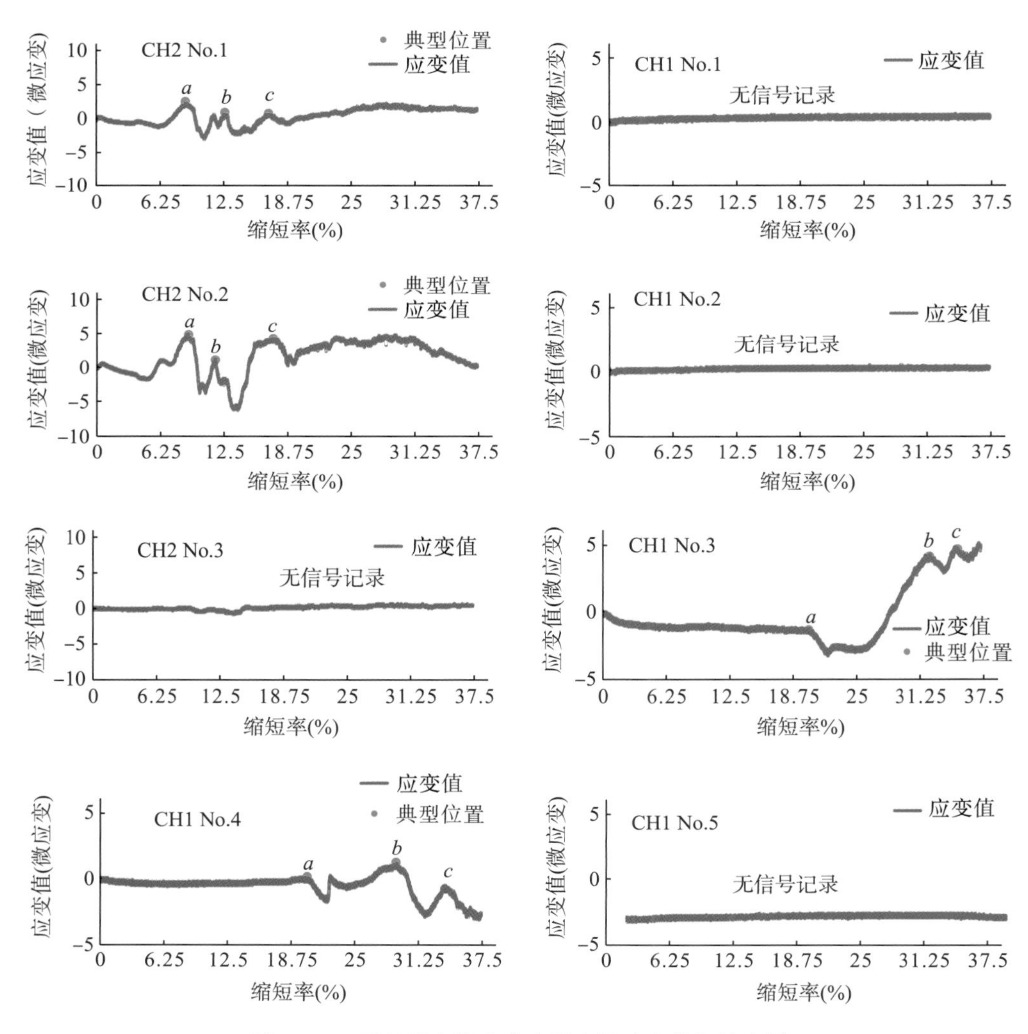

图 2-7 双平行型布线方式光纤光栅响应特征综合图

由于砂箱侧向摩擦效应在早期缩短变形过程中较小，挤压楔形体构造变形特征走向上具有均一性，因此 CH2 No.1、No.2 传感器元件在早期挤压变形中环境应力-应变信息具有相似性。伴随挤压缩短变形量增大，光纤光栅由于布线于浅部标志层中(位于挤压楔形体浅表)，难以记录砂箱物质挤压应力-应变特征。同时，挤压缩短变形后期，由于侧向摩擦具有累积效应，导致砂箱楔形体前缘冲断带具有弧形弯曲特征，即走向上构造变形特征的非均一性，因此 CH1 No.3、No.4 传感器元件在后期挤压变形环境应力-应变记录信息上相似性较弱(图 2-7)。与之相似的是，斜交型布线方式砂箱模型中 CH1 No.4、No.5 传感器元件记录的挤压缩短变形后期(即缩短率均 20%～35%时期)的环境应力-应变动态特征也具有弱相似性(图 2-6)。因此，可以通过光纤光栅设备中传感器元件的布置(即垂直于活动挡板挤压缩短方向近平行布线)有效检验楔形体变形过程走向上的均一性，如十字型布线方式模型中 CH1 No.2、No.3 传感器元件(图 2-5)。

2.4　砂箱物理模拟运动学与光纤光栅微应变耦合性

砂箱模型中光纤光栅传感器元件动态记录的微应变值随环境应力-应变的变化而明显变化，随挤压楔形体断层活动及其相关的应变积累、破裂释放过程呈现出动态波状变化特征。光纤光栅传感器在砂箱物质应变积累过程中发生微应变值增大，而破裂变形(断层活动)后微应变值突变性减小。前者代表破裂变形前的累积应变过程，自然界变形过程中常伴随平行层缩短、颗粒压溶、颗粒定向排列等；后者代表岩石破裂变形与断层活动。十字型布线方式砂箱模型中 CH1 No.2 和 No.3 传感器微应变值具一致的动态特征，表明砂箱物质在均匀挤压变形过程中楔形体走向具有一致性，因此，光纤光栅传感器受主围压方向以垂直于活动挡板挤压缩短方向能够获得最佳的环境应力-应变条件。本书以 CH1 No.2 号传感器微应变值动态特征阐述其与砂箱运动学的耦合性(图 2-8)。

本组实验中伴随持续挤压过程，t_1、t_3、t_5、t_7、t_9 和 t_{11} 分别代表砂箱物质受挤压发生积累应变作用，光纤光栅应变值(微应变)相对于初始值持续性增加。伴随累积应变超过砂箱物质破裂强度，在 t_2、t_4、t_6、t_8、t_{10} 和 t_{12} 砂箱楔形体前缘分别发生破裂变形和断层活动，依次形成前展式逆冲断层，如 t_2 时刻的 T_2 逆断层、t_4 时刻的 T_3 逆断层、t_6 时刻的 T_4 逆断层等。通过应变值-缩短率对比图，能够发现微应变动态变化特征上应变积累过程(微应变增大)和应变释放(微应变减小)过程具有不对称性或弱对称性，总体上应变积累相关的微应变增大过程对应时间(即缩短率变化)较短、应变释放相关的微应变减小过程对应时间(即缩短率变化)较长。

楔形体快速生长过程中，光纤光栅微应变动态特征具有明显的增大-减小旋回性变化(即 t_1～t_4 时间)，且微应变变化值范围大致相当(即 0～±5)。当挤压楔形体快速生长达到临界楔形体状态时(即 t_5 时刻)，砂箱物质逐渐发生前展式扩展与应变积累，应变积累最大超过楔形体破裂应变强度时发生前展式冲断破裂变形(即 t_6 时刻)，楔形体演化呈自相似性生长过程。在 t_6 时刻应变积累过程具明显的“坪阶段”特征，该特殊现象在其余几组实验中也有类似体现(如图 2-6 中 CH1 No.5、图 2-7 中 CH2 No.2 等)，具体成因有两种：①临界楔形体保持其楔形体几何学和动力学特性，而沿基底滑脱面滑动传递活动挡板挤压特征，即楔形体后缘加积与前缘扩展守恒；②光纤光栅传感器元件由于布线埋深较浅(临近冲断层上盘)，在应变释放过程中位于断层相关褶皱中性面之上，因此应变积累作用与应变释放作用间的动态平衡被完全打破后，才开始发生应变释放与破裂变形作用。楔形体自相似性生长过程中，光纤光栅微应变动态特征与第一阶段相似。需要指出的是，由于光纤

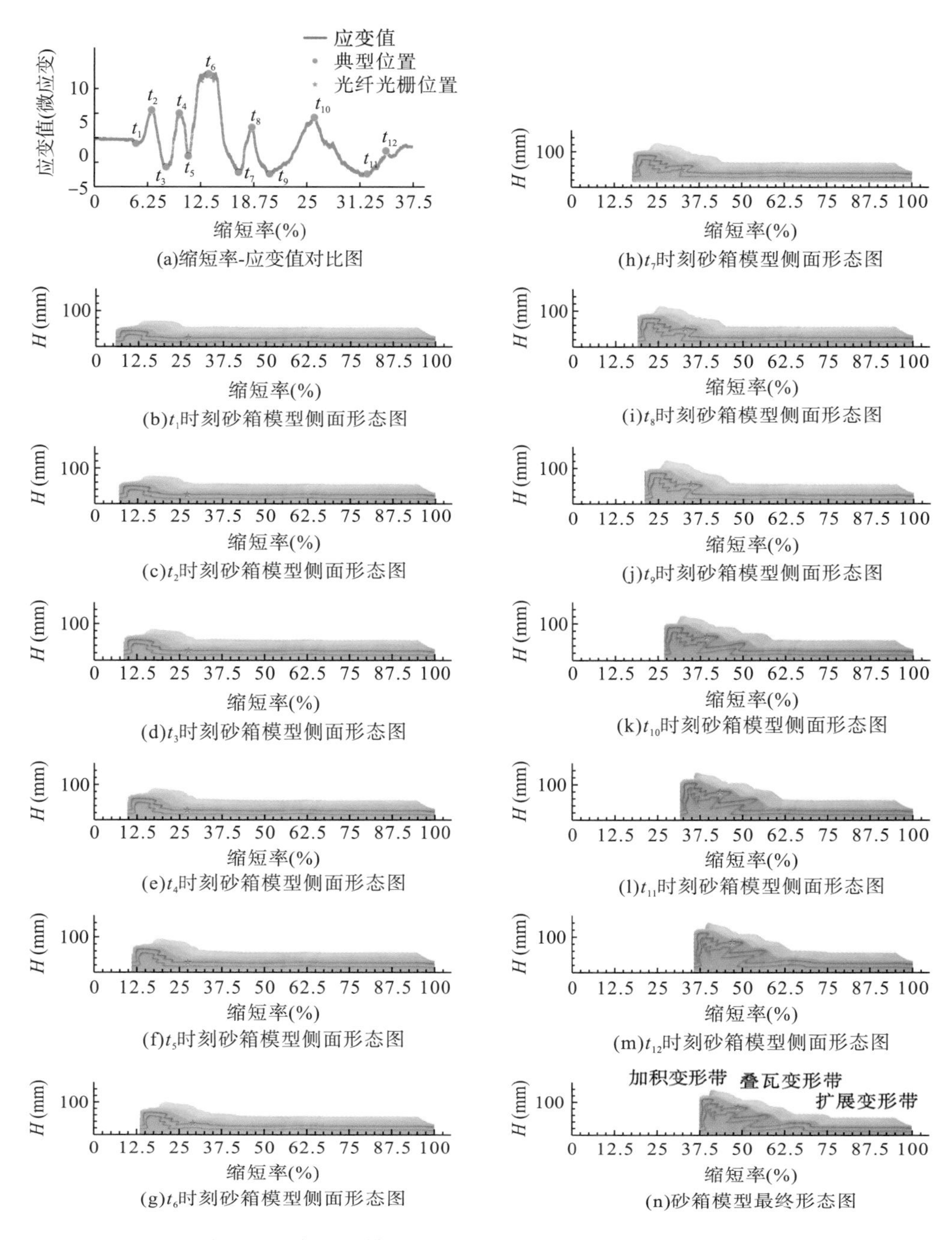

(a)缩短率-应变值对比图

(b)t_1时刻砂箱模型侧面形态图

(c)t_2时刻砂箱模型侧面形态图

(d)t_3时刻砂箱模型侧面形态图

(e)t_4时刻砂箱模型侧面形态图

(f)t_5时刻砂箱模型侧面形态图

(g)t_6时刻砂箱模型侧面形态图

(h)t_7时刻砂箱模型侧面形态图

(i)t_8时刻砂箱模型侧面形态图

(j)t_9时刻砂箱模型侧面形态图

(k)t_{10}时刻砂箱模型侧面形态图

(l)t_{11}时刻砂箱模型侧面形态图

(m)t_{12}时刻砂箱模型侧面形态图

(n)砂箱模型最终形态图

图 2-8　砂箱物理模型构造运动学与光纤光栅耦合性综合图

光栅传感器元件位于挤压楔形体内部，只能代表楔形体内部的应力-应变动态变化特征，而非楔形体扩展变形前缘的应力-应变特征，即光纤光栅传感器元件微应变值动态记录的破裂变形与应力释放过程不完全对应于楔形体扩展前缘的破裂变形与应力释放时刻，具有明显的时间滞后性。

2.5 褶皱冲断带-前陆盆地系统耦合与脱耦性

自然界挤压褶皱冲断带及其前陆盆地（盆-山系统）存在耦合和脱耦效应，该过程受控于褶皱冲断带-前陆盆地系统应力-应变、物质-能量交换互馈过程和造山带-前陆盆地岩石圈耦合性。一般而言，基于古应力和古地磁等研究方法能够揭示出造山带-前陆盆地系统耦合/脱耦过程，如 Southern Appennines，研究揭示 Southern Appennines 褶皱冲断带与前陆盆地系统应力-应变具有一致性（即应力场特征相同）和非一致性（即应力场特征相反）周期性、间隔发育，表明褶皱冲断带与前陆盆地系统具有耦合与脱耦特性。Martinez 等（2002）和 McClay 等（2004）基于砂箱物理模型研究斜向汇聚碰撞过程中应变积累所导致的冲断带-前陆盆地系统间耦合与脱耦的特殊现象。Nieuwland 等（1999）基于砂箱物质中的应力传感元件，揭示伴随挤压过程其应力值呈周期性增大与缩小变化，与本次砂箱物理构造模型中光纤光栅传感器元件所揭示的微应变值周期性动态变化相一致（图 2-8）。挤压缩短过程中，早期微应变值积累增大阶段反映挤压增生楔形体与前陆盆地系统具有较好的耦合性，两者间具有统一的应力-应变特征；当应力-应变积累达到楔形体物质破裂应变强度时，楔形体（沿新的逆冲断层）发生挤压破裂变形与逆冲、冲断带前缘（前陆盆地）应力-应变衰减，即导致增生楔形体-前陆盆地系统间脱耦。

褶皱冲断带-前陆盆地系统耦合过程具有统一的应力-应变特征，受控于持续挤压作用砂箱物理模型和自然界中常常发生大规模平行层缩短变形，岩石颗粒存在压缩胶结、压溶、压裂、重结晶和去磁化等塑性-脆性变形（Nilforoushan et al.，2008）。褶皱冲断带-前陆盆地系统脱耦过程具有差异性应力-应变特征，褶皱冲断带-前陆盆地系统脱耦过程中区域应力场转变、应变集中和板片/断片侧向逃逸机制，如阿尔卑斯造山带 Vienna Basin、阿尔及利亚造山带 Chelif Basin，常常导致统一挤压动力学背景下张性、走滑拉张盆地的形成（Roure，2008）。

2.6 楔形体断层生长能耗系数

自然界和砂箱物理模型中通过计算楔形体或断层生长能耗量，从而类比预测地震或典型构造的形成发育机制（Cooke and Murphy，2004），或者推演洋中脊、转换断层及其相关板片的侧向发育过程等。褶皱冲断带-前陆盆地系统能量-物质交换守恒原则上需要满足系统外部能量输入等于变形变位导致的重力能变量、内部应变能量、断面摩擦能量、地震耗散能量、断面（生长）传播能量之和（Cooke and Murphy，2004；Herbert et al.，2015）。与通过压力传感器测量压力变化值相似（Herbert et al.，2015），光纤光栅传感器元件与围压和温度具函数关系，当环境温度不变时我们可以通过微应变的变化计算传感器元件围压的瞬时变化量，从而能够通过函数计算断层生长能耗系数，探讨断层活动性。

砂箱物理模型和自然界中，变形变位过程导致重力能耗、内部应变能耗储存于系统内部，而地震耗散能耗、断面摩擦能耗、断面传播能耗由于耗散而不可恢复。该系统中地震耗散能耗常常比较微弱而忽略不计，断面摩擦能耗（W_{fric}）与断层剪切应力和断层滑动面面积相关，断面传播能耗（W_{prop}）则与断面初始形成剪切密切相关［图2-9(a)］。断层生长传播能耗可以通过剪切试验记录剪切应力衰减过程来计算（Lohrmann et al.，2003），即剪切应力衰减曲线和剪切滑动距离所围限的区域等于断面传播能耗（W_{prop}）（图2-9）。一般而言，砂箱物理模型计算得到断面传播能耗与自然界断面传播能耗具有$10^{5\sim7}$量级的能量大小差异（Kato et al.，2003），与砂箱物理模型几何学相似比系数大致相当。因此，砂箱物理模型中断层生长传播开始时，断面传播能耗（W_{prop}）等于砂箱模型系统中外部输入能量的变化值，即光纤光栅传感器元件所记录的应力-应变值的50%，它主要来自断层生长时应变弱化过程的能耗（Herbert et al.，2015）。伴随持续挤压缩短变形，砂箱物理模型中不同断裂生长传播能耗具有明显不同的能耗量，其中T_3、T_4和T_5逆断层明显较T_1和T_2能耗高，可归结于两个原因：①伴随早期增生楔形体快速生长到临界楔高后，后期（T_3、T_4和T_5）前展式扩展断层深度明显增加导致其重力能耗增大；②T_3、T_4和T_5逆断层相对于其余断层具有明显的较长的断层滑移量（图2-9）。

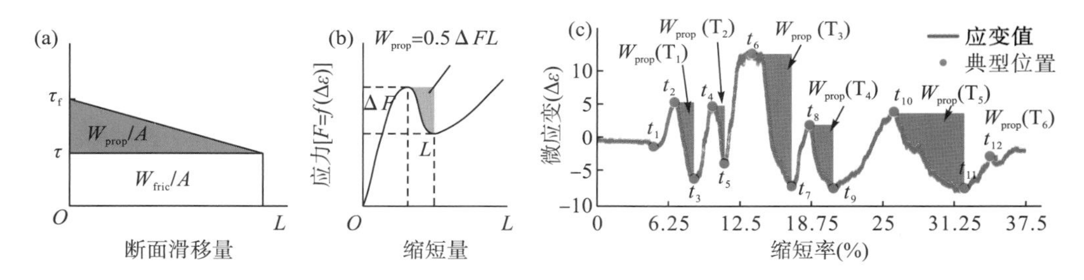

图2-9 砂箱物理模型断层能耗系数原理及其计算综合图

(a)断层滑动过程中断面摩擦能耗（W_{fric}）和断面传播能耗（W_{prop}），其主要与断层剪切应力（τ）和断层滑动面面积（A）相关；(b)剪切试验过程剪切应力衰减曲线和剪切滑动距离决定的断面传播能耗（W_{prop}）（Herbert et al.，2015）；(c)光纤光栅砂箱物理模型断面传播能耗（W_{prop}）对比图

光纤光栅布拉格波长特性伴随温度、应力-应变等环境变量而发生变化（漂移），砂箱物理模型中光纤光栅设备的不同布线方式能够检验砂箱变形物质的瞬时环境应力-应变特性。十字型和斜交型布线方式砂箱物理模型变形过程揭示，光纤光栅与变形挤压方向大致相似或者呈低角度斜交不能完全真实地反映和记录砂箱物质中环境应力-应变的动态变化特征，导致有效信号丢失；双平行型布线方式能够揭示砂箱变形物质空间均一性、变形过程延时性等特性。因此，构造砂箱物理变形过程光纤光栅设备布线方式对于有效揭示砂箱物质的环境应力-应变特性至关重要。

光纤光栅传感器主围压方向以垂直于活动挡板挤压缩短方向能够获得最佳的环境应力-应变条件，其传感器微应变值动态特征与砂箱运动学具有明显的耦合性。光纤光栅（传感器)微应变值伴随楔形体断层活动的应变积累和破裂变形呈现出明显的动态波状变化特征，揭示挤压褶皱冲断带-前陆盆地系统的动态耦合与脱耦过程。应变积累过程(微应变增大)和应变释放(微应变减小)过程具不对称性或弱对称性，揭示出岩石破裂变形与断层活动相关的应变释放(即微应变减小)过程的瞬时效应，及其差异性断层的生长传播能耗。

第 3 章 砂箱物质特性及其对构造变形过程的影响

近 10 年多来，全世界 20 多个构造模拟实验室选择基于各实验室专用模型装置和颗粒材料物质(Schreurs et al.，2006)或统一颗粒材料物质(Santimano et al.，2015；Schreurs et al.，2016)来开展砂箱物理模拟标杆性实验(benchmark experiments)对比，以图揭示相似物理模型边界条件下模型模拟结果的可重复性和可靠性解释。标杆性模拟实验结果揭示出不同实验室物理模拟结果在冲断带扩展演化、反向冲断等特征上具有明显的一致性，同时它们在断层间距、断层发育数量/程度和楔形体几何学等方面具有显著的差异(Santimano et al.，2015；Buiter et al.，2016；Schreurs et al.，2006，2016)。砂箱物理模型装置中细微的差异都可能导致砂箱物质具有明显的力学特性差异，从而使各实验室间的模型模拟结果具有明显差异，尤其是物质内部或基底摩擦属性差异(Lohrmann et al.，2003；Klinkmüller et al.，2016)。物质内部或基底较低的摩擦系数，通常会导致砂箱物质楔形体具有较长的楔长、较小的楔顶角；较高的摩擦系数与之相反(Liu et al.，1992；Koyi and Vendeville，2003；Panian and Wiltschko，2007)。尽管如此，模型实验中仍有越来越多的砂箱物质变形几何学、动力学特征难以用砂箱物质的力学属性来有效解释，如楔形体楔顶的波状凸面特征(Mulugeta and Koyi，1992)、断层间距差异性(Panian and Wiltschko，2007；Bose et al.，2009)、非库仑楔特征(Suppe，2007；Gutscher et al.，2001)和稳态-非稳态动力学特性(Lohrmann et al.，2003；Simpson，2011)等。因此，为了进一步了解砂箱物质的物理和力学特性及其对于挤压楔形体变形过程的几何学、运动学和动力学的影响，我们基于两组均质性石英砂物质模型和四组均质石英砂物质+基底玻璃珠(1～3mm)模型，开展砂箱物质挤压变形相关的对比性研究，从而揭示砂箱物质物理和力学特性的重要性，如基底滑脱层属性及其厚度、砂箱物质内摩擦特性等。

3.1 砂箱物质特性

3.1.1 石英砂和玻璃珠物理特性

砂箱物理模拟实验中通常使用石英砂和玻璃珠颗粒材料物质(附图 3-1)，因此把本实验室通用的石英砂和玻璃珠材料根据其粒径大小分为两组，分别进行相关物理特性测试，图 3-1 展示了四组物质的典型物理特征参数测量结果。

石英砂和玻璃珠物质体积密度通过标准单位体积的质量进行测量，两组石英砂(即 DB2017X1、DB2017X2)和两组玻璃珠(即 DB2017B1、DB2017B2)物质的密度介于 1.35～1.48g/cm^3 之间(表 3-1)。物质颗粒粒径大小通过激光粒度仪测量大于 500 个颗粒，然后进行统计分析，石英砂和玻璃珠颗粒粒径普遍具有单峰值、正态分布特征(图 3-1)。两组石英砂物质具有更佳的颗粒大小均一性，大于 60%的颗粒分别分布于 0.4～0.7mm（DB2017X1）和 0.25～0.4mm（DB2017X1）粒径范围；两组玻璃珠物质具有相对较弱的颗粒大小均一性，约 50%的颗粒分别分布于 0.35～0.6mm（DB2017B1）和 0.3～0.5mm（DB2017B2）粒径范围。密度和粒径大小相关性对比表明，较大颗粒粒径石英砂物质具有相对较大的体积密度，而较大颗粒粒径玻璃珠物质具有相对较小的体积密度。

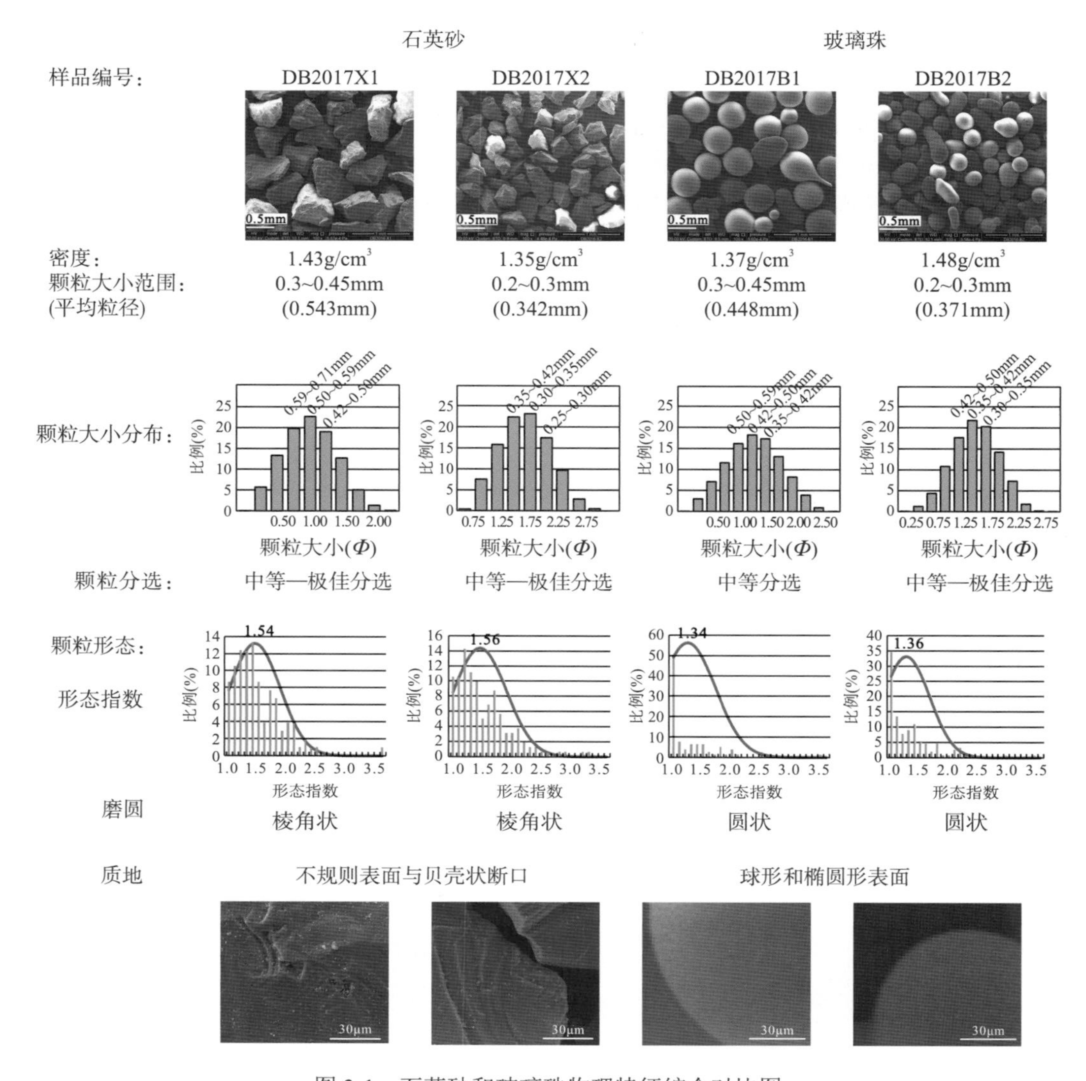

图 3-1　石英砂和玻璃珠物理特征综合对比图

注：顶部和底部图片为石英砂和玻璃珠颗粒扫描电镜图。

石英砂和玻璃珠颗粒分选差异性不明显，两组石英砂、两组玻璃珠物质颗粒普遍具有中等—极佳的分选程度。基于扫描电镜图片进行物质颗粒的形态指数或球度测量（即长、短轴之比）（Klinkmüller et al.，2016），进一步通过每组物质 60～100 个颗粒的形态指数统计对比不同物质的颗粒形态，石英砂和玻璃珠形态指数大小为 1.34～1.56，两组石英砂

DB2017X1 和 DB2017X2 均具有明显较大的形态指数，分别为 1.54 和 1.56，两组玻璃珠 DB2017B1 和 DB2017B2 形态指数分别为 1.34 和 1.36，表明玻璃珠物质普遍具有较好的磨圆度或等轴性特征，明显区别于石英砂颗粒的棱角特征。

3.1.2　石英砂和玻璃珠力学特性

石英砂和玻璃珠颗粒材料物质力学特征在德国波茨坦地学中心使用 Schulze 环剪仪测量，基于低围压/正应力(即 0.5～16kPa)、低剪切速率(即 30mm/min)条件测量，能够有效揭示颗粒物质在砂箱物理模拟实验过程中的力学特性(Lohrmann et al.，2003；Panien et al.，2006；Klinkmüller et al.，2016)。四组石英砂和玻璃珠物质环剪测量结果如图 3-2、图 3-3 所示。环剪测量结果反映随环剪位移量增大(图 3-2)，石英砂和玻璃珠颗粒物质剪应力具有明显的阶段性变化特征，即应变强化(达到剪应力峰值)、应变弱化(发生初次滑动剪切变形)阶段。通过分别加载不同的围压条件(即 6 组围压/正应力值分别为 500Pa、1000Pa、2000Pa、4000Pa、8000Pa 和 16000Pa)，测量过程中可以获得物质不同围压条件下的峰值剪应力、动态强度和活化强度。对于每组颗粒物质，上述 3 类剪应力强度值伴随围压条件变化而变化；进一步通过 3 次重复不同围压条件的环剪测量，每组颗粒物质产生 18 组有效测量值(图 3-3)。四组石英砂和玻璃珠物质剪应力强度值与围压/正应力具有明显的线性特征，揭示其普遍符合莫尔-库仑破裂准则，因此可以通过其线性回归分析得到物质的摩擦系数(μ)和摩擦角(即回归线斜率，$\tan^{-1}\mu$)。进一步通过任意成对测量值形成的回归线斜率及其相关截距，分别获得 135 组有效的摩擦系数/摩擦角、内聚力值。在此基础上，通过对数据组进行统计分析其平均值、标准偏差和正态分布特征等(图 3-3)，获得四组石英砂和玻璃珠颗粒物质的力学参数特征值。

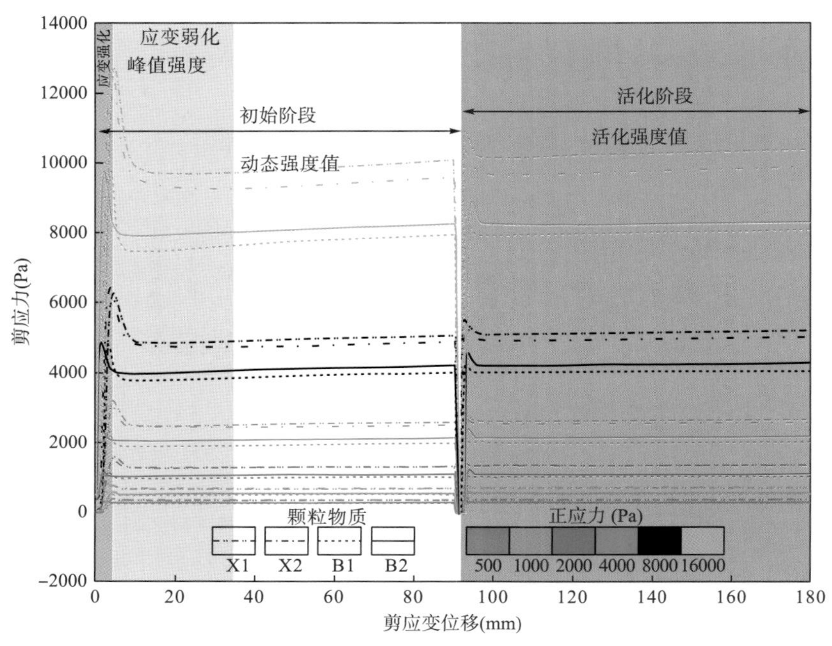

图 3-2　不同正应力条件下石英砂(X1 和 X2)和玻璃珠(B1 和 B2)环剪测量剪应力-剪应变位移关系图

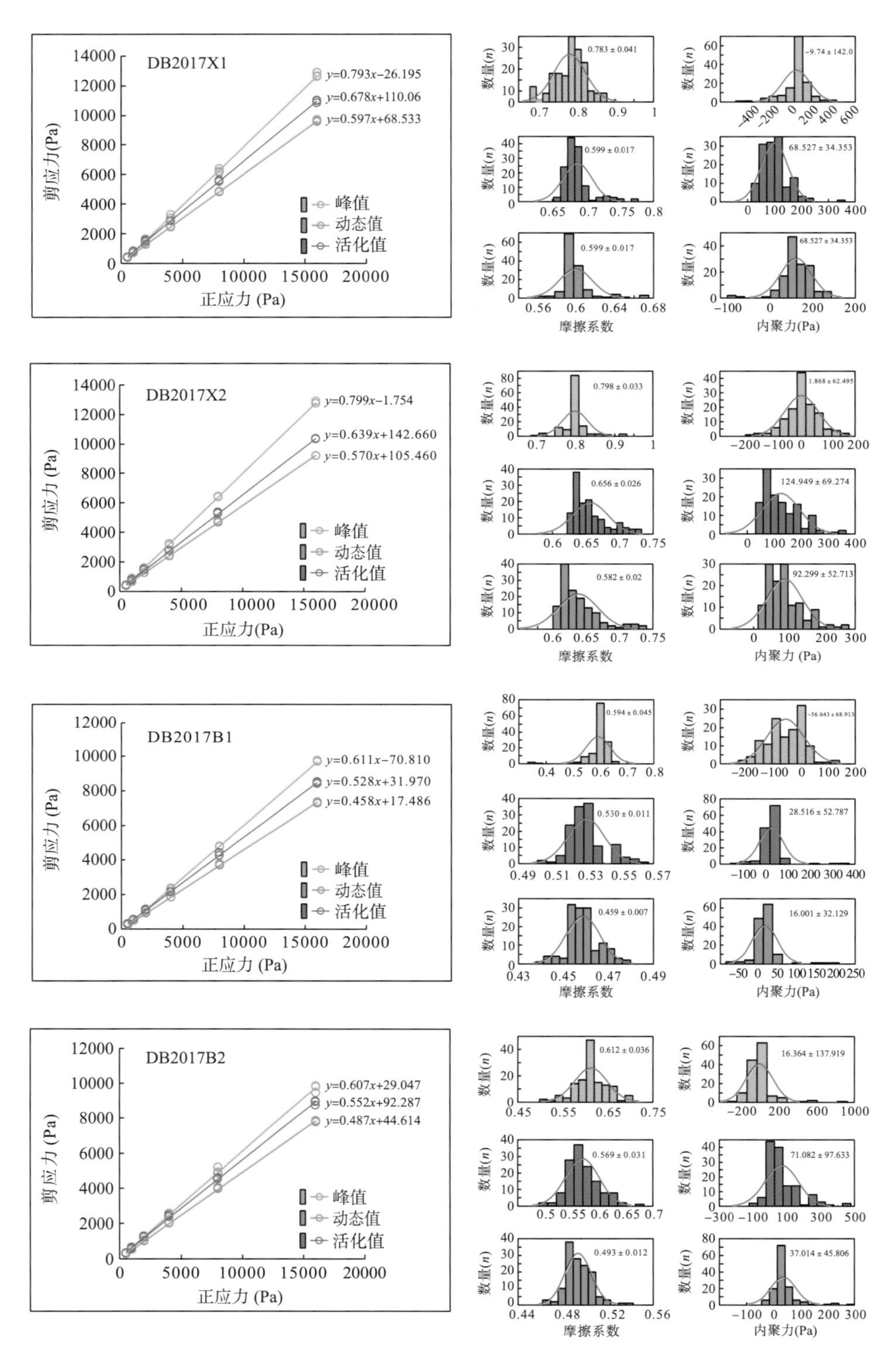

图 3-3　石英砂和玻璃珠环剪实验数据综合特征图

注：左列图为物质剪应力值(峰值强度、动态强度和活化强度)与正应力/垂直压力值线性回归曲线图(共 18 组数据)；右列图为物质摩擦系数和内聚力直方统计图(共计 135 组数据)。

四组石英砂和玻璃珠颗粒物质三类摩擦系数值，即峰值、活化值和动态值（分别对应于前述三类剪应力值）具有逐渐减小的特征，其内摩擦角相应依次减小 2°～5°（表 3-1）。两组石英砂物质 DB2017X1 和 DB2017X2 峰值内摩擦角为 38°±1°，内摩擦系数分别为 0.783 和 0.798；两组玻璃珠物质 DB2017B1 和 DB2017B2 具有相对较小的峰值内摩擦角，为 31°±1°，内摩擦系数分别为 0.594 和 0.612。DB2017X1 石英砂活化内摩擦角和动态内摩擦角分别为 34°±1°、31°±1°，内摩擦系数分别为 0.687 和 0.599；相对而言，DB2017X2 石英砂具有较小的粒度值，其活化内摩擦角和动态内摩擦角分别为 33°±1°、30°±1°，内摩擦系数分别为 0.656 和 0.582，具有明显较小的力学特征值，因而，石英砂物质力学特征可能与其颗粒粒度具有一定的相关性。相对于石英砂，两组玻璃珠物质 DB2017B1 和 DB2017B2 具有明显较小的活化内摩擦角和动态内摩擦角，分别为 28°±1°和 25°±1°、30°±1° 和 26°±1°；其活化内摩擦系数和动态内摩擦系数分别为 0.530 和 0.459、0.569 和 0.493。对于玻璃珠物质，其内摩擦角随颗粒物质粒径变小而增大，与石英砂物质相反。

环剪测量获得石英砂和玻璃珠三类内聚力值，即峰值、活化值和动态值（分别对应于前述三类剪应力值）大小变化显著，其值为 0～100Pa（图 3-3、表 3-1），尤其是峰值内聚力值。四组石英砂和玻璃珠颗粒物质中，活化内聚力值最大、峰值内聚力值最小。需要指出的是，颗粒物质的环剪测量内聚力值通常在高正应力/围压条件作用下受到更严重的压实作用影响。同时，Klinkmüller 等（2016）通过相同装置和实验流程对全世界 20 多个物理模拟实验室的石英砂颗粒物质进行环剪测量，其峰值内摩擦角为 32°～40°、活化和动态内摩擦角分别为 30°～37°、28°～34°，与本次测量石英砂物质具有大小一致性。

表 3-1　石英砂和玻璃珠颗粒物质特性综合对比表

样品编号		DB2017X1	DB2017X2	DB2017B1	DB2017B2
粒径（mm）		0.3～0.4	0.2～0.3	0.3～0.4	0.2～0.3
平均粒径（mm）		0.543	0.342	0.448	0.371
密度（g/cm^3）		1.43	1.35	1.37	1.48
分选		MW	MW	M	MW
形态特征	磨圆度	棱角状	棱角状	圆状	圆状
	球度系数	1.54	1.56	1.34	1.36
动态值	内摩擦系数	0.599	0.582	0.459	0.493
	内摩擦角（°）	30.922	30.199	24.655	26.243
	内聚力（Pa）	68.527	92.299	16.001	37.014
活化值	内摩擦系数	0.687	0.656	0.530	0.569
	内摩擦角（°）	34.489	33.265	27.924	29.640
	内聚力（Pa）	101.630	124.949	28.516	71.082
峰值	内摩擦系数	0.783	0.798	0.594	0.612
	内摩擦角（°）	38.061	38.590	30.710	31.467
	内聚力（Pa）	−9.740	1.869	−56.643	16.364

注：M 为中等分选程度，MW 为中等—极佳分选程度。

3.2　匀速挤压变形模拟实验设置与过程

3.2.1　模型边界条件设置

所有实验都在成都理工大学“油气藏地质及开发工程”国家重点实验室构造物理模拟实验室开展。石英砂物质通过匀速筛网自动铺设形成长×宽×高为 800mm×340mm×350mm 的均质体，石英砂中铺设约 1mm 厚的彩色石英砂作为标志层以便于构造变形过程监测和量化对比等(图 3-4)。为减小砂箱物理模型中石英砂均质体周围玻璃隔板的边界效应，铺设石英砂之前使用有机去泡剂润滑模型周围玻璃隔板。模型挤压缩短速率为 0.001mm/s，缩短量和缩短率分别为 400mm 和 50%。为对比砂箱物质特性及其基底摩擦属性对于其挤压变形作用过程的影响，我们分别基于前述两组石英砂和两组玻璃珠颗粒物质，铺设六组砂箱模型(表 3-2，图 3-4)。

表 3-2　砂箱物质挤压楔形体最终变形阶段几何学特征参数值对比表

组别	砂箱物质 (玻璃珠厚度，mm)	楔高(mm)	楔长(mm)	楔顶角(°)	断层数量 (n)	断层间距 (mm)
A-1	DB2017X1	135.0	293.0	19.0±2	8	8.0～110.0
A-2	X1+B2(1mm)	102.0	375.0	10.0±2	10	13.0～74.0
A-3	X1+B2(3mm)	102.0	349.0	10.0±2	5	108.0～224.0
B-1	DB2017X2	124.0	302.0	18.0±2	9	6.0～95.0
B-2	X2+B1(1mm)	122.0	329.0	17.0±2	10	12.0～50.0
B-3	X2+B1(3mm)	107.0	327.0	12.0±2	7	15.0～93.0

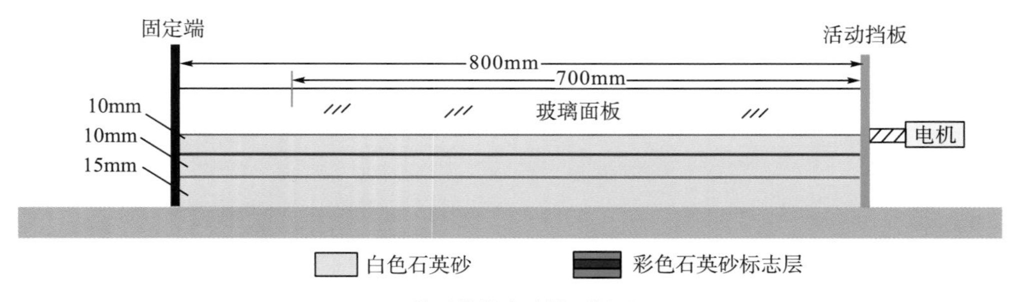

(a)物理模拟实验模型剖面

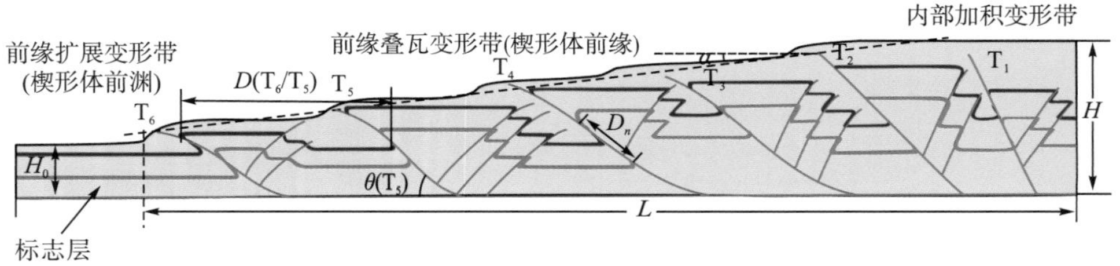

(b)量化参数图

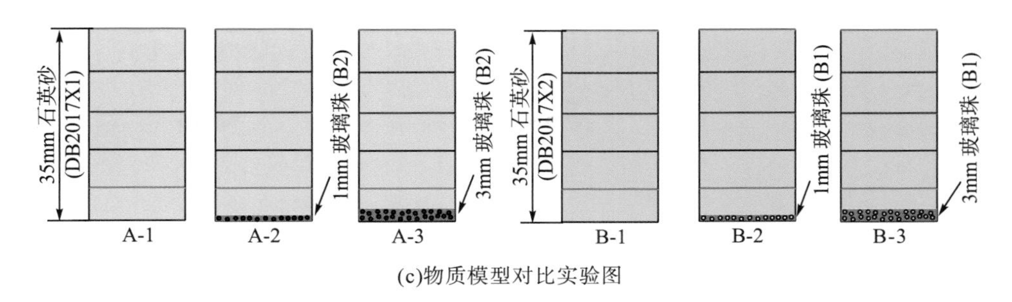

(c)物质模型对比实验图

图 3-4　构造物理模拟实验模型剖面及其量化参数图和物质模型对比实验图

(1) 两组均质石英砂物质模型，A-1 组和 B-1 组分别为 DB2017X1 和 DB2017X2 石英砂物质。

(2) 两组石英砂物质+1mm 厚度基底玻璃珠模型，A-2 组和 B-2 组分别为 DB2017X1 和 DB2017X2 石英砂物质与 1mm 厚度基底玻璃珠物质(DB2017B2 和 DB2017B1)。

(3) 两组石英砂物质+3mm 厚度基底玻璃珠模型，A-3 组和 B-3 组。

砂箱物质持续挤压变形过程中通过照片获取楔形体几何学参数测量与前述章节标准模型一致，其测量标准参考 Buiter 等(2016)和 Schreurs 等(2016)的相关标准。为进一步精确对比，楔顶角主要基于楔形体顶面与断层端点的交点拟合最佳顶面线测量(Stockmal et al.，2007)。

砂箱物质受后缘挤压、持续前陆向扩展变形形成多条断层及其相关褶皱，与前述各章节描述一致，所有实验结果总体形态上具有明显的楔形体几何学，楔形体楔长、楔高和楔顶角等伴随挤压缩短过程具有明显的阶段性周期变化特征(与新生断层形成演化过程同步或一致)(Mulugeta，1988；Liu et al.，1992；Koyi and Vendeville，2003；McClay and Whitehouse，2004)，六组实验模型模拟最终结果如图 3-5 所示；各组模型实验演化过程详见附图 3-2～附图 3-7。

3.2.2　均质石英砂模型模拟过程特征

均质石英砂物质伴随后缘挤压发生前陆向扩展冲断变形，依次形成多条断层，其砂箱楔形体变形过程可以大致分为两个阶段。第一阶段为砂箱楔形体快速生长期，直到挤压缩短量约为 100mm，缩短率约为 25%，伴随持续挤压过程、砂箱物质挤压形成多条前展式逆断层，如 A-1 组形成 3 条逆断层、B-1 组形成 4 条逆断层，其楔形体楔高和楔长都快速增长至 70～80mm 和 100mm 左右(图 3-6)。该过程中，楔顶角急剧变化，楔顶角范围为 25°～45°(图 3-7)。

第二阶段为砂箱楔形体自相似性生长过程，挤压新生逆断层形成演化过程与阶段性楔长、楔顶角生长过程密切相关，即楔长“跳跃式”增大、楔顶角“跳跃式”减小与新生逆断层(如 T_4、T_5、T_6 和 T_7)具成因联系，如 A-1 组中楔顶角和楔长在缩短量为 90mm 时，伴随 T_4 逆断层形成，分别从 38°减小到 24°、从约 90cm 增大到 140cm 左右。新生逆断层形成后，楔顶角和楔长伴随持续挤压过程仅仅具有微弱的波动变化特征，如在 90～130mm 挤压缩短变形过程中，A-1 组中楔形体楔顶角在 25°～30°范围内增大、楔长在 140～135cm

范围内微弱减小。自相似生长过程中，楔顶角和楔长微弱波动变化主要是由于持续缩短过程中楔形体内部加积带-前缘叠瓦带发生微弱应变引起的，尤其是在前缘叠瓦变形带。为克服楔形体内部和基底的摩擦力，楔形体物质内部发生微弱的缩短变形，砂箱物质发生稳态的盆地向扩展变形过程，其楔顶角大致恒定(称为稳态楔形体生长阶段)，直至下一阶段形成新的前缘逆断层(Koyi et al.，2004；Nilforoushan et al.，2008)。

两组均质石英砂模型实验结果表明，其楔形体物质发育典型的倾向后陆(即活动挡板方向)逆断层、具有典型的前陆向扩展变形过程，但两组楔形体物质变形样式及其特征具有一定的差异性。A-1 组模型中相对于 B-1 组模型，其发育前展式逆断层及其反冲逆断层相对较少，楔顶角相对较小，即 A-1 组模型楔顶角为 19°(小于 B-1 组模型楔顶角 18°)。相对而言，A-1 组同时具有更高的楔形体高度和更短的楔长，分别为 135mm、293mm，B-1 组楔高和楔长分别为 124mm、302mm。这与两组模型所使用的物质属性可能具有成因关系，即 A-1 组模型中 DB2017X1 石英砂物质具有更低的内聚力和更小的摩

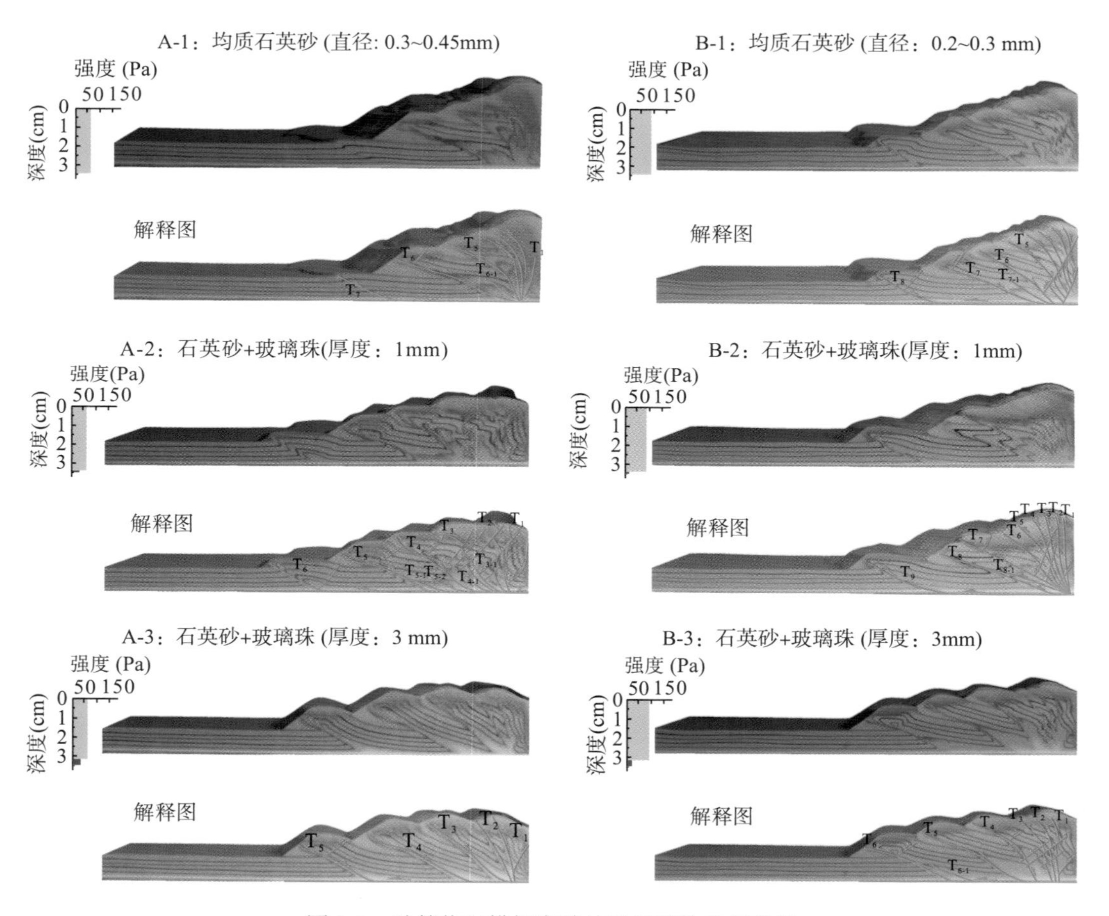

图 3-5　砂箱物理模拟实验结果及其构造解释图

注：A-1 组和 B-1 组模型实验为分别为 DB2017X1 和 DB2017X2 均质石英砂物质，其余四组模型实验分别为 DB2017X1 和 DB2017X2 均质石英砂物质下覆 1mm 或 3mm 玻璃珠滑脱基底，揭示出伴随物质属性差异及其基底滑脱层的变化，砂箱挤压楔形体几何学及其断层特征具有重要的差异性。

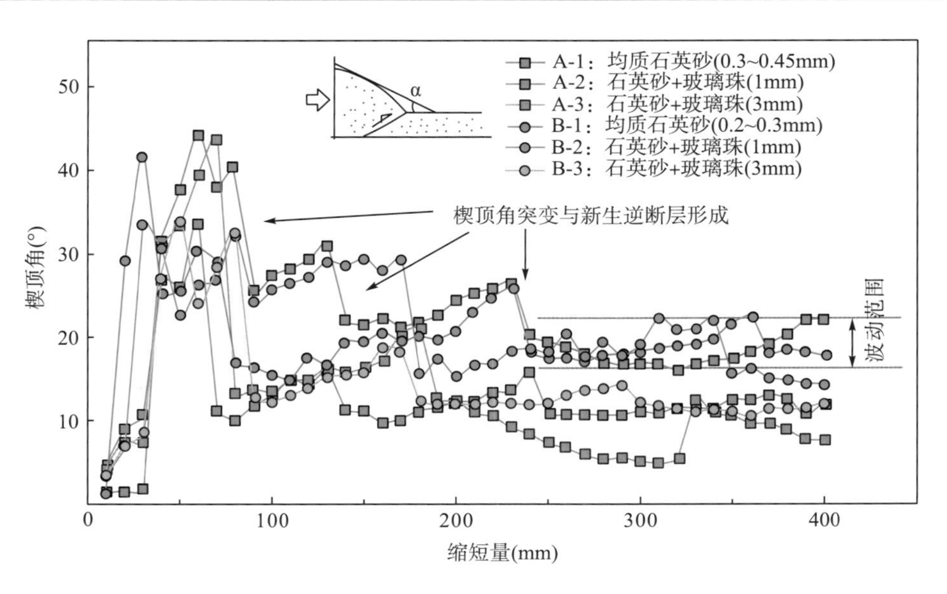

图 3-6　砂箱楔形体楔顶角与挤压缩短量特征

注：早期挤压阶段楔顶角急剧变化(100～150mm 临界楔形体形成期前)，后期楔顶角随缩短量的增加呈阶段性周期变化特征，伴随砂箱物质属性变化其楔顶角范围为 10°～20°。

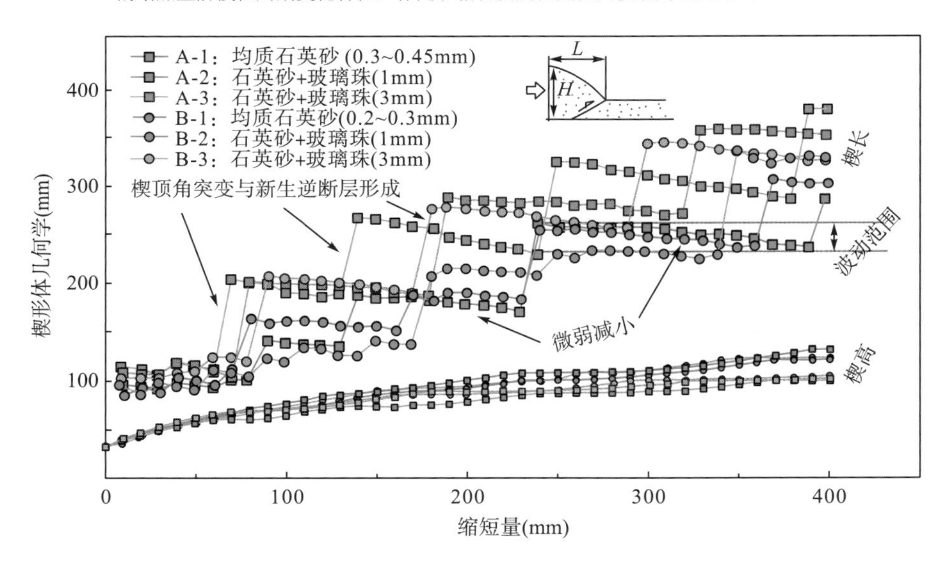

图 3-7　砂箱楔形体几何学(楔高、楔长)与挤压缩短量特征

注：楔长随缩短量的增加呈阶段性周期变化特征，楔高呈稳定的、缓慢增加的过程，楔长和楔高伴随砂箱物质及其基底玻璃珠滑脱层厚度的变化而发生明显变化。

擦系数。同时，两组模型实验的自相似生长过程中楔顶角和楔长阶段性的波动变化特征明显，如 A-1 组和 B-1 组楔顶角波动变化范围分别为 3°～5°和 4°～6°，楔长波动范围分别为 10～30mm、10～20mm(缩短量分别为 150～220mm、250～350mm)。需要指出的是，两组模型中均质石英砂物质特性具有一定差异，因此(在相同/相等挤压缩短量时)

两组楔形体变形几何学具有一定的差异性，A-1 组和 B-1 组楔顶角差为 2°～4°，楔长差约为 10mm（图 3-6、图 3-7）。两组均质石英砂模型模拟结果表明它们具有相似的几何学特征（如楔顶角、楔长和楔高等）。进一步通过楔形体形貌曲线图对比发现（图 3-8），伴随挤压缩短变形楔形体高度持续增大，模型挤压变形阶段楔形体后缘逆断层持续活动，断层倾角持续增大，最终为 70°～90°。

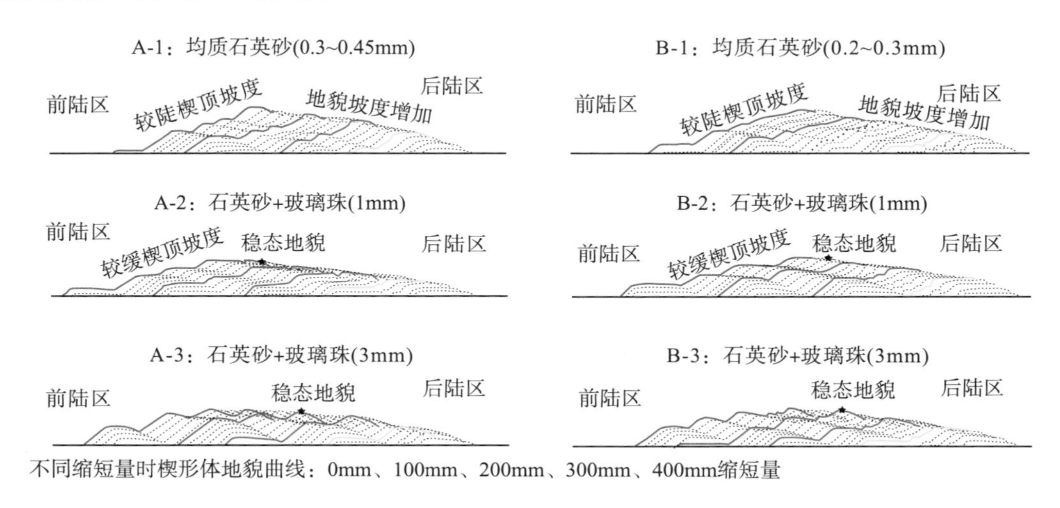

图 3-8　六组砂箱物理模型模拟实验楔形体形貌特征综合对比图

注：图中曲线表示楔顶面曲线每间隔 20mm 缩短量变化特征；黑色星号表示楔形体高度恒定。

3.2.3　基底玻璃珠滑脱层模型模拟过程特征

四组模型中，A-2 组和 B-2 组基底玻璃珠滑脱层厚度约为 1mm，B-2 组和 B-3 组基底玻璃珠滑脱层厚度约为 3mm，其砂箱物质挤压变形过程与前述两组均质石英砂模型模拟过程具有相似的两阶段变形生长过程。模型模拟实验结果上，A-2 组和 A-3 组模型相对于相同物质的均质石英砂模型（即 A-1 组），断层发育数量较多（即 A-2 组为 5 条逆断层、A-3 组为 6 条逆断层）、较小的楔顶角（两组模型大致为 10°）、较小的楔高（两组模型大致为 100mm）和更长的楔长（即 A-2 组为 375mm、A-3 组为 349mm）（图 3-5）。B-2 组和 B-3 组模型相对于 B-1 组均质石英砂模型，也具有更多的断层数量（B-2 组和 B-3 组分别为 9 条、6 条）、较小的楔顶角（16°和 12°）、较小的楔高（约为 120mm、110mm）和更长的楔长（约为 330mm）。

伴随基底玻璃珠物质厚度的增加，楔顶角和楔高逐渐减小，即玻璃珠厚度从 1mm 增加到 3mm，楔顶角和楔高明显减小，如从 A-1 组至 A-3 组、从 B-1 组至 B-3 组。因此，基底玻璃珠厚度增加导致楔顶角与楔高呈减小趋势，它们之间存在明显的负相关性，即基底玻璃珠厚度越大、楔顶角和楔高越小。但楔长则与基底玻璃珠厚度具有正相关性，即玻璃珠厚度越大，楔长越长。尤其是，A-2 组和 A-3 组模型实验相对于 A-1 组模型、B-2 组和 B-3 组模型实验相对于 B-1 组模型实验，其反冲断层更加发育。

挤压过程中，砂箱物质变形、形成楔形体结构；新生逆断层形成导致楔顶角具“跳跃式”减小、楔长具“跳跃式”增大特征，随后持续挤压变形过程导致楔顶角存在微弱的波动增大、楔长存在微弱的波动减小趋势(图 3-6、图 3-7)，如在 90～180mm、180～300mm 缩短量阶段 A-2 组和 A-3 组模型中楔顶角波动变化范围分别为 2°～4°和 4°～6°、楔长变化范围分别为 20～40mm 和 10～30mm，而 B-2 组和 B-3 组模型中楔顶角波动变化范围分别为 3°～5°和 2°～4°、楔长变化范围分别为 10～20mm 和 10～30mm。虽然均质石英砂物质模型中(即 A-1 组和 B-1 组)砂箱楔形体楔顶角仅存在 2°～4°变化量，但当砂箱物质下覆基底玻璃珠滑脱层系时，不同组模型间(相同缩短量时)楔顶角差异明显，如 A-2 组和 B-2 组模型间为 4°～10°、A-3 组和 B-3 组模型间为 2°～8°。与之相似的是，不同模型之间的楔长差异性更加显著，如 A-2 组和 B-2 组模型间为 20～50mm、A-3 组和 B-3 组模型间为 10～30mm(图 3-7)。尤其是，当 A-2 组、A-3 组和 B-2 组、B-3 组分别与其均质性石英砂模型 A-1 组和 B-1 组对比时，楔顶角和楔长的差异性极其明显。

总体上，由于石英砂物质属性的微弱差异性，两组均质石英砂物质模型实验之间(即 A-1 组和 B-1 组)楔形体几何学(即楔顶角、楔高和楔长)变化较微弱，但当砂箱物质下覆不同厚度基底玻璃珠滑脱层时，不同模型间几何学和运动学(如断层数量和楔形体几何学的波动范围)特征变化显著，它们揭示出基底玻璃珠滑脱层对于砂箱楔形体物质属性的重要控制作用，从而导致楔形体几何学和运动学变化明显。

相对于均质石英砂物质模型实验，四组包含玻璃珠基底滑脱层的实验具有明显的几何学差异性，如楔顶角、前展式和反冲断层数量。进一步通过对比楔形体形貌曲线图揭示，在 A-2 组和 B-2 组模型缩短量约为 340mm 之后、A-3 组和 B-3 组模型缩短量约为 300mm 之后，其楔形体高度具有恒定不变的特征，表明楔形体具有稳态的生长过程，即楔形体物质沿基底滑脱层保持恒定的高度、前陆向稳态加积生长。

3.3　砂箱物质特性与构造变形特征相关性

3.3.1　砂箱楔形体几何学与运动学特征

本次六组砂箱物理模型模拟结果实验与前人物理模拟实验结果具有一定的相似性，砂箱楔形体变形特征具有明显的分段性，即后缘内部加积带、叠瓦变形带和前缘扩展变形带(Liu et al.，1992；Lohrmann et al.，2003；McClay and Whitehouse，2004)，这种分带性与自然界冲断带-前陆盆地系统分带性也具有一致性。不论是在自然界原型中，还是在物理模拟实验中，其后缘内部加积带发生较强烈的物质缩短增厚变形，如前述章节描述，物质同时发生最大的被动旋转应变。因而导致楔形体后缘普遍具有低角度或较水平的地貌特征，尤其是下覆基底玻璃珠滑脱层模型中(即 A-2 组、A-3 组、B-2 组和 B-3 组，图 3-5)。叠瓦变形带发生前陆向扩展冲断变形，形成叠瓦状冲断岩片与稳定的楔顶角(楔顶角范围为 10°～19°)，前陆向逆冲断层倾角普遍为 20°～30°并伴生一定的反冲断层。持续挤压过程导致这些前陆向逆断层逐渐发生旋转，其倾角普遍增大至 70°～80°，在楔形体后缘部分断层发生倒转(图 3-5，附图 3-2～附图 3-7)。

砂箱前缘物质被动沿基底滑脱层系向前滑动扩展，持续缩短变形导致周期性形成前缘逆断层，其楔顶具明显的凸起或凹陷地貌特征。伴随缩短量增大其典型的凸起或凹陷地貌特征逐渐减弱，但最终楔顶角地貌形态上仍具有一定的凹凸性(图 3-5、图 3-8)。楔顶角地貌形态凹凸性在前人物理模拟结果中普遍存在(Liu et al.，1992；Mulugeta，1988；Lohrmann et al.，2003)，主要受控于持续挤压变形过程中砂箱物质的应变强化和体积应变机制，它们为缩短变形过程中楔长、楔顶角等(与新生逆断层同步的)周期性“跳跃式”变化提供了解释机制。

均质石英砂物质模型实验中，即 A-1 组和 B-1 组，其楔形体具较大的楔顶角和楔高，且楔高随挤压过程持续生长直到最后 400mm 缩短量挤压阶段，揭示出楔形体物质持续处于亚稳态状态缩短变形。基底玻璃珠滑脱层模型实验中，楔形体普遍具有较小的楔顶角和楔高，且在缩短量达到 300mm 后楔形体具有稳态的生长过程和地貌特征(图 3-8)。同时，A-1 组和 B-1 组楔形体几何学差异性较小，如楔长和楔顶角波动范围，但 A-2 组、A-3 组和 B-2 组、B-3 组之间其楔形体几何学差异性显著。结合前人物理模型实验(Koyi and Vendeville，2003；Nilforoushan et al.，2008)，它们共同揭示出基底玻璃珠滑脱层导致楔形体(受控于砂箱物质摩擦力和内聚力)强度明显减小，从而导致楔顶角和楔高减小、楔长增大。同时，Bose 等(2009)基于物理模型实验揭示，高基底摩擦属性模型和低基底摩擦模型在楔顶地貌形态上有明显的差异，尤其是存在楔形体稳态和非稳态传播生长过程。非稳态楔形体传播生长过程中，楔高持续生长；稳态楔形体传播生长过程中，楔形体形态稳定向前陆盆地扩展生长。与之相似，本次六组模型模拟实验结果也揭示出砂箱楔形体的两类传播生长过程；尤其是在高基底摩擦属性模型实验中，盆地向逆断层发生持续的旋转与倾角增大，揭示出楔形体后缘物质的持续挤压缩短变形过程。因此，我们推测稳态楔形体或临界楔形体传播生长过程主要发生在楔形体叠瓦变形带和前缘扩展变形带(Lohrmann et al.，2003；Simpson，2011)。

3.3.2　砂箱楔形体能干性/力学条件对比

本次六组物理模型实验共同揭示出砂箱物质前展式扩展变形，形成盆地向逆断层与反冲断层(图 3-5)，但不同模型实验间在其运动学-动力学之间存在显著的差异，如断层数量、断层间距和断层位移。第一阶段砂箱物质变形过程中，多条盆地向逆断层间距较小且间距大致相等，最终达到稳态楔顶角；第二阶段砂箱物质扩展变形过程中，断层间距和断层位移量明显增大(图 3-9)，因此其动力学演化过程发生明显变化，导致形成的逆断层数量较少、断层间距较短。

两组均质石英砂物质模型，即 A-1 组和 B-1 组，其断层间距和断层位移量具有明显差异(图 3-9)。在 B-1 组模型中石英砂物质内聚力(约 30%)相对大于 A-1 组模型，其断层间距和位移量分别为 20～40mm、50～60mm，相对大于 A-1 组模型实验结果中断层间距和位移量(即 20～30mm、20～60mm)。这表明断层间距和断层位移量与砂箱颗粒物质材料的内聚力具有正相关性，即物质内聚力越大其断层间距和位移量越大。虽然两组均质石英砂物质模型间砂箱楔形体几何学变化微弱，如楔顶角、楔高和楔长(图 3-6、图 3-7)，但其运动学之间均在明显差异性，揭示出物质材料属性对于楔形体运动学-动力学差异性的重要影响。Morgan (2015) 基于数值模型模拟，揭示出断层间距和位移量随物质内聚力的增大而增加，同时也指出砂箱物质体积应变和基底滑脱变形强度也具有明显增大的趋势。此外，本次砂箱物理模拟实验进一步揭示出高内聚力物质砂箱模型(即 B-1 组、B-2 组和 B-3 组)具有更强的集中应变和应变强化等变形特征，从而导致砂箱物质更加发育盆地向逆断层(即断层数量较多)，同时伴生更多反向冲断变形(Nilforoushan et al.，2012)。

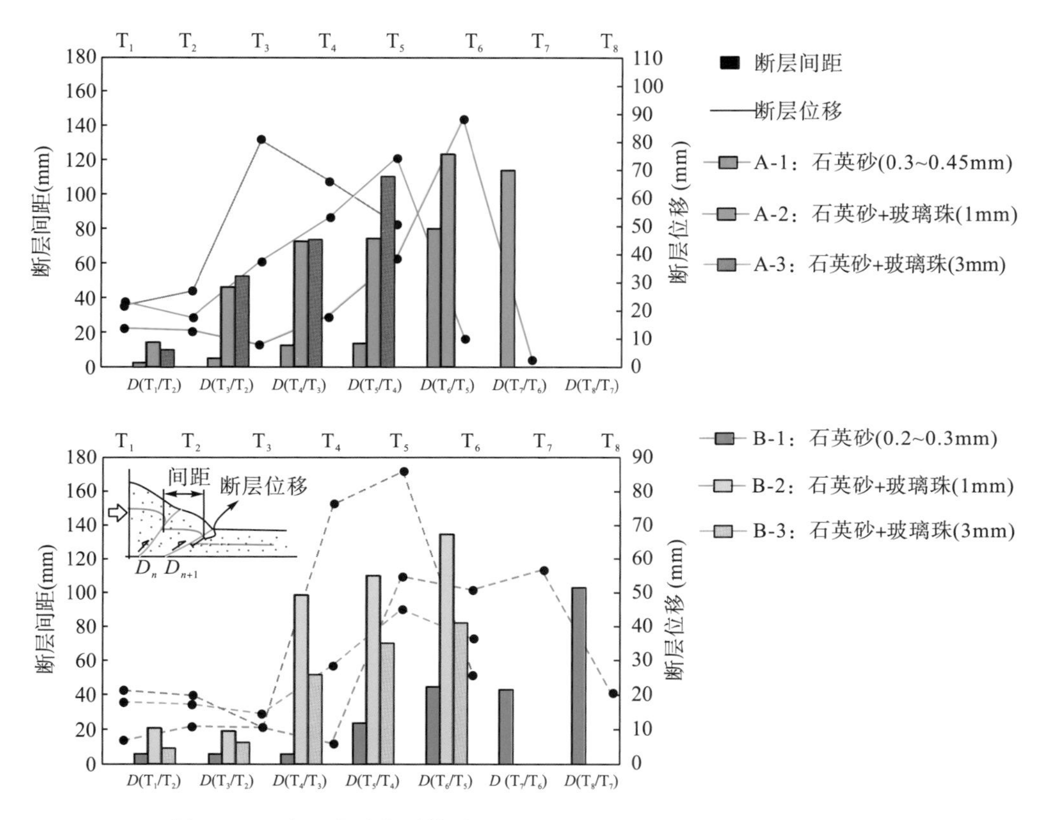

图 3-9　两类石英砂物质模型(即 A-1 组至 A-3 组、B-1 组至 B-3 组)
砂箱楔形体断层间距、断层位移量对比图

注：揭示楔形体运动学特征，其中 $D(T_1/T_2)$ 表示 T_1 与 T_2 逆断层间距。

持续缩短变形过程中，下覆基底玻璃珠滑脱层模型中砂箱物质前展式扩展变形、断层形成序列相对较快，因而其产生断层数量较少；基底玻璃珠滑脱层厚度越大其楔形体断层数量相对越少，如 A-1 组至 A-3 组、B-1 组至 B-3 组(图 3-5)。尤其是，下覆玻璃珠滑脱层砂箱物理模型中，伴随砂箱物质前展式扩展变形过程与断层形成，其断层间距线性增大，如 A-3 组中 $D(T_3/T_2)$ 至 $D(T_5/T_4)$、B-2 组和 B-3 组中 $D(T_4/T_3)$ 至 $D(T_6/T_5)$ 断层间距(图 3-9)。早期物理模型和野外地质调查等也普遍揭示出断层间距与变形物质内部或基底摩擦属性具有密切相关性，同时与地层厚度或砂箱物质厚度也具有一定相关性(Mulugeta，1988；Koyi and Vendeville，2003；Simpson，2011)。Mulugeta (1988) 基于物理模型实验认为断层间距与砂箱物质厚度之比大致为 4.8。Panian 和 Wiltschko (2007) 基于数值模拟实验结果揭示断层间距与变形物质具有密切相关性，同时主张当楔形体基底摩擦系数较低(如 0.175)时，其断层间距与逆断层切割深度之比为 2.5～3.6。进一步，Simpson(2011)基于数值模拟实验认为挤压楔形体几何学更加受控于基底滑脱层摩擦属性(相对于楔形体物质力学条件)。本次所有物理模型实验中，断层间距和位移量与基底玻璃珠滑脱层厚度具有明显的正相关性，如 A-1 组至 A-3 组等(图 3-9)。基底玻璃珠滑脱层可能导致砂箱物质能干性/或力学属性降低，导致不同物质构成的砂箱物质差异性增大，从而使不同组实验中的楔形体几何学和运动学差异性更加显著。因此，我们认为基底玻璃珠滑脱层对其砂箱楔形体几何学和运动学的控制影响作用更加重要。

需要指出的是，玻璃珠作为基底滑脱层，即使具有较小厚度(如 A-1 组和 B-2 组模型中 1mm)，也可能会导致楔形体较强的滑脱变形和冲断作用，次级盆地向逆断层或局部应变集中相对发育，如 A-2 组模型中 T_{5-1} 和 T_{5-2} 断层(图 3-5)；反向冲断层较发育；部分逆断层发育典型断坪-断坡结构，如 A-2 组模型中 T_4 和 T_5 逆断层(图 3-5)；楔长和楔顶角波动变化范围较大(图 3-6、图 3-7)；逆断层的断层位移量变化显著(图 3-9)。

3.3.3　砂箱构造变形内因与外因条件控制性

如前面章节所述，砂箱物理模型实验过程中其内部因素和外部因素对于楔形体几何学和运动学都具有一定的控制影响作用。因此，我们应用统计分析学方法研究其外因(即本次实验模型中的颗粒材料物质属性)和内因，如楔形体特征变量(即楔高、楔长和楔顶角)，分别针对相同挤压变形阶段外因和内因特征值进行统计分析。对六组砂箱物理模型实验(楔高、楔长、楔顶角、断层倾角和断层位移量)特征值进行统计表明，它们的变差系数(CV，coefficients of variation，各特征值的相对变化范围特征)为 0.05～0.2，平均值约为 0.1(图 3-10)。具体而言，断层位移量变差系数最小，CV=0.01～0.1，断层倾角变差系数 CV=0.07～0.18，楔高变差系数 CV=0.06～0.14，楔顶角变差系数 CV=0.05～0.2，楔长变差系数较大，CV=0.2～0.31。楔长变差系数较大主要是由于其具有随缩短量增大持续增大的特性，揭示出楔形体演化的动力学过程；而其他楔形体特征值相对而言随缩短量增大变化范围较小，反映出楔形体生长过程的自相似性和稳态性特征。

统计检验方差分析主要揭示不同特征值的统计方差特征，基于方差值 P 的大小，可以把楔形体的上述特征值分为两类(图 3-10)。需要指出的是，相对较大的 R^2 值和较小的 P 值表明砂箱楔形体的特征值主要受控于实验模型边界条件或外部因素，而非系统内因(Santimano et al.，2015)。第一类特征值为楔顶角，它具有相对较大的 R^2 值和较小方差值 P，方差值 P 小于 0.05、R^2 值大于 0.1，揭示出楔顶角主要受控于本组物理模型实验的外部变量——颗粒材料物质属性。第二类特征值具有较高的方差值 P，变化范围为 0.4～1.0(主要为 0.6～1.0)，较小的 R^2 值，普遍小于 0.1。具体而言，断层倾角和位移量的方差值 P 分别为 0.36～0.94 和 0.39～0.98，楔长和楔高的方差值 P 分别为 0.62～0.89 和 0.28～0.98(图 3-10)。尤其是，方差值 P 大于 5%表明本次六组物理模型实验中的这些楔形体特征值具有明显的可重复性，即模型实验结果中楔形体几何学和运动学特征具有一致性和可重复性。

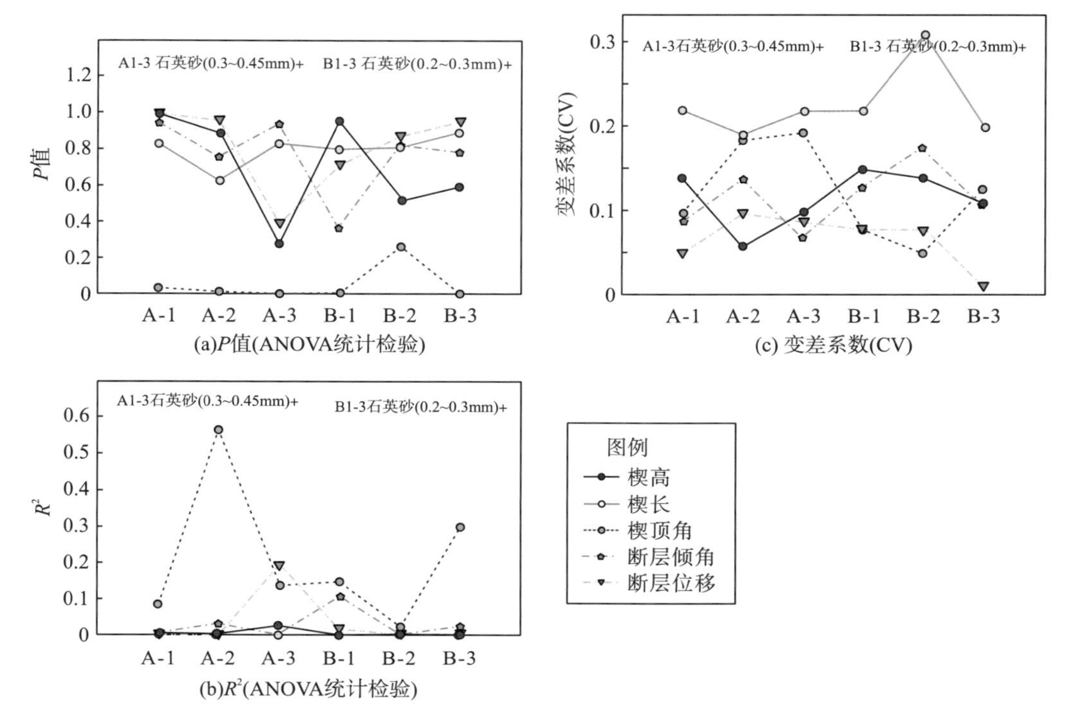

图 3-10　六组模型实验砂箱楔形体几何学-运动学内因与外因变量统计分析对比

3.3.4　模型实验与自然原型对比

本次砂箱物理模拟实验中揭示出不同属性物质材料与基底玻璃珠滑脱层系在其楔形体几何学和运动学特征上的重要差异性。基底滑脱层系或导致不同层系间变形脱耦或不协调，因此不同模型间滑脱层系上覆层系构造变形特征具有一定的差异性。自然界原型实例研究过程中，地层物质与不同滑脱层系在构造变形过程中具有极其重要的控制影响作用，如青藏高原东缘龙门山冲断带-前陆盆地系统等。

龙门山冲断带-前陆盆地系统下伏巨厚的下寒武统筇竹寺组泥质岩层系，在龙门山北段地区其最大厚度达到约 1000m，向 SE 方向其厚度逐渐减小，在龙门山南段地区剥蚀殆尽(图 3-11)(Liu et al.，2017)。龙门山冲断带-前陆盆地系统古生界—新生代层系厚度约为 8000m，由古生界—中三叠世碳酸盐岩层系和上覆陆相碎屑岩层系构成，因此下寒武统筇竹寺组巨厚泥岩层系与其上覆层系在力学属性上构成较大差异，在后期构造变形过程中可能作为区域基底滑脱层系，控制着晚三叠世以来的冲断褶皱变形与盆-山系统构造演化过程。基于龙门山北段、中段和南段典型构造剖面揭示出其变形特征的差异性。北段地区，古生界 SE 向逆冲推覆于前陆盆地弱变形中生界层系之上，如天井山和安县地区，由于下寒武统强滑脱变形，导致古生界—中生界层系大量缩短变形增厚，尤其是在背斜核部地区显著增厚。深部地震剖面结构上，前陆盆地向冲断构造变形常常伴生反向冲断层，形成典型冲起构造，如天井山构造 TJ-1 井。它们与前述砂箱物理模型中，基底滑脱扩展变形导致楔形体叠瓦冲断带-前缘扩展变形带中发育盆地向逆断层与反冲断层结构样式具有一定的相似性（图 3-11），如 A-2 组、B-2 组和 B-3 组等，同时物理模型中基底滑脱缩短变形导致地层显著增厚，与龙门山北段地区古生界—中生界显著缩短增厚一致。

龙门山中南段构造剖面揭示［图 3-11（d）和图 3-11（e）］，其中南段的冲断带普遍发育基底断层体系，普遍切割前寒武纪基底层，盆地向扩展变形与逆冲断层构造变形特征显著。本次砂箱物理模型 A-1 组和 B-1 组实验中（即均质石英砂物质模型），在楔形体后缘内部加积带和叠瓦变形带中部分逆冲断层切割基底物质，如 A-1 组中 T_{6-1} 逆断层和 B-1 组 T_{7-1} 逆断层，它们与龙门山南段基底卷入构造变形特征具有一定的相似性［图 3-11（d）］，同时与早期高摩擦属性基底的物理模型和数值模型实验结果具有一致性（Mulugeta，1988；Bose et al.，2009；）。高摩擦属性基底对于其上覆挤压楔形体几何学的控制影响作用，可以通过对比龙门山不同区段的地貌学特征印证，如海拔、地貌坡度等。龙门山中南段由于基底滑脱层系相对欠发育，从而具有较强的砂箱物质力学属性，导致中南段具有较高的海拔、较大的地貌坡度［图 3-11（b）］。

通过青藏高原东缘龙门山冲断带-前陆盆地系统对比揭示出，砂箱物理模型与自然界原型实例具有明显的相似性，在龙门山北段由于下寒武统筇竹寺组泥岩层系作为盆山系统中的基底滑脱层，导致其冲断带楔形体（相对于龙门山南段）楔顶角较小、楔高较低、楔长较大，推测其盆地向逆断层和反冲断层为主的集中应变和构造缩短变形较弱。相似的自然界原型与物理模型对比性，也出现在中东扎格罗斯褶皱冲断带地区。Sherkati 等（2006）基于地表地质和地腹地质构造系统揭示出其冲断扩展构造变形作用过程与其基底滑脱层系（膏盐和泥质岩层系组成）具有密切相关性；扎格罗斯褶皱冲断带不同分带之间基底滑脱层空间分布及其物质组成具有明显差异，从而控制不同区带的构造变形样式和变形强度等（Sherkati et al.，2006）。基于数值模拟和砂箱物理模型模拟对比研究，进一步揭示其基底滑脱层系进一步控制着扎格罗斯褶皱冲断带不同区带之间的体积应变和平行层缩短变形（Teixell and Koyi，2003；Nilforoushan et al.，2012）。受控于基底滑脱层系，挤压楔形体发生不同的构造缩短变形及集中应变，从而对褶皱冲断带-前陆盆地系统中含油气圈闭条件与区带勘探具有一定的控制影响作用。

砂箱物理模型实验和自然界原型实例中，变形物质的物理属性和力学条件控制着楔形体几何学和运动学特征。砂箱物质挤压变形过程中普遍存在两个阶段，即早期楔形体快速生长过程、晚期相对缓慢的自相似性生长过程。虽然两组均质石英砂物质砂箱模型的石英砂物质具有一定的物理和力学属性差异性，但其几何学和运动学特征差异性较弱。总体上，相对于其余四组下伏基底玻璃珠滑脱层模型具有较大的楔顶角和楔高、较短的楔长、较多的盆地向逆断层数量和较小的断层间距与断层位移量。基底玻璃珠滑脱层（即使其厚度很小）导致砂箱物质能干性/或力学属性降低，改变不同物质构成的砂箱物质差异性，从而使不同组实验中的楔形体几何学和运动学差异性更加显著。因此玻璃珠滑脱层系对其砂箱楔形体几何学和运动学的控制影响作用更加重要。本次砂箱物理模型实验中，断层间距和其位移量与砂箱颗粒材料物质内聚力具有正相关性。伴随楔形体前缘物质持续加积缩短，临界楔形体变形条件可能主要存在于楔形体叠瓦冲断带与前缘扩展变形带中，尤其是在高基底摩擦属性的挤压楔形体中。

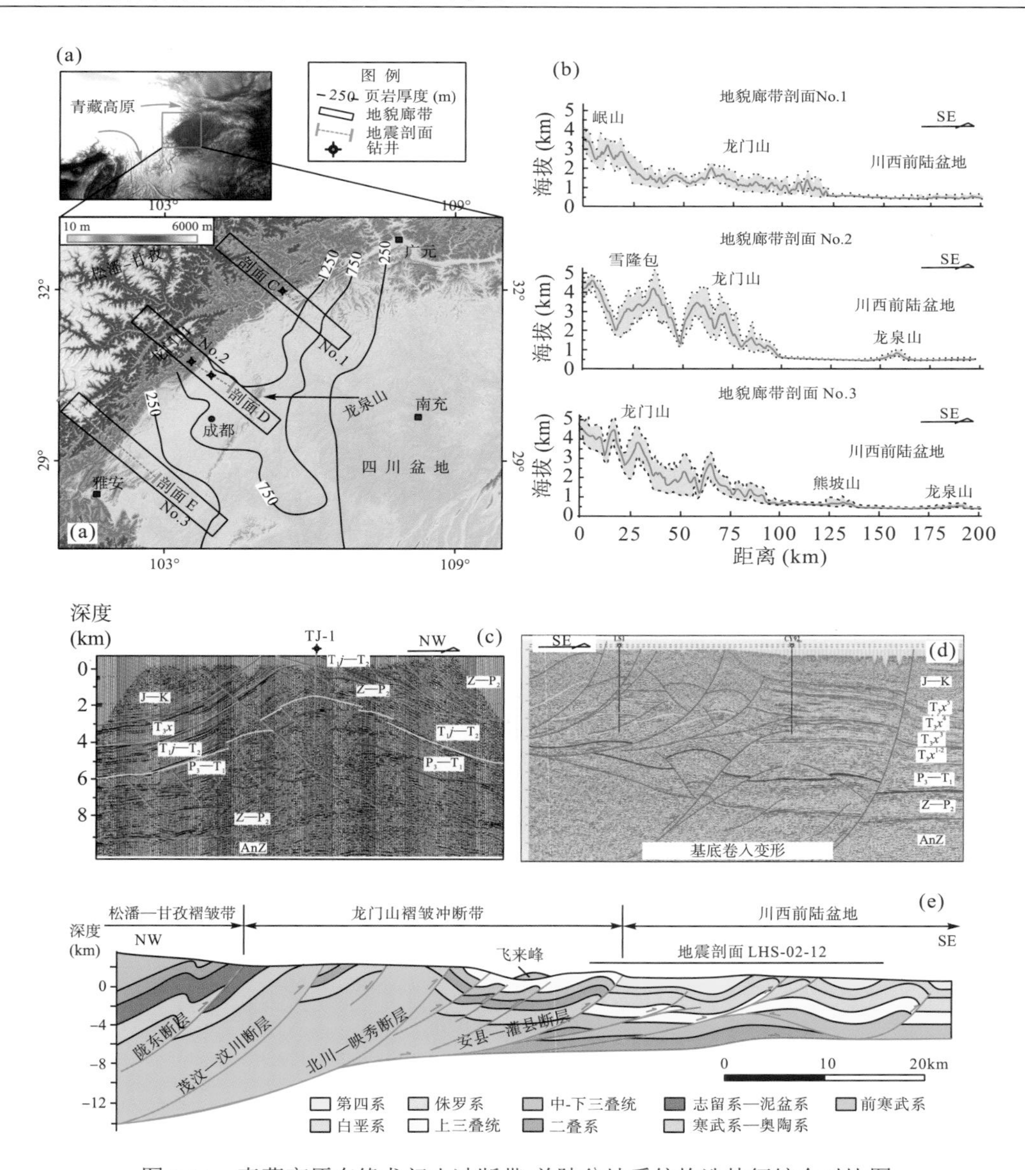

图 3-11　青藏高原东缘龙门山冲断带-前陆盆地系统构造特征综合对比图

(a) 龙门山冲断带-前陆盆地区域位置与地貌特征，其中等值线厚度为下寒武统筇竹寺组泥岩厚度图；(b) 龙门山北段、中段和南段 20km 宽地貌廊带特征图，对比揭示龙门山中南段具有较高的地貌坡度和更高的海拔(即对应于挤压楔形体楔顶角和楔高)；(c)～(e) 龙门山南段［据 Jia 等(2006) 修改］、中段和北段构造剖面特征图，揭示北段受控于基底滑脱层系具有相对较强的构造缩短变形特征

第 4 章　砂箱物理模型速度标杆模拟实验

地壳浅表褶皱冲断带和挤压增生楔形体普遍具有不同的挤压缩短速率及其相应变形过程，基于现今 GPS 速率监测揭示现今地表变形挤压速率从 0.5～1.5mm/a（如比利牛斯冲断带）到 30～45mm/a（如喜马拉雅褶皱冲断带）不等（Cloetingh et al.，2007；Hatzfeld and Molnar，2010；Wang et al.，2001），其挤压缩短变形速率过程和变形可能存在复杂特征（图 4-1）。尤其是在川西龙门山地区，现今的 GPS 测量也揭示出其北段（包括米仓山地区）、中-南段和南部锦屏山地区具有明显不同的挤压速率，从北段的 1～5mm/a 到南部的 20～40mm/a，其速率呈明显变化特征（表 4-1，表 4-2）。以此类推，我们认为早期龙门山前陆盆地构造缩短变形可能也存在重大的缩短速率和缩短量等变化，它们同样对龙门山前陆盆地不同地区构造变形产生重要的影响作用。地壳浅表褶皱冲断带几何学与运动学特征受控于浅表构造、气候和剥蚀等耦合作用过程而特征迥异（Beaumont et al.，1992；Cloetingh et al.，2007；Willett，1999）。如前所述，基于砂箱物理构造模拟实验揭示褶皱冲断带几何学与运动学特征同时还受到基底、变形物质、活动挡板和浅表剥蚀等作用过程的控制和影响（Davis et al.，1983；Dahlen，1990；Graveleau et al，2012；Paola et al.，2009）。

石英砂物质普遍遵循莫尔-库仑破裂准则，普遍被认为其应力-应变特性与应变速率不具有相关性（Davis et al.，1983），而广泛地适用于砂箱构造物理模拟实验。部分脆性-塑性砂箱物质变形实验（如 Bonini，2001；Gutscher et al.，2001；Rossetti et al.，2000，2002）和均质性脆性砂箱物质变形实验（Mulugeta and Koyi，1992；Koyi，1995；Reiter et al.，2011）已初步揭示褶皱冲断带形成演化过程与其挤压缩短变形速率密切相关。褶皱冲断带几何学和运动学特征普遍受到砂箱变形物质特性、基底摩擦属性和缩短速率等强烈控制影响（Liu et al.，1992；Lohrmann et al.，2003）。一般而言，较高的挤压缩短变形速率相对于较低的变形速率更加容易形成较大的楔形体楔顶角、较窄的楔形体变形带（即楔长）。但是缩短变形速率与挤压褶皱冲断带几何学、运动学特征相关性仍然是当前标准化砂箱物理模型模拟研究的重要科学问题之一，尤其是均质性砂箱物质变形过程（Mulugeta and Koyi，1987；Gutscher et al.，2001；Smit et al.，2003）。因此，通过系列均质性砂箱物质缩短变形（缩短速率为 0.001～0.5mm/a）实验，本章力图揭示挤压缩短变形速率与褶皱冲断带几何学和运动学的相关性。

(a)

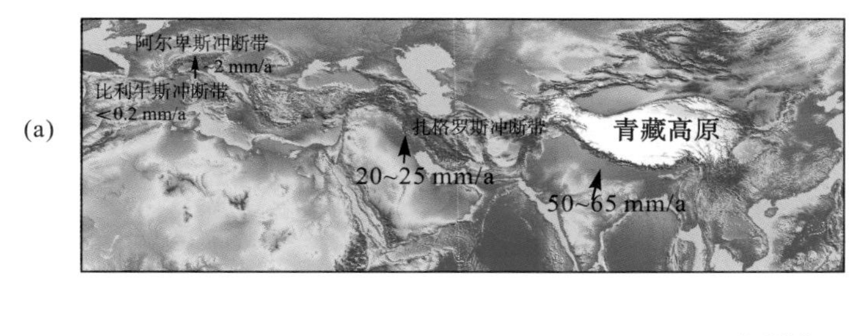

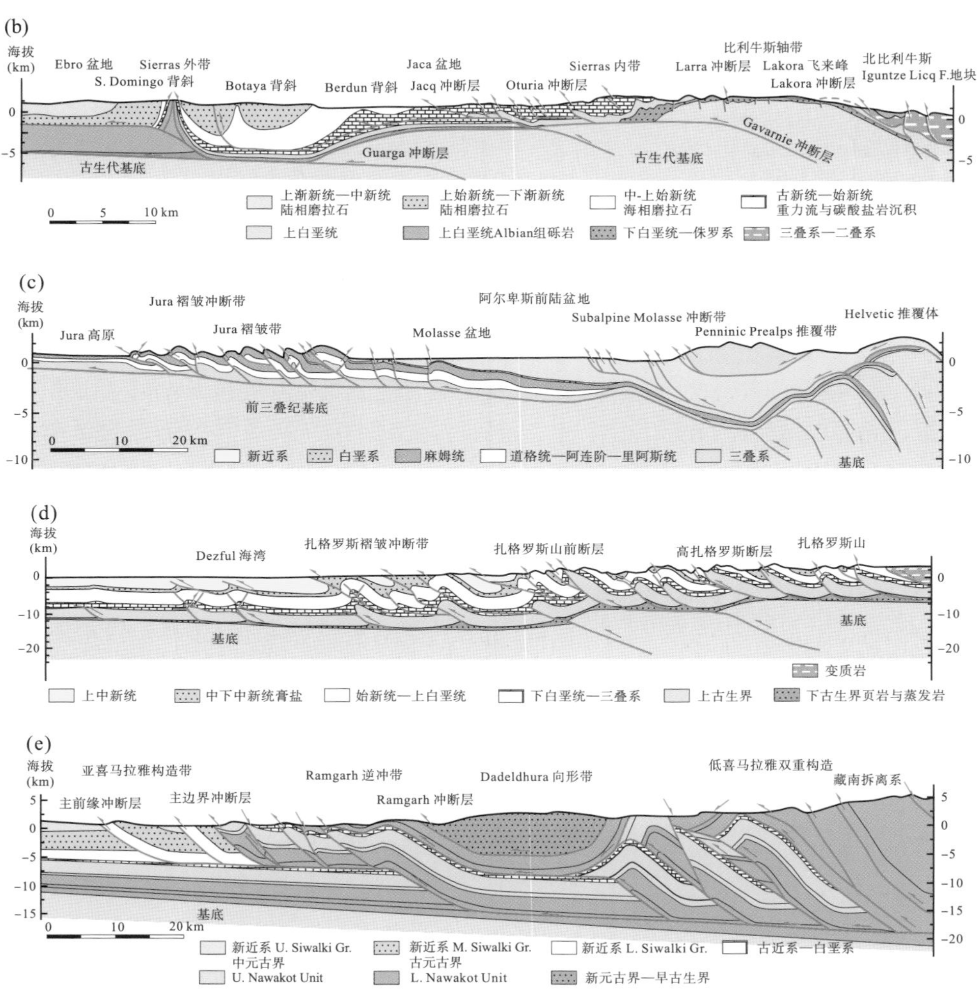

图 4-1　青藏高原—比利牛斯构造带差异变形速率与构造剖面特征对比图

4.1　物理模型装置设计

通过对前人砂箱物理模型实验的调研，发现主要挤压-拉张变形速率可以分为 3 个范围：低速(0.005～0.0001mm/s)、中速(0.05～0.005mm/s)和高速(0.5～0.05mm/s)(表 4-1)。因此，本次共设计 10 组针对均质石英砂物质挤压缩短变形实验，除挤压缩短变形速率变化外，砂箱模型其余边界条件具有一致性(表 4-2)，所有实验都在成都理工大学“油气藏地质及开发工程”国家重点实验室构造物理模拟实验室开展。砂箱模型初始铺设长×宽×高及其标志层等与前述章节模型一致，为800mm×340mm×35mm。本次实验中使用的石英砂具有中等磨圆、较佳分选性，平均粒度和密度分别为0.2～0.4mm和1.55g/cm^3，石英砂内摩擦角和摩擦系数分别为29°～31°和0.58。石英砂普遍具有近似线性的莫尔-库仑破裂变形行为和近似为零的内聚力值(McClay，1990；Lohrmann et al.，2003)，能够基于相似比属性有效模拟0～10km浅表地壳构造变形过程(Davis et al.，1983；Storti and McClay，1995；McClay and Whitehouse，2004)。本章节设计砂箱物理模型与实际褶皱冲断带模型间几何学和变形时间相似比系数分别为10^{-6}和10^{-4}～10^{-5}(Koyi and Vendeville，2003；Cruz et al.，2008)。

表4-1 砂箱物理模拟实验前人采取的挤压缩短速率统计表

速率	参考文献
高速 0.5～0.05mm/s	Adam等(2005)；Cobbold等(2001)；Cubas等(2010)；Storti等(1997)；Dufréchou(2011)；Leturmy等(2000)；Lickorish(2002)；Panian和Wiltschko(2004)；Likerman等(2013)；Crook等(2006)；Pons和Mourgues(2012)；Warsitzka等(2013)；Wenk和Huhn(2013)；Storti和McClay(2000)；周建勋等(1999)；王键等(2011)；朱战军(2004)
中速 0.05～0.005mm/s	Adam等(2013)；Cooke等(2013)；Graveleau等(2008)；Tong等(2014)；Keller和McClay(1995)；Barrier等(2013)；Leever等(2011)；Marques和Cobbold(2006)；Marques(2008)；McClay等(2005)；McClay(1990)；Midtkandal等(2013)；Moore等(2005)；Persson和Sokoutis(2002)；Reiter等(2011)；Storti等(2007)；李卿等(2013)；刘玉萍等(2008)；施炜等(2009)；谢玉华等(2010)；徐子英等(2011)
低速 0.005～0.0001mm/s	Bonini(2007)；Boutelier等(2008)；Vendeville(1992)；Ellis(2004)；Koyi和Vendeville(2003)；Misra等(2009)；Nilforoushan(2012)；Victor和Moretti(2006)；沈礼等(2012)

重力条件下应变比例系数能够通过物理模型与自然界原型之间的比例系数来表达，应变比例系数$\sigma^*=\rho^*l^*g^*$，其中ρ^*、l^*、g^*分别为物理模型和自然原型的密度、长度和重力间的比例系数，因此计算得到，$\sigma^*=3.23\times10^{-6}$。若自然界岩石剪切强度为1～20MPa，则物理模型内聚力强度为3.3～33Pa，它们普遍适用于正常重力条件下的比例砂箱物理模型(Rossetti et al.，2000；Koyi and Vendeville，2003；Lohrmann et al.，2003；McClay and Whitehouse，2004)。需要指出的是，通过计算均质石英砂体与周围玻璃隔板接触面积和基底接触面积之比(为0.05～0.1)，表明本次实验周围玻璃隔板所形成的挤压缩短边界效应较小，可以忽略不计(Souloumiac et al.，2012)。

表4-2 砂箱物理模拟实验比例系数特征综合表

参数	物理模型(m)	自然实例(n)	比例系数	自然实例挤压速率
长度	5×10^{-3}m	1×10^{3}m	$l_m/l_n=5\times10^{-6}$	—
密度(ρ)	1550kg/m^3	2400kg/m^3	ρ_m/ρ_n=0.65	—
重力加速度	9.81m/s^2	9.81m/s^2	a_m/a_n=1.0	—
摩擦系数	0.58	0.73	μ_m/μ_n=0.79	—
$\rho lg/\tau_0$系数	0.56	10	0.56	—
低速 (挤压速率)	0.001～0.005mm/s (18mm/h～3.6mm/s)	5mm/a～1mm/s (1×10^{-4}～5×10^{-4}mm/h)	6×10^{-6}～1×10^{-4}	Pyrenees：0.5～1.5mm/a Jura：1～3mm/a

续表

参数	物理模型(m)	自然实例(n)	比例系数	自然实例挤压速率
中速 (挤压速率)	0.01～0.05mm/s (180mm/h～36mm/s)	50mm/a～10mm/s (1×10^{-3}～5×10^{-3}mm/h)	6×10^{-6} ～1×10^{-4}	Apennines：5～20mm/a Zagros：10～20 mm/a Himalaya：35～45mm/a
高速 (挤压速率)	0.1～0.5mm/s (1800mm/h～360mm/s)	100mm/a～50mm/s (5×10^{-2}～10×10^{-2}mm/h)	3×10^{-5} ～3×10^{-4}	Taiwan：50～80 mm/a

表 4-3　不同挤压缩短速率边界条件实验结果综合对比表

类别	编号	速率(mm/s)	临界楔高(mm)	楔高(mm)	楔顶角(°)	断层倾角(°)和断层位移(mm)						楔长(mm)
						T_1	T_2	T_3	T_4	T_5	T_6	
低速	L-1	0.001	63	83	10±1	65±5 (45)	48±1 (15)	47±1 (12)	29±0 (45)	42±3 (27)	—	242
	L-2	0.002	72	87	10±1	53±1 (13)	39±1 (14)	43±1 (13)	30±1 (55)	49±3 (22)	—	274
	L-3	0.005	72	93	10±1	59±1 (17)	49±1 (13)	42±1 (21)	38±1 (55)	45±2 (37)	—	285
中速	M-1	0.01	62	84	10±1	67±2 (12)	51±2 (10)	44±2 (8)	40±3 (41)	44±1 (25)	—	231
	M-2	0.05	71	93	11±1	59±2 (16)	48±1 (7)	40±1 (16)	27±1 (55)	29±5 (28)	—	268
高速	H-1	0.1	62	91	10±2	50±1 (14)	39±2 (19)	21±2 (60)	33±3 (48)	—	—	237
	H-2	0.2	64	87	10±1	51±3 (14)	38±2 (18)	23±2 (59)	36±3 (30)	—	—	269
	H-3	0.3	62	88	10±1	50±2 (15)	40±1 (19)	30±6 (51)	48±2 (20)	54±7 (5)	—	274
	H-4	0.4	68	93	11±2	51±2 (23)	40±1 (34)	42±1 (37)	29±1 (62)	40±1 (43)	—	304
	H-5	0.5	67	93	11±1	66±1 (19)	44±1 (22)	43±0 (15)	31±1 (52)	39±1 (22)	59±6 (5)	292

每组砂箱物理模型实验中，通过砂箱装置右侧活动挡板恒定速率挤压均质石英砂物质产生缩短变形。挤压缩短变形过程中，使用同步数码相机每间隔 1mm 记录物质变形过程，挤压缩短完成后使用图像编辑软件每间隔 10mm 量化测量楔形体系列参数，如楔高、楔长、楔顶角、断层角等，其详细量化参数特征详见表 4-3。此外，实验中通过使用 DIC/PIV 系统(digital image correlation/particle imaging velocimetry，数值图像相关性检测系统/粒子速度检测系统)，进一步量化挤压缩短变形过程中物质应变增量及其相关变形特征，它能够有效提供持续变形过程中高分辨率、高精度楔形体变形特征(Adam et al., 2005; Hoth et al., 2006)。本次实验过程中，通过数值图像相关性检测系统有效检测连续变形过程中的时间精度，约为 6～3000s，其间隔缩短变形距离为 3mm。

本次实验根据低速、中速和高速 3 类缩短变形速率的差异，采用 10 倍缩短速率变量进行相关实验，主要原因如下：①GPS 位移测量显示自然界变形浅表变形速率大于 100 倍变化(如比利牛斯冲断带和喜马拉雅冲断带)；②高倍缩短变形量差异性能够有效放大相同边界条件下均质砂箱变形物质变形过程的微弱差异性(Marshak and Wilkerson，1992；Mulugeta，1988；Gutscher et al.，2001；Rossetti et al.，2002；Cubas et al.，2010)。因此，低速挤压变形过程中缩短速率分别为 0.001mm/s、0.002mm/s 和 0.005mm/s(如 Bonini，2001；Smit et al.，2003；Nilforoushan et al.，2008)，中速挤压变形过程缩短速率分别为 0.01mm/s 和 0.05mm/s(如 Rossetti et al.，2002；Cruz et al.，2008)，高速挤压变形过程中缩短速率分别为 0.1mm/s、0.2mm/s、0.3mm/s、0.4mm/s 和 0.5mm/s(如 Marshak and Wilkerson，1992；Gutscher et al.，2001；Hoth et al.，2007；Cubas et al.，2010)。所有实验变形过程中缩短量为 300mm，缩短率为 38%，因此实验持续时间变化为 0.2～100h，且重复性实验揭示各组实验过程的有效性和重复性。但是需要指出的是，砂箱物理实验过程中边界条件、布砂方式及其他人为因素等也可能导致实验可重复性较差(Souloumiac et al.，2012)。

4.2　物理模拟实验过程

4.2.1　低速挤压缩短变形模拟实验

低速挤压缩短变形实验代表性实例及其挤压缩短变形过程与构造特征如图 4-2 所示。其挤压缩短速率为 0.002mm/s。持续挤压过程中，初始挤压缩短量为 20mm 时，砂箱物质由第一条逆冲断层及其相关反向冲断层形成典型的平顶、近似对称的冲起结构。冲起结构(背斜)的应变增量特征形态具有三角形较高垂向运动矢量特征，其应变量/运动速率(红色—绿色—蓝色表示速率减小)递增变化区域(呈线性特征)具有明显的集中应变特征，代表逆冲断层活动带(Adam et al.，2005)。随挤压缩短变形量增大，逐渐形成多条新生前展式逆冲断层；在缩短量达到 60mm 时，进一步形成典型的三角形高运动速率区域，其底部代表速率不连续点/应变极点。当挤压缩短量为 110mm 时，砂箱物质应变极点上方分别发育 3 条等间距的前展式逆断层，它们与反冲断层形成三角形高(水平运动)速率区域，代表砂箱后缘变形挤压物质形成内部轴带(或楔形体)，其稳定的扩展挤压过程导致砂箱前缘物质发生前展式冲断变形，砂箱楔形体高度快速增大，达到临界楔形体高度，约 72mm(110mm 缩短量时)。随后的挤压过程中，早期形成的断层活动停止，楔形体前缘物质受挤压扩展发生典型的弥散性/分散式应变。在缩短量为 120mm 时形成新的冲起构造，其增量应变特征具有两个三角形高速率区域。右侧三角形区域主要为水平位移矢量，表明楔形体具有前缘扩展缩短变形特征；左侧三角区域主要为高角度/垂直位移矢量，代表新生的冲起构造。

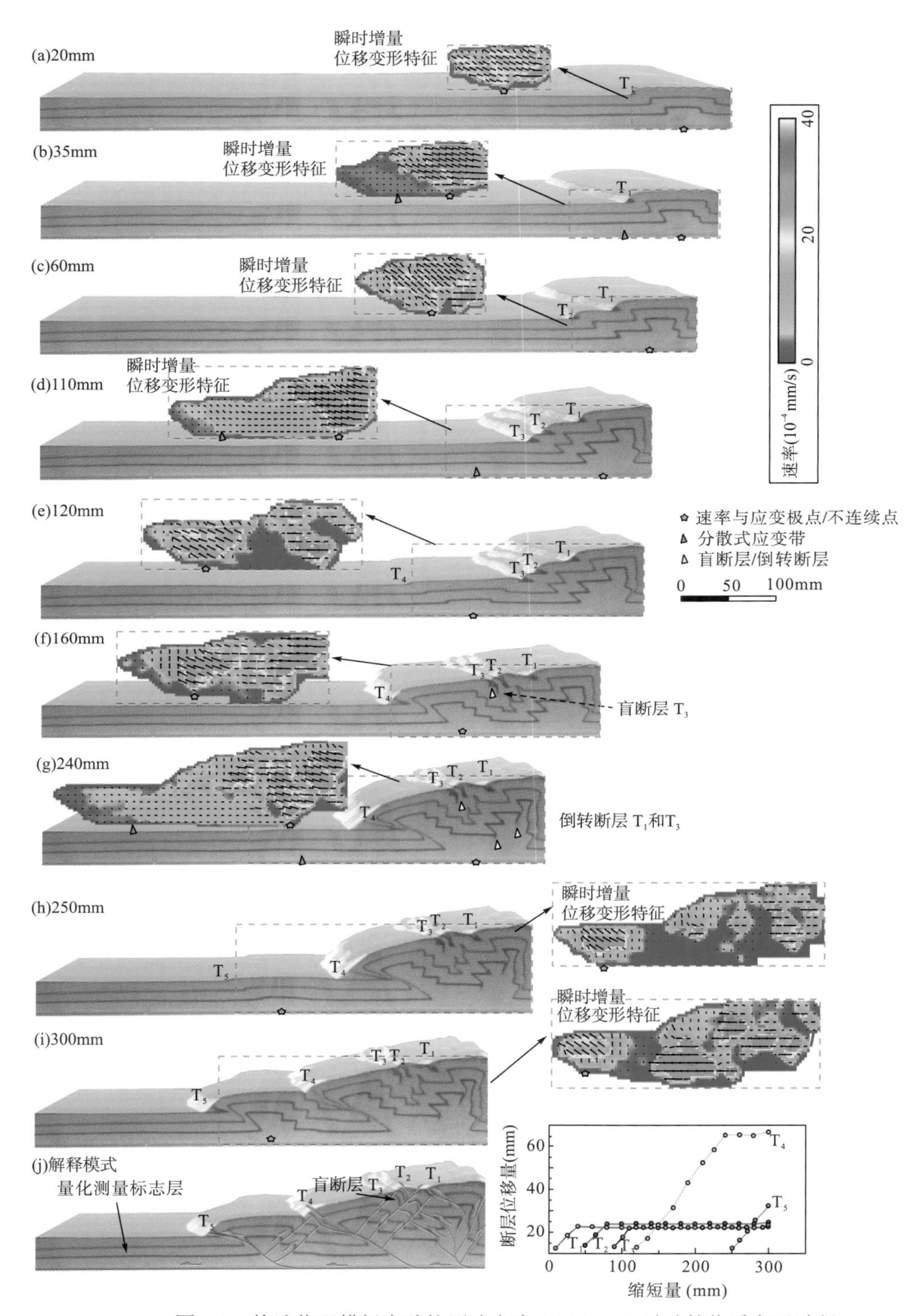

图 4-2　构造物理模拟实验挤压速率为 0.002mm/s 时砂箱物质变形过程

(a)～(i)挤压缩短量逐渐增加楔形体物质序次/前展式变形过程，DIC/PIV 揭示增量位移变形特征与右侧红色虚线方框位置一致；(j)模型挤压结果构造解释模式图，与(i)相一致；图中冲断层及其相关褶皱按照形成演化序列标注，断层相关位移揭示出断层形成后期普遍停止生长活动伴随持续缩短变形过程，T_4逆冲断层及其伴生的 3 条反冲断层的变形量逐渐增大并导致早期T_3逆冲断层被卷入后期变形成为盲断层。当缩短量为 240mm 时，T_4逆冲断层位移量达到最大，为 55mm，其较大的变形量叠加改造早期T_1和T_3断层成为翻转断层/倒转断层(图 4-2)。尤其是，楔形体后缘物质发生强烈变形，多条断层形成几何学上的“花状结构”。进一步缩短挤压变形，后期活动断层(如T_4)逐渐停止活动、楔形体前缘弥散性应变再次发生，直到楔形体前缘砂箱物质应变积累达到其破裂强度，形成新的前缘逆断层(即T_5，缩短量为 250mm)及其相关冲起构造。当挤压变形量达到 300mm 时，T_5逆冲断层变形位移量持续增大并形成两条伴生的反冲断层，其楔形体高度、楔长和楔顶角分别为 87mm、274mm 和 10°。

低速挤压缩短变形过程中(L-1～L-3)，其楔形体高度、长度和楔顶角持续增大(图 4-3)，且楔形体几何学生长/增长过程可以大致分为两个阶段，即快速生长变化阶段和自相似性生长阶段。挤压早期阶段为楔形体快速生长变化阶段，其楔高、楔长快速变化直至临界楔形体形成(110～120mm 缩短量时)。随后楔形体挤压变形特征具有自相似性特征，其楔长和楔顶角持续增加，但增加速率明显减小，且楔长伴随楔形体前缘新生断层的出现呈现阶段性、突变增加特征。新生断层随后的挤压缩短变形过程，导致楔长明显缓慢减小，代表砂箱物质楔形体内部的缩短变形过程。尤其是，伴随挤压缩短量增加、新生断层普遍滞后于楔形体前缘的弥散性应变过程，揭示出楔形体为克服基底和砂箱物质内部摩擦属性发生的平行层缩短变形，直到集中应变破裂形成新的前缘逆冲断层。所有低速挤压变形过程中，速率由 0.001mm/s 增大至 0.005mm/s，楔长和楔顶角具有增大的趋势，而其相关临界楔形体形成时缩短量具有减小的趋势(图 4-3)。

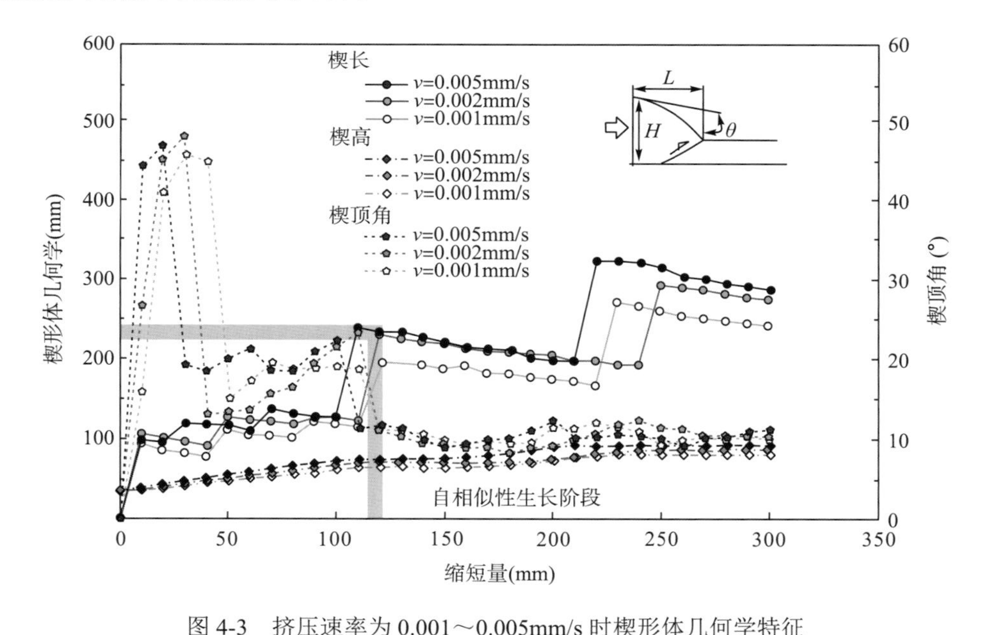

图 4-3　挤压速率为 0.001～0.005mm/s 时楔形体几何学特征

注：楔形体楔高和楔长随挤压速率的增大具有增大的趋势，尤其是楔长随新生断层的形成具有明显的跃迁增大特征，但楔长和楔顶角在自相似性生长阶段具有大致恒定的趋势特征。

4.2.2　中速挤压缩短变形模拟实验

两组中速挤压缩短变形实验过程中挤压缩短变形过程及其相关构造特征如图 4-4 所示。挤压缩短过程中楔形体几何学特征和楔顶角与缩短量的关系如图 4-5 所示。挤压缩短变形过程中，砂箱物质早期阶段变形形成的楔高、楔长快速增大，直至缩短量为 100mm 时达到临界楔形体状态，其楔高和楔顶角分别为 71mm 和 11°。挤压缩短量为 25mm 时，形成前展式冲断层及其相关的平顶状、对称性冲起构造，其应变增量特征表明冲起/垂向抬升构造变形主要集中发生在断层上盘区域。随着挤压缩短量逐渐增大(100mm 时)，3 条叠瓦状、前展式逆断层逐渐形成，构成砂箱后缘楔形体轴带/加积变形带，其运动矢量为水平运动特征。挤压变形过程中，水平挤压缩短变形导致楔形体前缘逐步发生弥散性应变及应变积累(图 4-4)。

楔形体自相似性生长阶段，楔高与楔顶角增长速率明显减小，且早期 T_1、T_2 和 T_3 逆冲断层活动基本停止，在缩短量为 110mm 时楔形体前缘新生的 T_4 逆冲断层及其反冲断层构成典型的平顶状冲起结构。缩短量为 140mm 时，后期持续挤压缩短导致早期 T_3 冲断层再活化和 T_2 断层叠加翻转。缩短量约为 240mm 时，楔形体挤压变形形成 T_5 逆冲断层并伴生第三个平顶状、对称性冲起结构。应变增量特征揭示楔形体前缘以高角度/垂直抬升运动为主(新生冲起构造)、楔形体后缘轴带以水平运动扩展变形为主。同时，增量变形矢量表明楔形体前缘宽度约 150mm 范围内普遍发生弥散性应变过程，如 100mm 和 230mm 缩短量时。中速挤压缩短变形实验最大缩短变形量为 300mm，其最终楔形体长度和楔高分别为 268mm 和 95mm。

需要指出的是，与低速挤压缩短变形实验相似，两组中速挤压缩短变形过程中楔长、楔顶角随挤压缩短速率的增大具有微弱增大的趋势(即 100mm)，且临界楔形体缩短量具有逐渐减小的趋势(即 110～120mm)。

4.2.3　高速挤压缩短变形模拟实验

高速挤压缩短变形物理模型实验共 5 组(H-1～H-5)，其典型挤压变形过程及相关构造特征如图 4-6 所示；5 组实验相关楔形体几何学特征和楔顶角与缩短量的关系如图 4-7 所示。挤压初始阶段(缩短量为 25mm)，早期逆冲断层及其反冲断层形成典型冲起结构，具有平顶状、非对称结构特征。随后挤压变形导致楔形体前缘发生明显的弥散性应变过程，其应变区域明显较低速和中速挤压变形实验中弥散性应变区域大(图 4-2、图 4-4 和图 4-6)，如增量变形矢量表明，在 70～90mm 和 200mm 缩短量时楔形体前缘弥散性应变区域宽约 200mm(图 4-6)，它们导致楔形体前缘强烈的平行层缩短变形和应变积累。伴随持续缩短变形过程，楔形体在缩短量约为 90mm 时达到临界楔形体状态，其楔高和楔顶角分别为 68mm 和 11°。

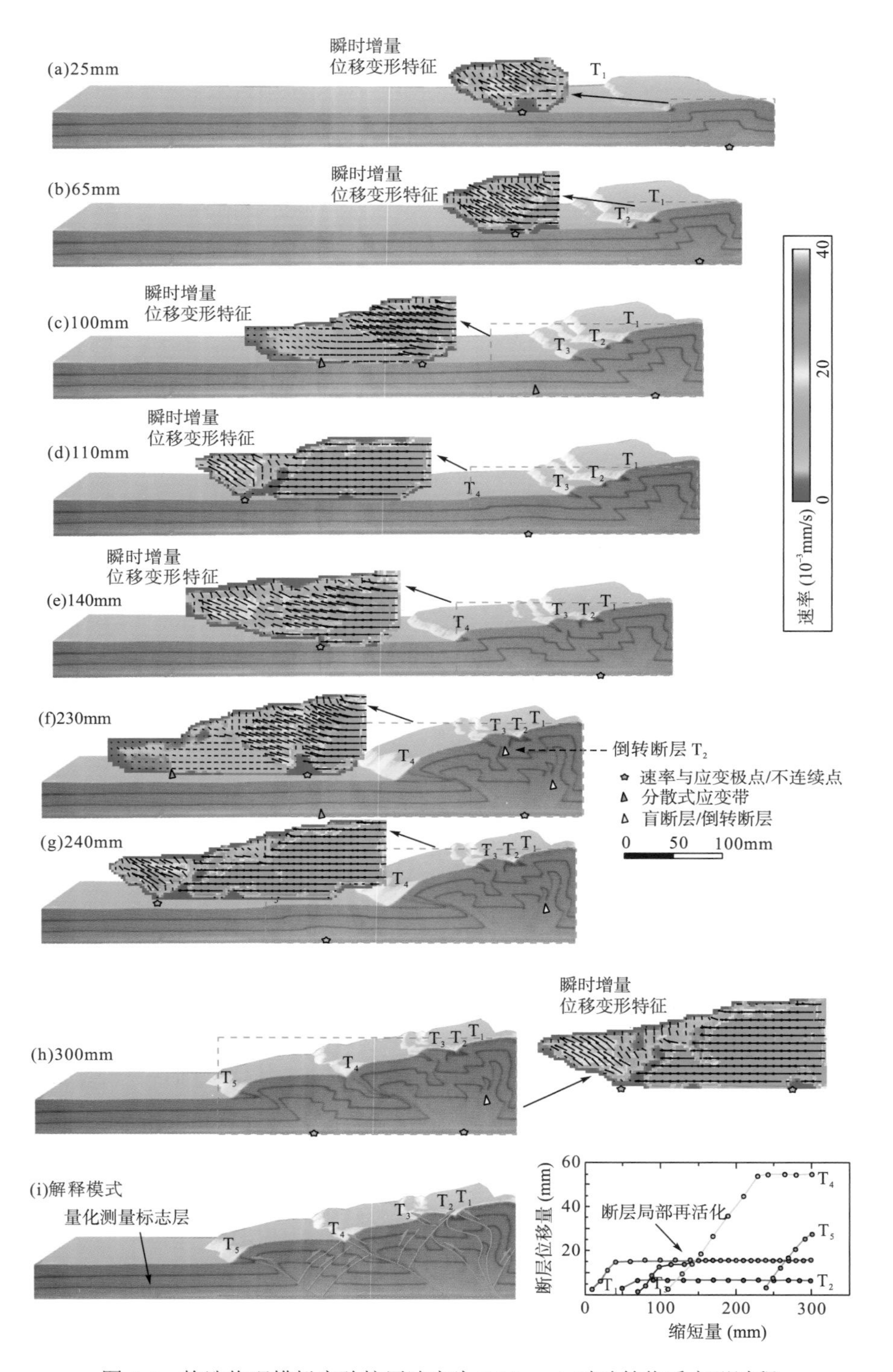

图 4-4 构造物理模拟实验挤压速率为 0.05mm/s 时砂箱物质变形过程

(a)～(h)挤压缩短量逐渐增加楔形体物质序次变形过程，DIC/PIV 揭示增量位移变形特征与右侧红色虚线方框位置一致；(i)模型挤压结果构造解释模式图，与(h)相一致；图中冲断层及其相关褶皱结构按照形成演化序列标注，断层相关位移揭示出断层冲断形成后期普遍停止生长活动

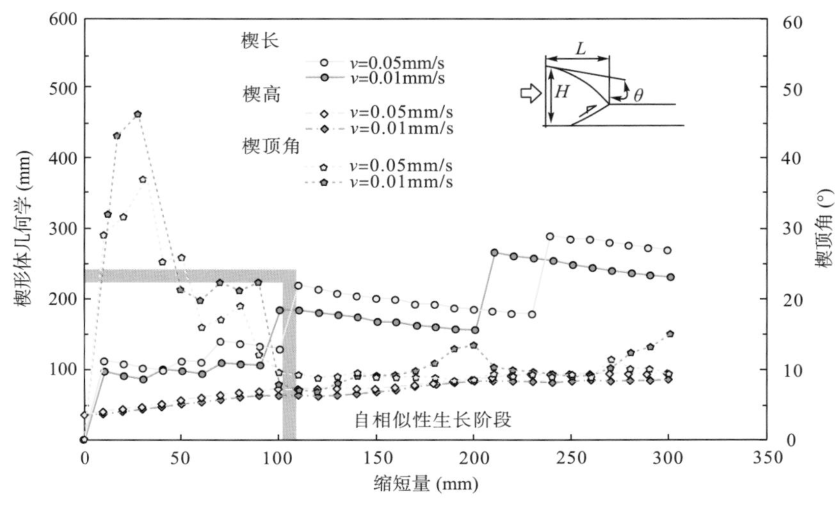

图 4-5　挤压缩短速率为 0.01～0.05mm/s 时楔形体几何学特征

随后，伴随楔形体前缘新生逆冲断层 T_3 形成，楔形体前缘在缩短量为 95mm 时再次形成平顶状、非对称性冲起构造(图 4-6)，尤其是其增量变形矢量揭示砂箱物质变形主要集中在楔形体前缘，而非整个楔形体区域。这可能与快速挤压变形过程中应力-应变传递具有相对较高的速率，因而更加容易导致局部应变集中的特性相关(Smit et al.，2003)。挤压缩短变形过程中，T_3 和 T_4 逆冲断层位移变形量逐渐增大，导致早期 T_1 断层叠加变形为盲断层，同时大量楔形体后缘发生强烈旋转变形，导致早期断层倾角发生显著变化，甚至呈高角度或垂直。

当缩短量为 210mm 时，伴随 T_5 断层冲断活动、T_4 冲断层再活化，获得其最大逆冲位移量，约为 62mm，且 T_5 冲断层活动伴生反冲断层及第三个非对称冲起构造。在随后的挤压缩短变形过程中，新生冲起构造后端的两条反冲断层加剧活动导致早期 T_4 逆断层叠加变形成为盲断层；其增量变形矢量表明第二个和第三个冲起构造可能发生非对称剪切变形作用，如缩短量为 245mm 时。尤其是，楔形体前缘约 100mm 范围内砂箱物质普遍发生弥散性变形。至最终挤压缩短变形时(300mm 缩短量)，楔形体最终楔高和楔长分别为 93mm 和 304mm。与低速和中速模拟实验相似，高速挤压变形模拟实验中，随挤压速率的增加，其楔长、楔顶角具有增大的趋势，而临界楔形体缩短量具有减小的趋势(图 4-7)。

4.3　挤压变形速率与冲断带-前陆盆地构造特征相关性

以挤压缩短速率为变量的砂箱物理模型实验，揭示出挤压褶皱冲断带-前陆盆地系统或挤压楔形体持续缩短变形过程中几何学与运动学变形特征，与早期均质砂箱物质变形实验过程相似(Mulugeta，1988；Storti，Salvini and McClay，2000；Gutscher et al.，1996，2001；McClay and Whitehouse，2004)，砂箱物质挤压变形过程中以典型的前展式扩展变形为主，伴生反向冲断层及其冲起构造。楔形体生长过程具有两个阶段，即早期快速生长阶段和晚期自相似性生长阶段。

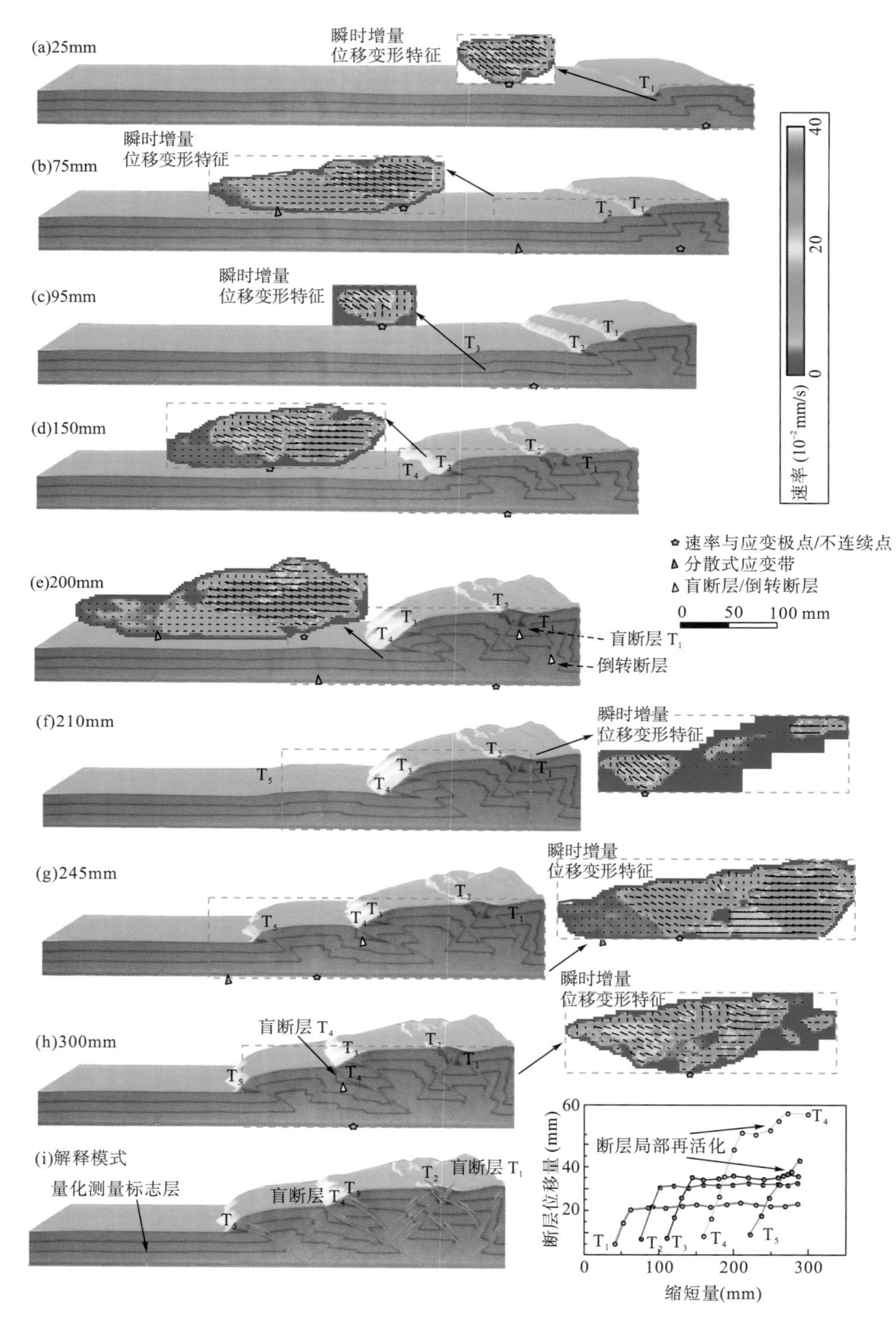

图 4-6　构造物理模拟实验挤压速率为 0.4mm/s 时砂箱物质变形过程

(a)～(h)挤压缩短量逐渐增加楔形体物质序次变形过程，DIC/PIV 揭示增量位移变形特征与右侧红色虚线方框位置一致；(i)模型挤压结果构造解释模式图，与(h)相一致；图中冲断层及其相关褶皱按照形成演化序列标注，断层相关位移揭示出断层冲断形成后期普遍停止生长活动

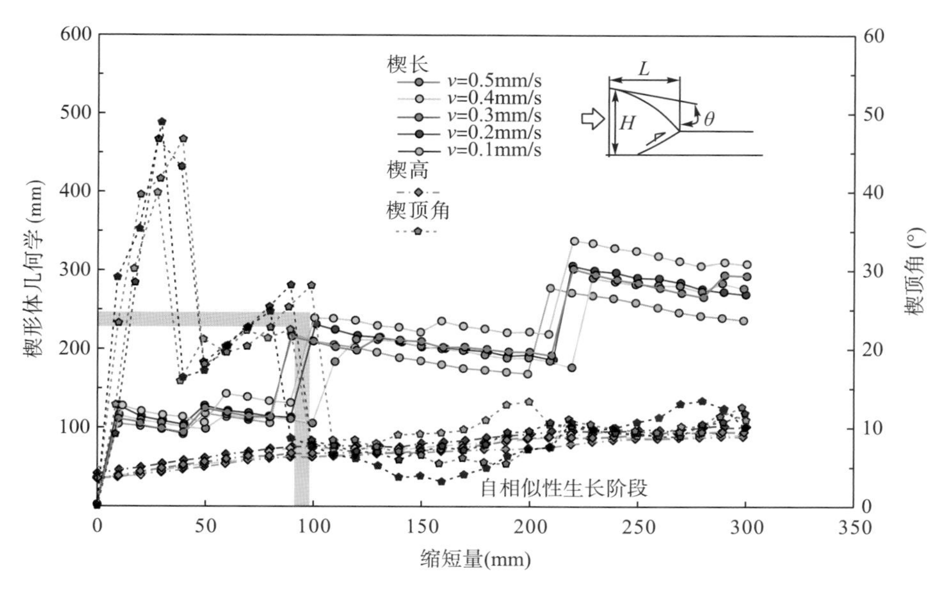

图 4-7　挤压缩短速率为 0.1～0.5mm/s 时楔形体几何学特征

注：楔形体几何学中楔高和楔长随挤压速率的增大具增大的趋势。

4.3.1　断层空间间距

挤压褶皱冲断带前展式扩展变形过程中通常形成典型的叠瓦状断层结构特征，其断层间距空间范围变化较大，它通常与变形物质特性、应力状态和楔形体地层厚度密切相关(Strayer et al.，2001；Panian and Wiltschko，2004)，如楔形体能干性越强或正应力越大其断层间距普遍越大(Koyi and Vendeville，2003)。在本次速度变量砂箱物理模型实验中，断层间距在持续挤压缩短变形过程中具有明显的动态变化特征(图 4-8)。低速—中速挤压变形物理模型实验中，断层间距/断层初始高度比值持续增加，直到变形量为 200～250mm 时形成第三个冲起构造；与之相反，高速挤压变形物理模型实验中断层间距/断层初始高度比值具有两个阶段的增大过程。

断层间距/断层初始高度比值伴随缩短量增大具有明显的变化特征。早期阶段，高速挤压变形过程中相对于低速—中速变形过程形成较宽的断层空间，尤其是 T_3 和 T_2 冲断层的间距。高速挤压变形过程中，T_3 冲断层形成于临界楔形体状态之后，并伴生新的冲起构造，因而通常相对于低速—中速挤压模型实验具有较宽的断层间距(图 4-8)。在楔形体自相似性生长阶段，低速—中速挤压物理模型实验中具有大致相似的断层间距/断层初始高度比值，如 T_3—T_4 比值为 3.5～3.7、T_4—T_5 比值为 1.6～2.0，明显大于高速挤压模型实验中的相关比值。需要指出的是，早期砂箱物理模拟实验和自然界褶皱冲断带系统中也发现了相似的速率相关断层间距变化特征(Davis and Engelder，1985；Koyi and Vendeville，2003；Panian and Wiltschko，2004，2007)。

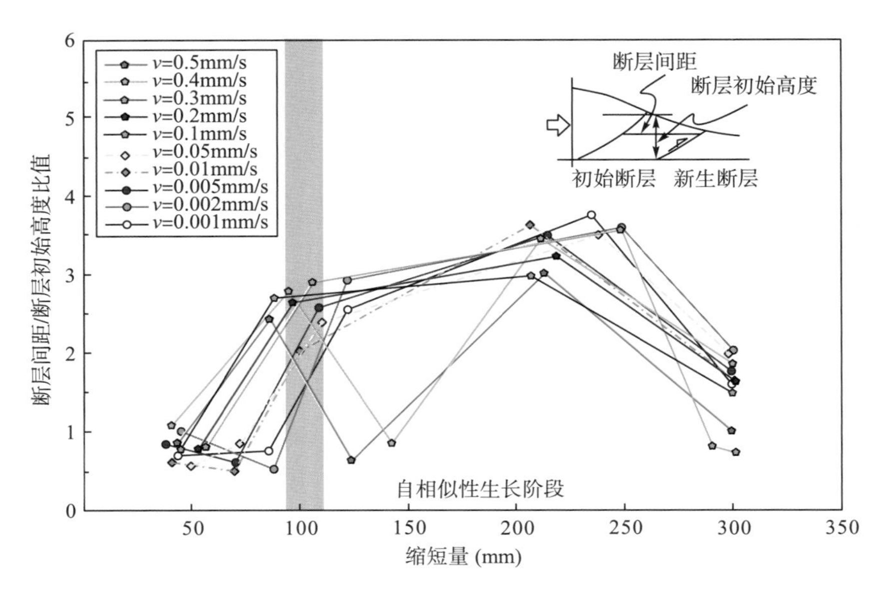

图 4-8　断层间距与挤压缩短速率相关性对比图

注：初始断层与其间邻早期断层的间距表明其断层间距随缩短速率的增大具有微弱增大的趋势。

4.3.2　楔形体几何学

挤压褶皱冲断带或增生楔形体形成演化过程中，具阶段性生长、增厚和弥散性变形与应变积累等过程。一般而言，当应变积累达到砂箱物质应变破裂强度后，楔形体前缘逆冲断层的新生通常伴生反向冲断层形成典型冲起构造。低速—中速挤压变形砂箱物理模型实验过程中，楔形体多条前展式逆冲断层中，通常 T_1 断层具有最大的断层位移量，T_4 断层具有最大的断层倾角。但在高速挤压变形实验所形成的 4～6 条前展式逆冲断层中，T_4 断层既具有最大的断层位移，又具有最大的断层倾角。随挤压变形速率增大，楔形体前缘冲起构造中的相关反向冲断层数量明显增大，如速率为 0.002mm/s 的物理模型中有两条反冲断层，速率为 0.4mm/s 的物理模型中有四条反冲断层，在高速挤压变形模型中，其楔顶角和楔长（如 10°～11°和 230～300mm）相对于中速—低速挤压模型（如 10°和 230～280mm）也更大和更长。因此，我们认为高速挤压缩短变形物理模型实验中需要相对更短的挤压缩短变形量使楔形体达到临界楔状态。

4.3.3　楔形体内部形变

基于均质砂箱物质挤压缩短变形过程的研究，Koyi（1988，1995）强调砂箱楔形体物质体积应变和线长度缩短变形与基底摩擦系数、基底几何倾角和物质属性等密切相关（Koyi and Vendeville，2003；Nilforoushan et al.，2008）。需要指出的是，楔形体物质线长度缩短变形和体积应变可能伴随不同深度变化而产生重要变化（Mulugeta and Koyi，1987），如当楔形体深部地层发生 40%～50%的平行层缩短变形时，其浅表地层仅发生微弱变形，甚至仍保留初始长度特征（Koyi，1995）。因此，在本次速率变量砂箱物理模型实验中为量化对比楔形体物质内部形变，我们以楔形体深部标志层为统一量化测量对比标志（图 3-4），每 20mm 挤压缩短增量进行对比，系统揭示其体积应变和线长度缩短变形特征。一般而言，砂箱楔形体体积应变与其后缘活动挡板持续挤压缩短变形导致的石英砂物质压实作用、颗粒间滑动变形和重力压实等作用密切相关（Koyi et al.，2004）。

本次所有实验中，楔形体物质体积应变和线长度缩短变形随缩短变形量的增加具有典型增大的趋势（图 4-9），两者普遍与楔形体前缘新生断裂的形成具有相关性，且增量应变矢量特征表明砂箱物质受挤压缩短变形时发生明显的弥散性变形及相关的体积应变和平行层缩短变形等。相对于中速—低速挤压过程，高速挤压模拟实验产生相对较大的体积应变和平行层缩短变形（图 4-9），形成相对较宽的楔形体前缘弥散性变形带。低速挤压缩短模型实验中，线应变量和体积应变量分别为 14%～16%和 4%～6%，总体上小于高速挤压缩短模型实验中的 10%～17%和 6%～7%。

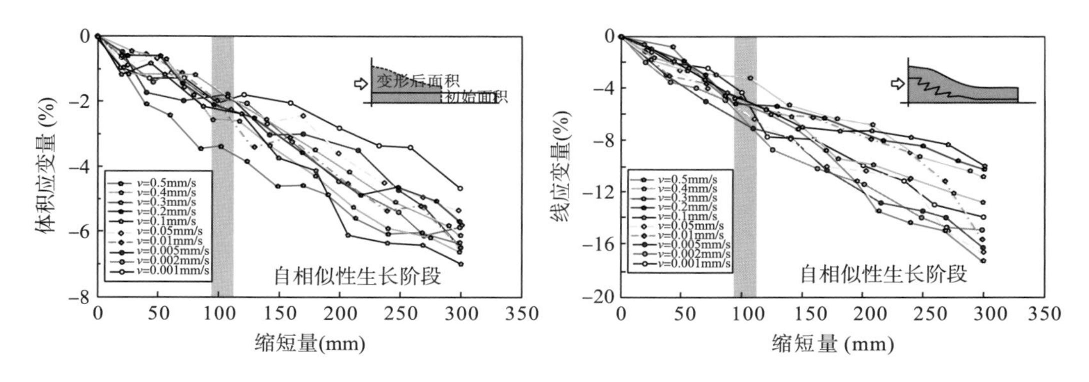

图 4-9　楔形体内部形变与挤压缩短速率相关图

(a) 楔形体体积应变量与缩短速率相关图；(b) 楔形体线应变量与缩短速率相关图；随缩短量增大楔形体体积应变量和线应变量具有明显增大的趋势，且挤压缩短速率增大导致楔形体内部形变具有增大的趋势

4.3.4　楔形体非对称性结构特征

伴随持续缩短挤压变形，砂箱楔形体前缘发育前展式冲断构造及相关冲起结构，尤其是在高速挤压变形过程中其冲起构造普遍具有非对称性特征，这可能与平行层缩短变形和剪切作用密切相关，否则前缘冲起构造普遍以平顶状、对称性结构特征为主（Couzens-Schultz，Vendeville and Wiltschko，2003）。高速挤压缩短变形物理模型实验中非对称性冲起构造普遍伴生多条反向冲断层［图 4-6(i)］，其增量矢量非对称性也相对明显。与之相似的是，Nilforoushan 等(2012) 基于数值模型模拟表明，伴随缩短变形速率增大，其挤压楔形体非对称性结构发育更加明显，尤其是在高内聚力砂箱物质变形过程中。因此，我们认为在高速挤压缩短变形过程中可能发生较快的平行层缩短剪切变形及应力-应变扩展传递过程，从而导致楔形体前缘地区更加容易形成非对称性结构，如冲起构造、背向斜等，而楔形体前缘或后缘非均质物质的存在将会进一步加大这种趋势（Costa and Vendeville，2002；Cruz et al.，2008；Nilforoushan et al.，2012）。

虽然物质变形过程中断层弱化作用与应变积累、应变速率等的相关性具有较大的争议，但是 Ruh 等(2014)基于三维数值模型模拟揭示了差异性挤压缩短速率对应变弱化过程的重要影响性，尤其是挤压速率相关的应变弱化会导致明显不同的几何学和运动学特征。理论上，较高的挤压缩短变形速率会导致更快的应力-应变传播速率，楔形体物质将会形成更大的水平剪切应力(尤其是在早期断层和基底滑脱面等薄弱带)，因而更加容易形成早期断层再活化、多期活动及相关的无序冲断过程，如在速率为 0.4mm/s 的挤压变形过程中(图 4-6)，T_4 断层再活化活动特征较明显。需要指出的是，伴随挤压速率增大，楔形体反向冲断层数量及其后缘物质反向旋转变形作用明显增大，从而导致楔形体后缘部分断层叠加翻转或形成盲冲断层等(图 4-10)。因此，不同速率挤压变形过程中展现出明显不同的楔形体生长演化过程及特征，如前展式扩展变形、后陆式/反向扩展变形、往复式生长过程等(Davis and Engelder，1985；Smit et al.，2003)。同时，楔形体地貌生长将会导致其应力反向旋转，从而更加有利于反向冲断层发育(Nilforoushan et al.，2008)。伴随挤压缩短速率增大，反向冲断层数量和断层再活化过程明显加剧，从而导致楔形体更加偏向于往复式、无序扩展生长过程(图 4-10)。

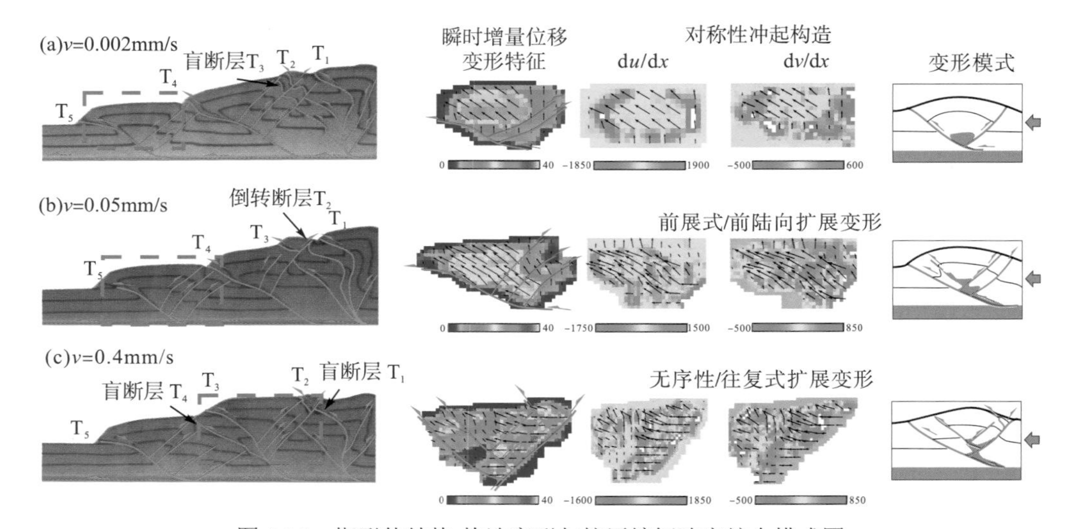

图 4-10　楔形体结构-构造变形与挤压缩短速率综合模式图

(a)挤压缩短速率为 0.002mm/s；(b)挤压缩短速率为 0.05mm/s；(c)挤压缩短速率为 0.4 mm/s；从左至右分别为挤压模型构造特征、速率应变特征、水平速率增量特征(d*u*/d*x*)、垂直速率增量特征(d*v*/d*x*)和挤压变形模式图［据 Smit 等(2003)修改］

不同挤压速率变形过程，楔形体前缘物质增量变形矢量(如水平增量和垂直增量)也具有典型差异。低速挤压变形物理模型实验中，楔形体前缘物质对称性冲起构造普遍具有对称的瞬时增量变形矢量特征，相反，在高速挤压变形实验中，增量变形矢量具有明显的反向冲断特征和非对称性。

4.3.5　砂箱物理模拟可重复性

由于砂箱物理模型实验过程中普遍受到模型边界条件，如物质属性、基底摩擦属性、不规则活动挡板、铺砂过程和人为处理手段等因素的影响，导致砂箱楔形体变形过程的可重复性难以预测，实验过程中我们力图剔除外部非因素对于实验结果的影响，从而获得有效合理的实验结果(Cubas et al.，2010；Santimano et al.，2015)。由于本次实验中仅以挤压缩短变形速率为变量，其余模型边界条件都一致，因此我们以统计分析手段(Santimano et al.，2015)来对比本次实验中挤压缩短速率(外部边界条件)与复杂模型内部因素(如楔形体物质属性等)的重要性。需要指出的是，所有统计对比分析数据主要来源于各组挤压模型实验后期的自相似性生长过程。伴随各组挤压缩短速率逐渐增大，砂箱楔形体几何学(即楔高、楔长、楔顶角)和运动学(即断层倾角、断层位移、体积应变量和线应变量)变量统计分析值——变差系数(CV)可以大致分为两类。第一类变量的变差系数值普遍较小，楔高 CV=0.13～0.15、断层倾角 CV=0.03～0.08 和断层位移 CV=0.06～0.12；另一类变量的变差系数值相对较大，楔长 CV=0.25～0.36、体积应变 CV=0.12～0.32 和线应变 CV=0.2～0.43(图 4-11)。其主要区别在于楔长、体积应变和线应变具有时间/缩短量相关性，即楔形体在自相似性生长过程中随缩短量逐渐增大它们明显增大；而较低值变差系数的变量(即楔高、断层倾角和断层位移)与楔形体本身的物质属性密切相关。

随挤压缩短速率增大(从 0.001mm/s 至 0.5mm/s)，楔顶角变差系数具有明显增大的趋势，CV=0.05～0.35，而明显区别于其余楔形体几何学和运动学变量特征。ANOVA 统计 P 值进一步表明，低速挤压变形过程中断层倾角 P=0.8 逐渐减小为低速挤压变形过程中 P=0.5，同时其 R^2 相关性特征值则逐渐从 R^2=0.05 增大为 R^2=0.2(相关性/可信度提高)。与之相似的是，断层位移变量也具有随挤压缩短速率增大，相应的统计变量值类似变化的特征(如 P=0.8 减小为 P=0.4，R^2=0.05 增大为 R^2=0.2)。一般而言，较大的 R^2 值和较小的 P 值反映出模型重复性实验过程中主要受控于复杂模型内部因素，而非外部边界条件/变量，尤其是 P 值大于 5%，普遍说明模拟实验重复性较高。因此，本次缩短速率为变量的物理模型实验中断层倾角、断层位移变量具有可重复性，同时伴随挤压缩短速率的增大，其对楔形体几何学和运动学变量的影响性明显增强。换句话说，速率对于楔形体几何学和运动学特征的控制影响作用更大。进一步导致物理模型实验中外部边界条件控制的特征变量变化范围小于模型实验内部因素控制特征变量的变化范围，而不利于模型主要控制因素的甄别。

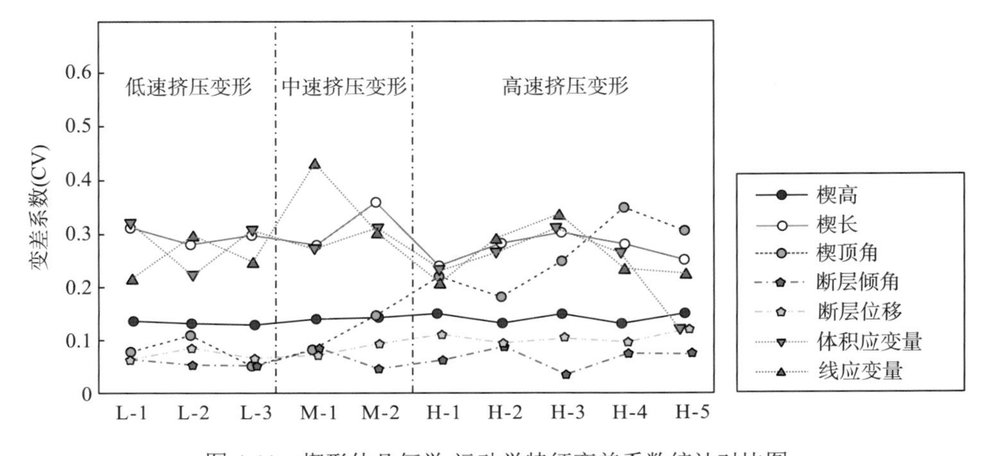

图 4-11　楔形体几何学-运动学特征变差系数统计对比图

因此，本章以挤压缩短速率为变量的砂箱物理模型实验揭示出挤压缩短速率对于砂箱楔形体物质变形的重要控制作用。相对于中速—低速缩短挤压砂箱物理模型，高速物理模型中楔形体形成明显较多的前展式逆冲断层、较大的断层空间和断层位移量、较大的楔顶角和楔高等。相同缩短变形量情况下，高速缩短挤压变形过程通常产生更大的体积应变、线应变和平行层缩短变形，从而形成更多的反向逆冲断层及其伴生非对称性构造。同时，高速挤压缩短变形过程中，楔形体后缘普遍发生强烈旋转叠加变形导致早期断层翻转或形成盲断层，断层的再活化过程通常导致无序冲断和楔形体往复式、无序扩展生长过程。

第5章 “从源到汇”浅表作用过程砂箱物理模拟研究

“从源到汇”过程或源-汇系统聚焦于地壳浅表系统中沉积物从汇水盆地源头与剥蚀区(如造山带、古隆起等)到沉积区(如前陆盆地等)或沉积盆地的整个过程，与构造、气候等具动态互馈的沉积物剥蚀、搬运和沉积作用过程，即沉积物路径系统或沉积物路径过程(sediment routing system or processes)(Allen，2008；Leeder et al.，2011；解习农等，2012；Koiter et al.，2013)。沉积物 “从源到汇”的产出、转换和堆积，物质搬运过程、通道和通量时空变化，以及它们对沉积地层形成的作用与贡献，尤其是“从源到汇”系统重建和量化过程等，构成了现代源-汇系统研究的核心内容(Leeder et al.，2011；Koiter et al.，2013)。由于“从源到汇”系统内在的复杂规律，如何系统、有效地把不同阶段(即剥蚀-搬运-沉积过程)的内部和外部机制及其耦合过程纳入地壳浅表系统研究成为当前地学研究的前沿之一。

至20世纪80年代Davis、Dahlen和Suppe等奠基褶皱冲断带-前陆盆地系统的基础模型诠释以来(Davis et al.，1983；Dahlen et al.，1984；Dahlen and Suppe，1988)，褶皱冲断带盆-山系统通常被认为是地壳尺度上的挤压(增生)楔形体构造，其构造变形过程普遍符合库仑临界楔理论的自相似性生长过程，且基于楔形体稳定性可以大致分为临界稳态平衡状态、亚稳态状态和超稳态状态(Dahlen，1984)；90年代造山带双向挤压增生楔形体构造模型的提出进一步大大完善了该理论系统(Beaumont et al.，1992；Willett et al.，1993)。由于地壳浅表作用过程(即构造-剥蚀-沉积作用)对盆山系统中物质传输运移过程具有重要控制影响作用，因此同构造剥蚀和/或沉积过程在挤压楔形体砂箱物理模型中常被视为重要控制变量进行模拟研究(Dahlen and Suppe，1988；Dahlen and Barr，1989)。但当构造-剥蚀-沉积浅表作用系统纳入盆-山体系进行研究时，由于该耦合过程在不同时间和空间尺度上动态影响盆-山系统挤压增生楔形体的应力-应变机制，因此显得异常复杂。21世纪初期，“从源到汇”过程系统理论的提出与逐步完善(Allen，2008；Leeder et al.，2011)，将其与砂箱物理模型有机结合，基于相似性原理解译冲断带-前陆盆地体系中“从源到汇”过程及其对盆-山系统结构构造演化的作用机制(即构造-剥蚀-沉积过程耦合机制)受到越来越广泛的重视与应用(Malavieille，2010；Konstantinovskaya and Malavieille，2011；Graveleau et al.，2015；邓宾等，2016)。

因此，基于国内外以挤压(增生)楔形体(同构造)剥蚀-沉积作用为研究对象的砂箱物理模型研究结果，本章节系统阐述地壳浅表系统“从源到汇”过程与褶皱冲断带-前陆盆地系统砂箱物理模型浅表作用过程之间的相似性机理，综述砂箱构造物理模型所揭示的挤压增生楔形体构造-剥蚀-沉积耦合机制及其对天然实验室盆-山系统浅表作用过程的有效解译，以期为研究同行提供参考与借鉴。

5.1　构造-剥蚀-沉积过程与机制

早期的地貌学者和地质学家从不同气候带明显的构造与地貌特征差异性研究出发，试图解释构造地貌的根本成因过程和机制，19 世纪末至 20 世纪初期 Davis(1899)基于进化论原理初步概括了青年期—壮年期—老年期(youth—maturity—old age)三阶段地貌演化模式(图 5-1)。Davis 认为，地貌演化初期构造营力具阶段性特征，从而导致地貌形态主要取决于其演化早期(即青年期)，随后地貌逐渐准平原化。20 世纪 50 年代，Penck(1953)提出了与 Davis 模型相反的地貌演化端元模式，认为构造营力不仅发生在地貌建造早期，而是呈波浪式旋回周期作用贯穿于整个演化过程，即构造营力逐渐增大到最大值，随后逐渐动态衰减变弱。尤其是，Penck 主张构造变形稳态增大，岩石抬升剥蚀逐步加速，从而导致构造地貌趋向于起伏度达到最大的建造结果(即构造与剥蚀动态耦合相关产物)。随后，随构造抬升作用逐渐减弱，剥蚀作用逐渐控制造山带建造过程致使其地貌逐渐准平原化。Hack(1975)基于岩石构造变形与抬升剥蚀两者作用营力的相似性，提出地貌演化将会达到动态平衡状态，且造山带地貌不会无限制增大，即当造山带抬升剥蚀到一定高度后，其内部作用力将会大于岩石破裂强度从而导致造山带崩塌。Hack 模式与前述地貌演化模型最根本的区别在于，构造营力和剥蚀作用可能会在其演化周期内持续发生，且达到动态平衡，而非衰减。因此，作为地壳尺度上典型浅表构造单元之一的挤压楔形体(褶皱冲断带-前陆盆地系统)也最终将会演化进入长时间的(构造-剥蚀-沉积作用)动态平衡状态。

“从源到汇”过程系统理论的提出，大大完善了我们对于褶皱冲断带-前陆盆地系统中构造-剥蚀-沉积作用过程的认识。基于囊括河曲切割、沉积物传输、山麓剥蚀等作用的地壳浅表作用模型，Kooi 和 Beaumont(1996)初步解释了构造营力及其剥蚀作用相关的(沉积物通量与剥蚀作用大小一致)地貌建造响应耦合性特征。地貌建造过程与构造营力具有明显的延迟响应性(图 5-1)，若构造营力为阶段性作用过程(Davis 模式)，则地貌建造过程将会快速完成，随后逐渐衰减；若构造营力为波状增大-衰减性(Penck 模式)，则地貌建造将会在构造营力衰减期达到最大值。通常由于岩石构造抬升大于剥蚀作用，地貌建造作用主要发生在地貌演化过程的后半个周期。如果构造营力在地貌演化周期中动态持续，则除初始地貌建造阶段外，岩石构造抬升、剥蚀作用(和沉积物通量)、地貌特征三者会长时间处于动态平衡状态(Hack 模式)。“从源到汇”疏导体系中沉积物搬运受多种动态机制所影响，该系统响应过程主要取决于不同浅表作用机制的作用时效与沉积充填空间响应时间之比(Allen，2008；Leeder et al.，2011)，如构造抬升、剥蚀强度变化、断层活动、流域面积、河流坡度、河流载荷能力、沉积物物性、盆地远端或近端挠曲等。基于亚洲主要河流体系数值模型和全球主要河流体系研究，揭示河流体系构造剥蚀-沉积物搬运-沉积作用的时滞延迟响应时间主要为 10^4～10^6a(Castelltor and van den Driessche，2003)。尤其是，构造营力与剥蚀作用的变化不仅导致盆-山体系地貌(建造)

在上述不同端元模式内逐渐变化，而且导致造山带挤压楔形体及其相关的断层、褶皱几何学与动力学等发生动态变化。

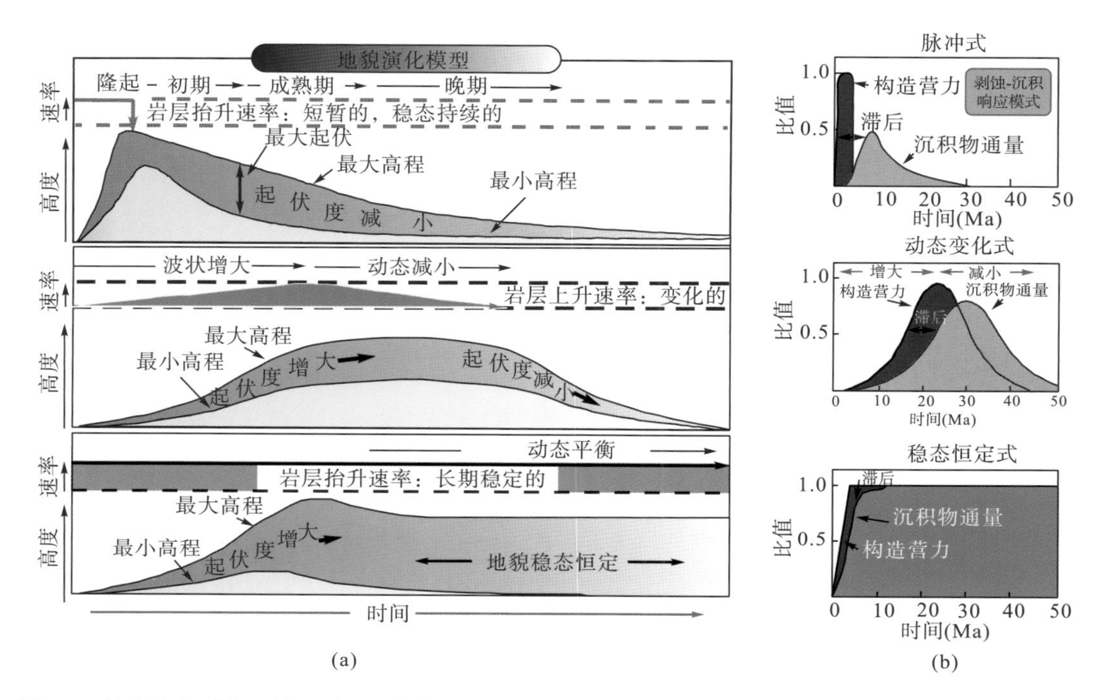

图 5-1 地壳浅表系统“从源到汇”中构造-剥蚀-沉积过程耦合特征模式图(Kooi and Beaumont，1996；Burbank and Anderson，2012)

(a)经典构造营力与地貌演化模式图；(b)褶皱冲断带-前陆盆地系统构造作用与沉积物通量响应关系图

地貌常常被与地貌斜率或坡度相关的系列浅表作用过程所塑造。一般而言，高地貌坡度常位于高海拔地区，与滑坡、崩塌、泥石流等作用改造密切相关；而低地貌坡度常位于低海拔地区，多受控于河流相关浅表作用过程。由于河流载荷能力沿下游方向衰减，沉积物常常大规模充填于前陆挠曲盆地或者褶皱冲断带背负盆地(见后详述)。基于地壳浅部褶皱冲断带-前陆盆地系统统计揭示(Wu and McClay，2011)，中长期(10^4～10^6a)同构造剥蚀速率普遍为 0.1～6.0mm/a，而中长期(10^4～10^6a)同构造沉积速率普遍为 0.1～1.0mm/a(图 5-2)，Hardy 等(1996)则指出褶皱冲断带系统中长时间周期上断层生长活动速率变化范围为 0.3～2.5mm/a。它们都表明自然界褶皱冲断带系统中地壳浅表作用(构造-剥蚀-沉积作用)速率的变化普遍达到毫米每年的 10 倍量级变化范围。

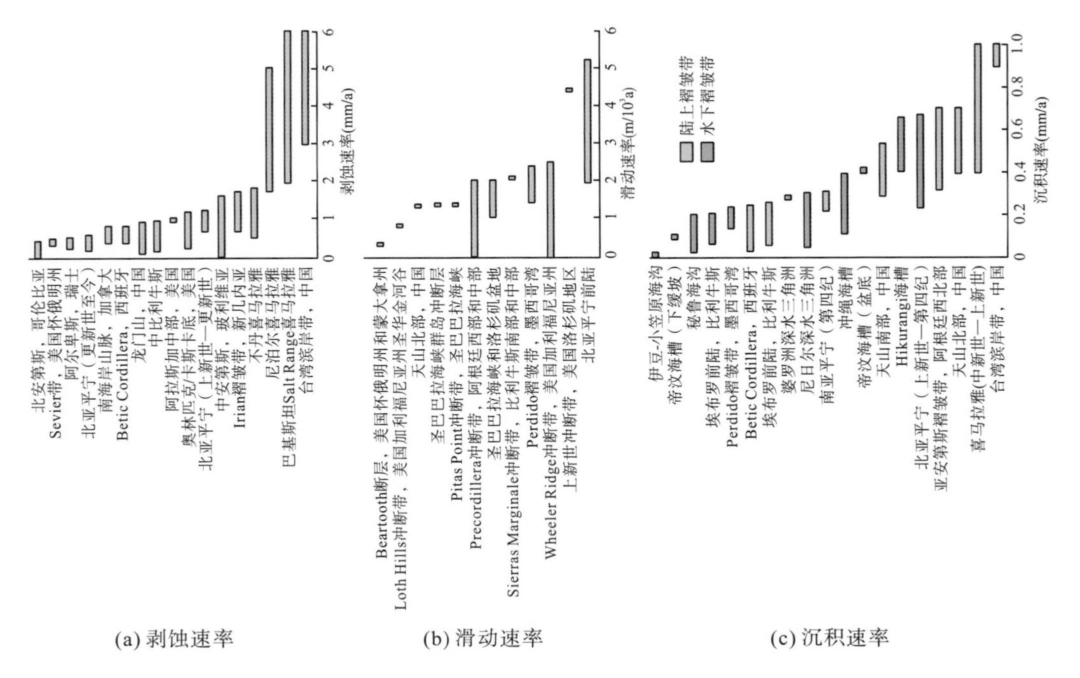

(a) 剥蚀速率　　(b) 滑动速率　　(c) 沉积速率

图 5-2　地壳浅表系统“从源到汇”中构造断层、剥蚀速率、滑动速率和沉积速率对比图
［据 Hardy 等(1996)，Wu 和 McClay(2011) 修改］

5.2　盆-山系统构造-剥蚀-沉积过程模拟

5.2.1　构造-剥蚀-沉积作用边界条件

砂箱物理模型基于相似性原理模拟地壳尺度上挤压(增生)楔形体/或褶皱冲断带浅表构造-剥蚀-沉积作用过程，即它们普遍被认为遵循莫尔-库仑破裂准则(Davis et al.，1983；Dahlen et al.，1984)。为了获得合理的实验模拟结果，除砂箱物理模型与自然构造变形系统具有相似的物质属性外，还需要遵循实验室模型和自然界实际原型具几何学、运动学和动力学的相似性(Hubbert，1937；Ramberg，1981)，以及实验-实例论证等。需要指出的是，“从源到汇”过程中沉积物搬运模式的物理/数值模拟过程则相对复杂、困难，主要归因于比例尺缩小失真因素(scale distortion)(Bonet and Crave，2006)，即自然界沉积物剥蚀-搬运过程具长时间尺度-大空间范围特征，物理/数值模型等比例缩小后需要纳米尺度物质进行高速地貌作用模拟。基于自然界和实验模拟对比的水力学无量纲参数：雷诺数和弗劳德数(Niemann and Hasbargen，2005)的提出和验证，可能为“从源到汇”过程中沉积物搬运动力学模拟(即物理和数值模拟)提供了解决方案(Graveleau et al.，2015；Paola et al.，2009)。因此，砂箱物理模型趋于使用简化的典型/或关键构造-剥蚀-沉积边界条件来解译褶皱冲断带-前陆盆地系统浅表作用过程。

地球上汇聚板块动力学背景下常发育典型地壳尺度的挤压造山带楔形体、造山带高原或者被重力崩塌作用改造的造山带高原等端元模型(图 5-3)。其板缘前陆盆地常被来源于造山楔形体或造山带高原区域的剥蚀产物所充填，构造-剥蚀-沉积等浅表作用过程在塑造该结构的过程中具有重要的作用(Ford，2004；Allen，2008；Vanderhaeghe，2012；Jamieson and Beaumont，2013)。地壳尺度的挤压造山带楔形体由于均衡补偿作用常形成巨厚的“山根”，同时构造营力与重力作用相互均衡通常导致楔形体前缘稳态挤压加积和楔顶局部张性拉张(Davis et al.，1983；Willett and Brandon，2002)，其典型代表有台湾褶皱冲断带、比利牛斯造山带、新西兰造山带、阿尔卑斯造山带等。当地壳尺度的挤压造山带楔形体构造加积作用远大于浅表剥蚀作用时，将会导致其逐渐增生形成造山带高原，其下地壳高温软弱层通常形成应变集中和重力驱动的“通道流”，且易于受局部浅表剥蚀作用、重力滑动作用形成垂向流动的穹窿状杂岩带(Beaumont et al.，2001)，如青藏高原和阿尔蒂普拉诺高原。需要指出的是，造山带高原虽然发生下地壳“挤出”作用但并不意味着高原在发生减薄，可能由于造山带前缘物质构造加积与高原侧向物质流动达到平衡而形成稳态生长。当造山带高原稳态生长达到热成熟状态后(Vanderhaeghe，2012；Jamieson and Beaumont，2013)，常由于重力崩塌作用逐渐发生造山带减薄过程，地壳张性变形形成与高角度拆离断层伴生的变质核杂岩带，如加拿大科迪勒拉造山带、法国中央高原造山带等。

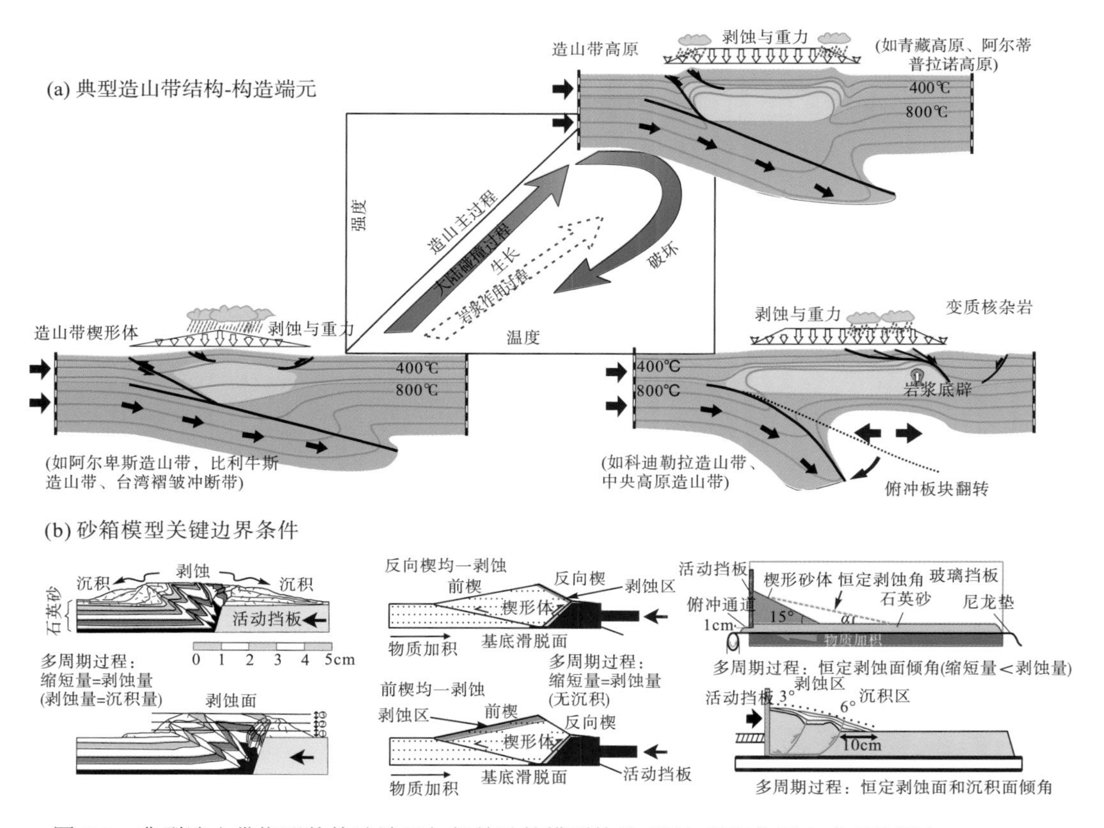

图 5-3 典型造山带楔形体构造端元与相关砂箱模型构造-剥蚀-沉积作用方式对比图(Persson and Sokoutis，2002；Konstantinovskaia and Malavieille，2005；Cruz et al.，2008；Wu and McClay，2011；Vanderhaeghe，2012；Jamieson and Beaumont，2013)

因此，基于不同地壳尺度的盆山系统结构端元，存在多种简化的挤压(增生)楔形体构造-剥蚀-沉积作用相关边界条件的构造砂箱模型，它们主要聚焦于剥蚀方式、沉积方式、物质守恒原理、剥蚀与沉积作用区带性等(图 5-3)。以阿尔卑斯造山带楔形体结构为初始模型的双向汇聚楔形体模型是当前最为流行的砂箱物理模型之一，双向汇聚楔形体结构由前楔、反向楔和轴带隆起区 3 部分组成，因此早期的浅表作用砂箱物理模拟主要集中在前楔和反向楔结构带剥蚀(Cruz et al.，2008)，部分剥蚀模拟集中在轴带隆起区(Persson and Sokoutis，2002；Bigi et al.，2010)，其动态模拟过程则进一步细分为均一或非均一剥蚀、稳态或非稳态剥蚀等。单侧向挤压楔形体模型的砂箱物理模拟则主要通过前楔带均一性剥蚀方式(如高程剥蚀、4°～14°恒定楔顶角剥蚀方式)，其稳态或非稳态剥蚀过程则主要通过剥蚀楔顶角角度变化、挤压缩短量-剥蚀次数关系来进行模拟(Bonnet et al.，2007；Konstantinovskaia and Malavieille，2005，2011)。以(重力崩塌作用改造)造山带高原结构为初始模型的砂箱楔形体模拟，主要集中于局部结构带剥蚀-沉积浅表作用的模型模拟，如青藏高原挤出构造-强剥蚀作用模型、拉张拆离变质核杂岩构造模型等(Mourgues and Cobbold，2006；Beaumont et al.，2001)。

由于浅表沉积作用过程主要发生在挤压(增生)楔形体前缘和/或前陆盆地，因此构造砂箱物理模拟浅表沉积作用主要有两种方式：楔形体前渊(即前陆盆地)、楔形体前缘-前渊部分(Duerto and McClay，2009；Wu and McClay，2011)。尤其是，可以通过不同物质(塑性-脆性物质)成(不同)比例沉积加入，进行非均一性沉积建造过程的动态研究(Duerto and McClay，2009)。由于“从源到汇”过程中汇水域沉积充填的剥蚀物质明显小于物源区，如瑞士阿尔卑斯盆-山系统仅有 10%～20%的同构造沉积物充填在其前陆盆地(Kuhlemann and Kempf，2002)。因此砂箱模拟过程中通常采用物质(不)守恒原则，主要有 3 种方式：楔顶剥蚀物质(不)等量充填于前陆地区(Bonnet et al.，2007；Wu and McClay，2011)、同构造剥蚀的楔顶数毫米高于同构造沉积前陆盆地和活动挡板处预留物质通道(Konstantinovskaia and Malavieille，2005)，从而分别达到构造楔前缘物质挤压加积与浅表剥蚀作用或基底物质俯冲消减作用的物质不守恒。对挤压(增生)楔形体进行剥蚀-沉积浅表作用研究时，通常通过对楔形体楔顶角突变区带两侧(即轴带隆起区-楔形体前缘)分别进行剥蚀和沉积作用模拟(McClay and Whitehouse，2004；Wu and McClay，2011)。需要指出的是，由于挤压楔形体演化后期普遍趋向于稳态生长建造过程(图 5-3)，因此构造砂箱物理模型模拟过程中通常采用稳态的剥蚀和/或沉积方式进行，即同一组实验同构造剥蚀与沉积方式和过程未发生变化，但常通过不同组实验改变同构造剥蚀与沉积的速率来进行对比研究(Persson and Sokoutis，2002；Wu and McClay，2011)。

5.2.2　“从源到汇”过程相似性原理

地壳浅表挤压(增生)楔形体结构-构造明显受控于构造-剥蚀-沉积作用过程，挤压楔形体地貌坡度(即楔形体地表坡度)与其基底滑脱角度(即楔形体基底坡角)所控制的几何学、运动学特征等普遍被临界楔理论所解释并被广泛接受(Davis et al.，1983；Dahlen et al.，1984；Dahlen and Suppe，1988)。挤压楔形体前缘加积(和/或基底加积)物质(输入)与楔形体表面剥蚀物质(输出)达到平衡后导致楔形体呈自相似性生长，即造山楔形体地貌坡度与基底坡角之和趋于稳定(图 1-3)。因此，稳态楔形体长时间周期控制着褶皱冲断带-前陆盆地系统地貌坡度和楔形体前渊结构形态，其构造-剥蚀-沉积作用耦合过程主要体现在楔形体楔顶剥蚀-前缘加积、前陆盆地沉积物充填-物质俯冲消减两个过程的耦合性(Willett and Brandon，2002；Sinclair，2012)。

挤压楔形体受浅表作用可能导致其完全遭受剥蚀，沉积物完全充填于楔形体前渊，或者部分沉积于楔形体前缘形成楔顶盆地；楔顶是否发生剥蚀或部分沉积主要取决于其楔顶角和基底坡角(Ford，2004；Simpson，2006)。当基底坡角大于 6°、楔顶角大于 2.5°时，楔形体顶部发生广泛剥蚀，但也存在部分楔顶带发生沉积作用，沉积物主要充填于楔形体(挠曲变形相关的)前渊盆地(图 5-4)，如北阿尔卑斯前陆盆地。当基底坡角大于 9°、楔顶角极小(0°～0.5°)时，楔形体内部发生强烈缩短变形，其顶部形成系列被沉积物完全充填的楔顶盆地，前缘冲断扩展变形作用微弱，如亚平宁前陆盆地。当基底坡角相对较小(约为 4°)、楔顶角也较小(约为 0.5°)时，楔形体顶部广泛地形成受褶皱冲断层分割的沉积物充填中心，同时楔形体前缘也会形成沉积物完全充填的前渊盆地，如中南比利牛斯前陆盆地。需要指出的是，临界楔理论模型主要适用于纯脆性破裂变形挤压(增生)楔形体，如台湾褶皱冲断带等。但世界上许多褶皱冲断带(如喜马拉雅、安第斯冲断带等)则适用于脆-韧性变形作用机制，其楔形体生长过程主要取决于楔形体热机制、物质属性、滑脱变形、汇聚动力学和岩石圈弹性厚度等因素，其楔顶角与基底坡角不遵循临界楔理论(尤其是具单一或多层滑脱机制层模型)(图 5-4)。全世界主要褶皱冲断带几何学统计(Ford，2004)揭示出挤压增生楔形体较低的楔顶角普遍与基底膏盐滑脱层具成因联系，其楔顶角普遍小于 1°，但基底坡角变化范围较大。

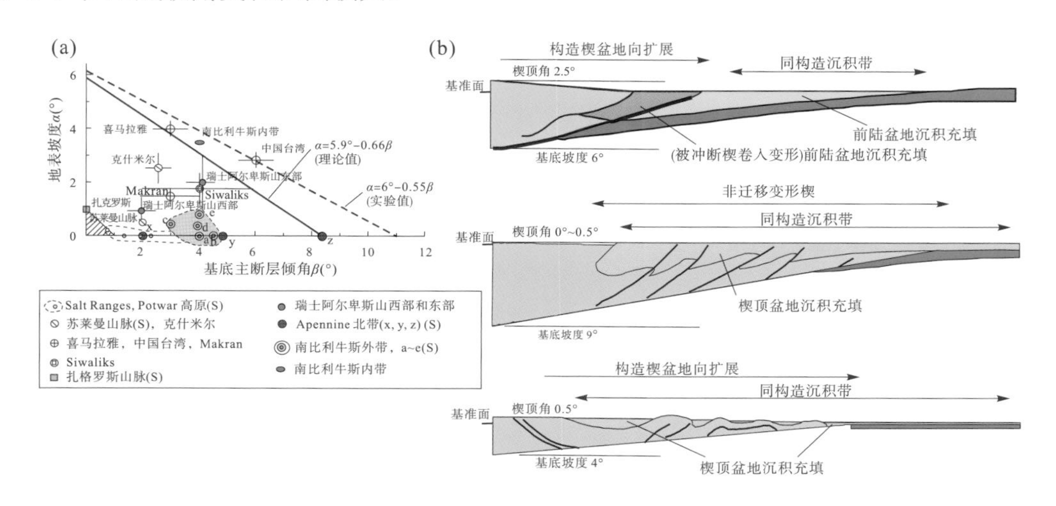

图 5-4 挤压(增生)楔形体剥蚀-沉积作用模式及其实例对比图(Ford，2004；Allen and Allen，2013)

早期模型中强调挤压楔形体(即前楔)均一性剥蚀，其剥蚀速率与海拔呈函数关系或者恒定不变(Dahlen and Barr，1989)，但是地球浅部不同区带气候条件、岩石风化剥蚀性等导致造山楔形体剥蚀作用明显复杂化。因此，与造山带地貌坡度、河流坡度指数、基岩下切指数和汇水域面积等呈线性或者幂指数函数关系的剥蚀速率模型在挤压楔形体研究中被广泛使用(Willett et al.，1999；Hilley and Strecker，2004)。虽然如此，“从源到汇”过程中局部或细节作用变化与楔形体局部剥蚀作用相似，它们都可能导致盆-山系统几何学和运动学特征的重要改变，如汇水域内局部地形降雨作用、泥石流作用、沉积物(大小、供给)特征变化、河曲宽度变化、冰川剥蚀等。

5.3　龙门山—川西前陆系统剥蚀-沉积过程模拟实验

5.3.1　剥蚀-沉积作用过程物理模型边界条件

库仑临界楔理论强调，构造缩短变形导致褶皱冲断带-前陆盆地系统形成典型楔形体结构，其内部变形与缩短作用导致楔形体变形生长，使其从亚稳态状态逐渐过渡为动态平衡状态生长过程。浅表构造剥蚀-沉积作用过程导致冲断带-前陆盆地系统物质通量、楔顶角几何形态等改变，冲断带发生构造剥蚀作用不仅导致大量剥蚀物质沉积充填于前陆盆地系统内，同时也使挤压变形楔形体几何形态发生重要变化(McClay and Whitehouse，2004；Cruz et al.，2008；Wu and McClay，2011)。尤其是浅表构造剥蚀-沉积作用具有典型的互馈机制，即剥蚀时空范围和强度与构造变形、物质输导、沉积模式等具有瞬时动态响应性，它们共同控制着挤压楔形体前缘叠瓦冲断、后缘构造缩短加积与双重构造等动态演化过程。因此，我们把自然界原型中浅部构造剥蚀和沉积作用作为两种典型的独立机制进行模型对比(图 5-5，表 5-1)，分别设置剥蚀标准模型和沉积标准模型，在此基础上进行剥蚀-沉积耦合过程模拟实验，揭示构造缩短变形过程中剥蚀-沉积耦合过程及其在走向空间上变化所导致的楔形体结构-构造差异性。

当挤压缩短量达到 100mm(缩短率为 12%)砂箱物质形成稳态楔形体后，开始针对楔形体物质进行同剥蚀作用(即 E1、E2、E3 组)、沉积作用(即 S1、S2、S3 组)或剥蚀-沉积耦合作用。所有剥蚀标准模型中，为进行稳态剥蚀和非稳态剥蚀作用过程对比，我们分别采用 4°、8°和 12°剥蚀包络线进行剥蚀［基于楔顶角和 4°、8°和 12°包络线阈值进行判定，图 5-5(c)］，每缩短 20mm(缩短率为 2.5%)进行不同强度剥蚀作用(楔顶角越大剥蚀作用越强)。需要指出的是，12°楔顶角剥蚀面与本次使用石英砂临界楔顶角角度大致相当，因此能够有效代表稳态剥蚀作用过程。构造沉积标准模型中，为进行可容纳空间变化(即差异性沉积充填作用)对比，每缩短 20mm 分别采用饥饿性、过渡性和饱和性沉积作用开展模拟实验，总计进行 10 次同构造沉积作用。饥饿性沉积作用模型中(被剥蚀)物质主要充填于楔形体前渊带(约 10cm 空间带)，过渡性沉积作用模型中物质主要充填于楔形体部分楔顶盆地和楔形体前渊带，它们都以楔顶角趋势面限定其最大可容纳空间；饱和性沉积作用模型与过渡性沉积作用模型相似，但采用临界楔顶角代表楔形体前陆盆地最大可容纳沉积空间［图 5-5(d)］。同构造剥蚀-沉积耦合过程中(剥蚀和沉积物质通量守恒)，当楔形体挤压形成稳态楔顶角后，每次剥蚀高度为 15mm，每间隔挤压缩短 50mm 进行同构造剥蚀-沉积作用一次，总计进行剥蚀-沉积 3 次［图 5-5(e)］。为对比构造剥蚀-沉积作用对砂箱物质变形的控制影响作用，实验过程中把砂箱平面上等分为两部分，一部分作为标准对比实验未进行相关剥蚀-沉积作用模拟，另外一部分进行相关剥蚀-沉积耦合作用模拟。物理模型相关标志层设计、物质铺设、相似比计算和几何学测量法等与前述章节一致。本次实验模型中采用挤压速率为 0.003mm/s，总挤压缩短量为 300mm，缩短率为 38%，进行相关模拟对比实验。

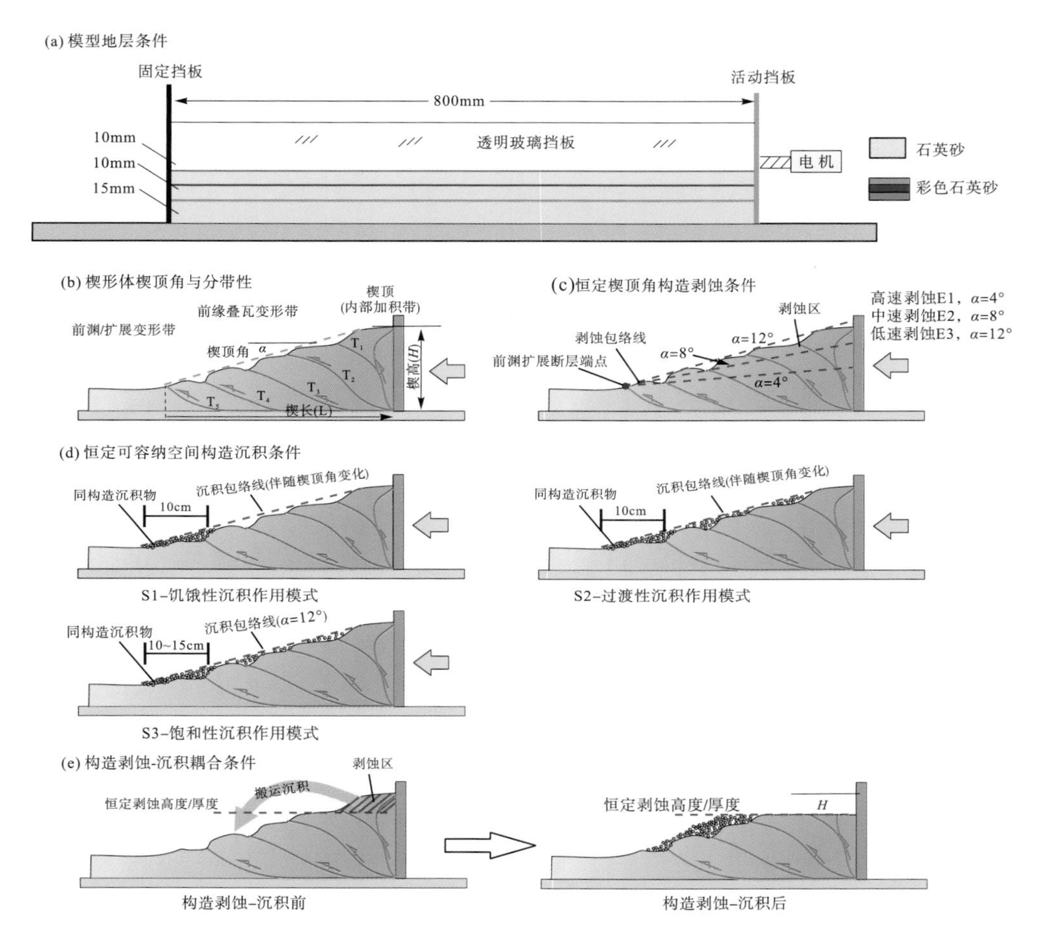

图 5-5 砂箱物理模型构造剥蚀-沉积作用边界条件设计

表 5-1 浅表构造剥蚀和沉积作用过程物理模型实验对比表

	组别	类别	标准参数	剥蚀/沉积总次数
剥蚀作用	E1	高速	4° 剥蚀角	10
	E2	中速	8° 剥蚀角	3
	E3	低速(临界剥蚀角)	12° 剥蚀角	3
沉积作用	S1	局限性/饥饿性	前渊沉积带	10
	S2	过渡性	前渊沉积带-楔顶	10
	S3	饱和性	前渊沉积带-楔顶(12°临界剥蚀角)	10

5.3.2 构造-剥蚀-沉积过程实验结果

1. 剥蚀标准实验模拟结果

剥蚀标准实验过程以中等剥蚀速率 E2 组(8°楔顶角剥蚀包络线)为例进行说明。伴随持续挤压缩短变形，砂箱物质持续发生前展式断层扩展冲断，当缩短率达到 12%(或 D=100mm)时依次形成 4 条前展式断层，楔长和楔高同时快速增长到 125mm 和 70mm，且楔顶角为 13°～15°(大于 8°楔顶角剥蚀包络线)，因此以前缘扩展断层端点的 8°楔顶角剥蚀包络线进行第一次构造剥蚀作用(图 5-6，表 5-2)。随后继续挤压变形，当缩短率达到 15%时形成前展式断层 T_5，但楔顶角为 8°，因此未对砂箱物质进行剥蚀，但挤压缩短伴随楔形体后缘断层 T_2～T_4 发生明显旋转与冲断变形，楔形体增高显著。当缩短率达到 18%时形成 T_6 前展式断层，楔顶角大于 8°剥蚀包络线，进行第二次构造剥蚀作用，导致楔形体中深部黑色标志层物质剥蚀。在随后的持续挤压缩短过程中，楔形体后缘断层发生挤压再活化冲断作用，因此其楔长微弱变化，但楔高持续冲断变形增大。当缩短率达到 25%时楔形体扩展变形形成第二个冲起构造及 T_7 冲断层，楔长发生跳跃式增大，但其楔顶角明显小于 8°剥蚀楔顶角阈值而未进行剥蚀。当缩短率达到 28%时，进行第三次构造剥蚀作用，导致楔形体中底部红色标志层物质剥蚀，其楔高发生明显减小(图 5-7)，当缩短率达到 38%时，楔形体楔顶角持续小于 8°剥蚀楔顶角阈值，因而未再发生构造剥蚀，但楔形体后缘断层 T_4～T_7 冲断与旋转变形作用显著，形成高角度-直立断层体系，其楔高和楔长分别为 80mm 和 200mm。

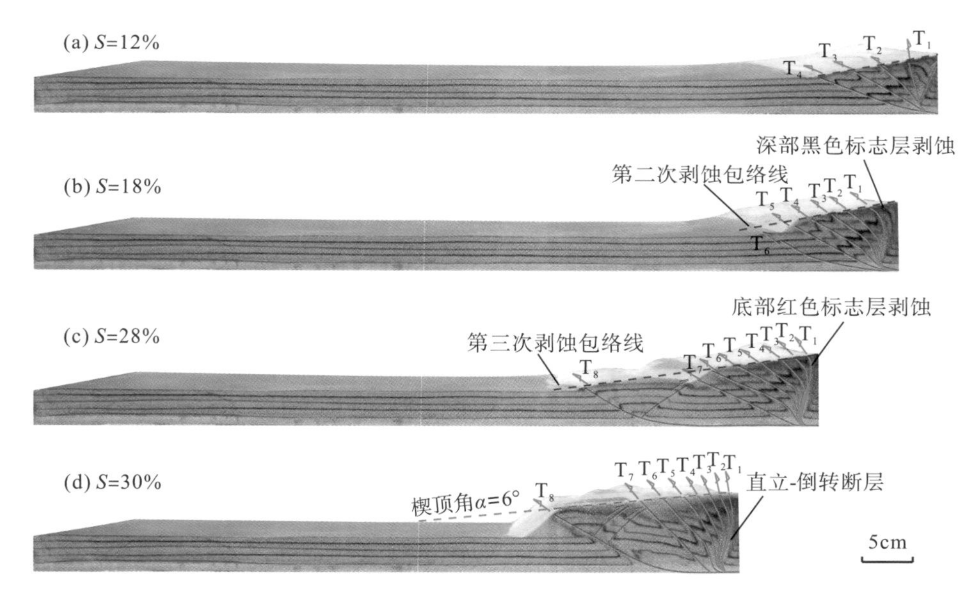

图 5-6 中等速率构造剥蚀作用(E2 组)砂箱物理实验过程图

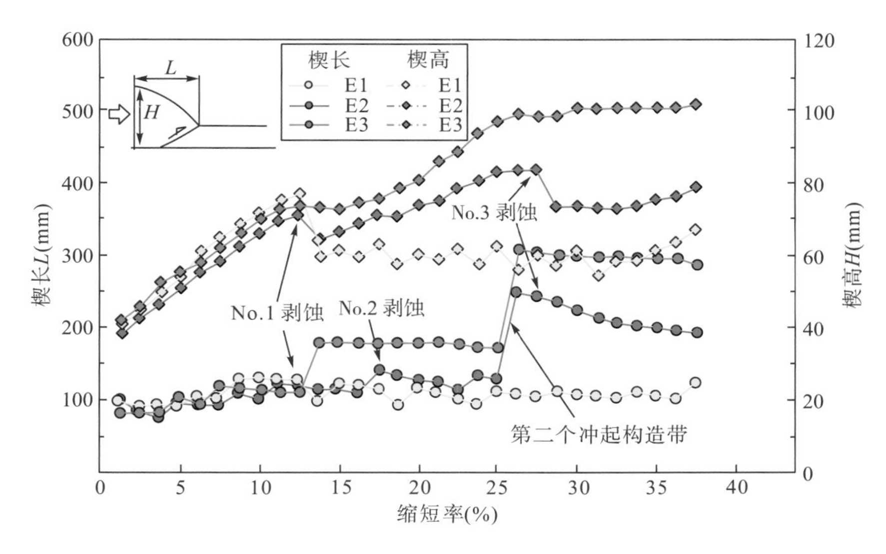

图 5-7 不同强度构造剥蚀实验过程楔形体楔高、楔长与缩短率的关系图

E1 组高速剥蚀作用实验过程中，砂箱物质受到后缘挤压作用形成稳定的楔形体后，持续挤压过程中由于 4°剥蚀角近似水平，每挤压缩短 2.5%（D=20mm）楔形体轻微升高都会达到剥蚀条件从而发生 10 次构造剥蚀作用，导致楔长和楔高分别在 100mm 和 60mm 处波动变化，但总体保持恒定（图 5-7），显示出强构造剥蚀作用导致冲断带断层显著多期活动，从而对前陆盆地系统扩展生长过程具明显抑制作用。伴随持续挤压缩短变形，砂箱物质仅形成一个冲起构造，楔形体前缘断层呈叠瓦状发育，形成 10 条叠瓦状逆冲断层（表 5-2）。E3 组低速剥蚀作用以 12°临界楔顶角为剥蚀角度阈值，由于砂箱楔形体伴随挤压缩短过程普遍遵循临界楔理论及其自相似性生长原理，因此本组实验中剥蚀次数相对于前两组明显减小（总计 3 次剥蚀），剥蚀量微乎其微。

受控于楔形体楔顶角和剥蚀角阈值变化，总体上构造剥蚀次数随着浅表剥蚀强度减小（即剥蚀角阈值增大）而减小，楔形体楔长、楔高与剥蚀强度呈负相关性（图 5-7），虽然楔形体普遍具前展式冲断扩展特征，形成典型叠瓦状冲断层，但强构造剥蚀作用明显增强楔形体冲断扩展变形作用，形成多条叠瓦状冲断层，如 E1 组到 E3 组伴随构造剥蚀作用减弱其冲断层数量明显减小。对于低速剥蚀作用（E3 组 12°剥蚀角）结果，进一步与无剥蚀作用的实验结果进行对比表明，两者几何学以及断层展布样式上总体相似，揭示出低速剥蚀作用对于楔形体演化过程及其特征影响作用极其微弱。

表 5-2 构造剥蚀作用实验剥蚀/新生断层与缩短率变化综合对比表

组别	挤压缩短率（%）										
	12	15	18	20	23	25	28	30	33	35	38
E1	E/T_4	E/T_5	E	E/T_6	E	E/T_7	E	E/T_8	E	T_9	E/T_{10}
E2	E/T_4	T_5	E/T_6	—	—	T_7	E/T_8	—	—	—	—
E3	E/T_4	—	—	—	E	E	T_5	—	—	—	—

注：E 代表剥蚀，T_n 代表新生的第 n 条断层，“—”代表无剥蚀和新生断层形成。

2. 沉积标准实验模拟结果

构造沉积标准实验过程以饱和性沉积模拟实验 S3 组为例进行说明（图 5-8）。当缩短率为 12%时形成稳定的楔形体后，初次沉积同沉积石英砂物质在楔形体前缘叠瓦变形带-扩展变形带，沉积端点在前缘断点处 10～15cm 之间，保持楔形体楔顶角为 12°。挤压过程中，持续在楔形体前缘添加同沉积石英砂，楔形体后缘持续缩短变形导致楔形体高度逐渐增大。通过断层与同沉积地层的交切关系，能够发现早期后缘断层未发生明显的断层冲断活动（如 T_1～T_3），因此楔形体高度变化主要归因于前缘断层冲断活动（如 T_4～T_6），导致后缘断层发生被动旋转变形和楔形体增高［图 5-8（b）和图 5-8（c）］。当缩短率为 30%时，楔形体前缘发生扩展变形形成第二个冲起构造和 T_7 冲断层，以 T_7 冲断层为标志点在其前缘和楔顶沉积石英砂物质（第六次沉积）并保持恒定楔顶角。由于实验过程中我们持续在楔形体前缘沉积石英砂物质，因此楔形体长度呈持续缓慢式增长（图 5-9），不同于同构造剥蚀实验中发生显著的“跃迁式”增长。随后，在挤压缩短变形过程中，由于楔顶角普遍较大，沉积石英砂物质主要发生在 T_7 断层前缘区域、保持恒定楔顶角度，但持续挤压缩短变形导致楔形体扩展变形带同构造沉积地层逆冲牵引变形特征显著［图 5-8（e）和图 5-8（f）］，其背负盆地反向冲断缩短变形等明显；缩短率达到 38%时，楔形体长度和高度逐渐生长为 500mm 和 100mm（图 5-9）。

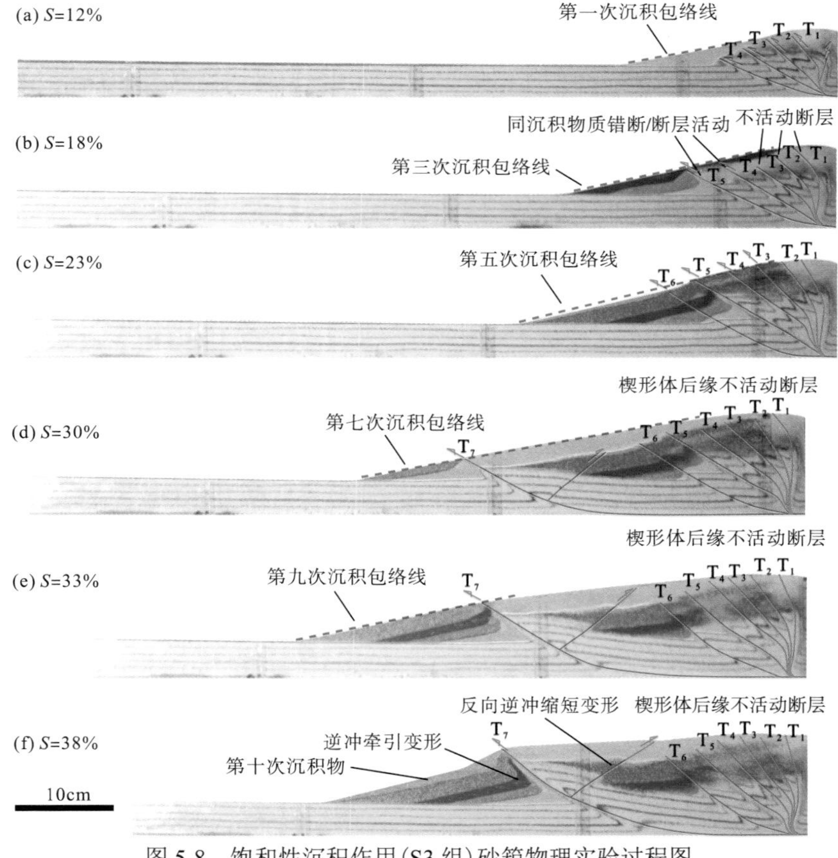

图 5-8　饱和性沉积作用（S3 组）砂箱物理实验过程图

通过对于同沉积地层的识别，能够明显发现楔形体后缘断层普遍未切割上覆同沉积地层，揭示出同构造沉积导致楔形体后缘断层活动明显停滞，从而导致持续的楔形体前缘扩展生长。进一步对比饥饿性、过渡性同沉积实验（即 S1、S2）楔高和楔长，明显揭示出饱和性沉积实验中楔形体楔高、楔长增加量显著较高（图 5-9）。需要指出的是，通过与同构造剥蚀模拟实验中楔长（100～300mm）、楔高（60～100mm）进行对比，能够进一步发现同构造沉积实验中楔长（300～500mm）、楔高（80～100mm）普遍较大，但其发育断层数量明显相对较小。

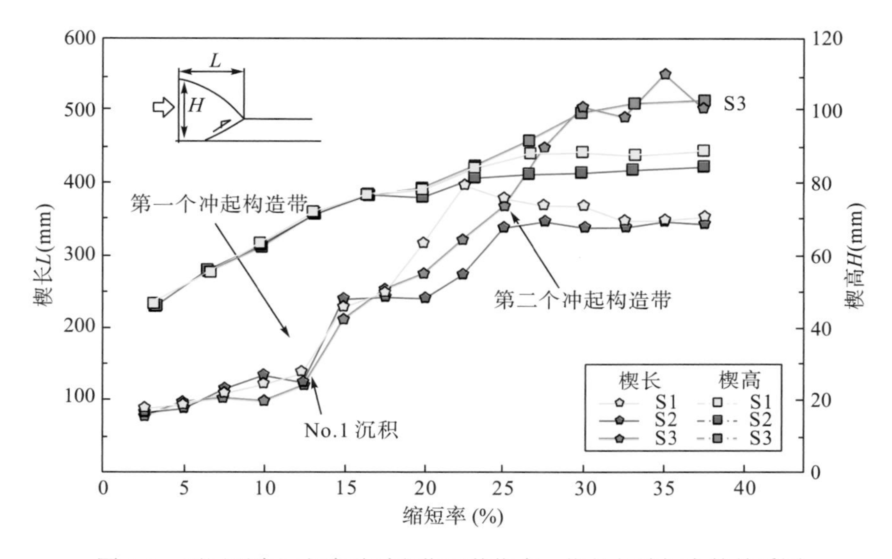

图 5-9 不同强度沉积实验过程楔形体楔高、楔长与缩短率的关系图

3. 构造剥蚀-沉积耦合作用实验模拟结果

构造剥蚀-沉积耦合作用模型模拟中砂箱空间上分为两部分：无剥蚀-沉积作用区和剥蚀-沉积耦合作用区，为便于作为标准对比两者间差异性和揭示沿构造走向上差异性的剥蚀-沉积作用特征，其模拟演化过程图和楔形体几何特征如图 5-10 和图 5-11 所示。伴随持续缩短，砂箱物质逐渐前展式扩展变形，形成 T_1～T_3 叠瓦式逆冲断层及其稳态楔形体；当缩短率为 12%时，楔形体发生前展式扩展形成第一个宽缓冲起构造及 T_4 逆断层[图 5-10(a)]，楔长“跳跃式”增大至 235mm，楔高约为 50mm（图 5-10）。随后，在砂箱（沿挤压缩短方向）右侧进行第一次构造剥蚀-沉积耦合作用模拟，楔顶高度剥蚀约 10mm，楔形体高度减小至 40mm。在挤压缩短过程中，在剥蚀-沉积作用区域内楔形体后缘 T_2、T_3 断层依次再活化（此时 T_4 断层未活动）；当缩短率为 18%时，早期 T_4 逆断层再活化，导致楔形体前缘构造沉积物质发生缩短变形，同时形成新生断层破裂变形与楔形体楔长“跳跃式”生长［从 140mm 增长至 230mm，图 5-10(b)，图 5-11］。需要指出的是，当 T_4 断层再活化时，楔形体后缘形成一条典型的反向冲断层，它应该是早期 T_4 断层的反向冲断层再活化作用（即第一个冲起构造完全再活化作用）形成的。在缩短率为 20%、30%时楔高挤压生长至约 55mm 高度，并分别进行第二次和第三次构造剥蚀-沉积作用模拟，楔形体高度都循环式地剥蚀减小至 40mm。

第二次构造剥蚀-沉积作用后，楔形体物质剥蚀-沉积区和非剥蚀-沉积区砂箱物质变形作用截然不同。非剥蚀-沉积区主要为 T_4 逆断层受后缘挤压缩短发生持续逆冲变形，但剥蚀-沉积区则主要为楔形体后缘 T_3、T_4 断层依次再活化发生逆冲变形。缩短率为24%时，楔形体物质前缘形成 T_5 逆断层，楔形体长度“跳跃式”扩展生长形成第二个宽缓冲起构造，且剥蚀-沉积区和非剥蚀-沉积区楔长分别为350mm、300mm，同时后者区域可能受楔形体前缘沉积物质影响形成典型的(与挤压缩短方向斜交的)斜向逆断层［图5-10(b)］。当

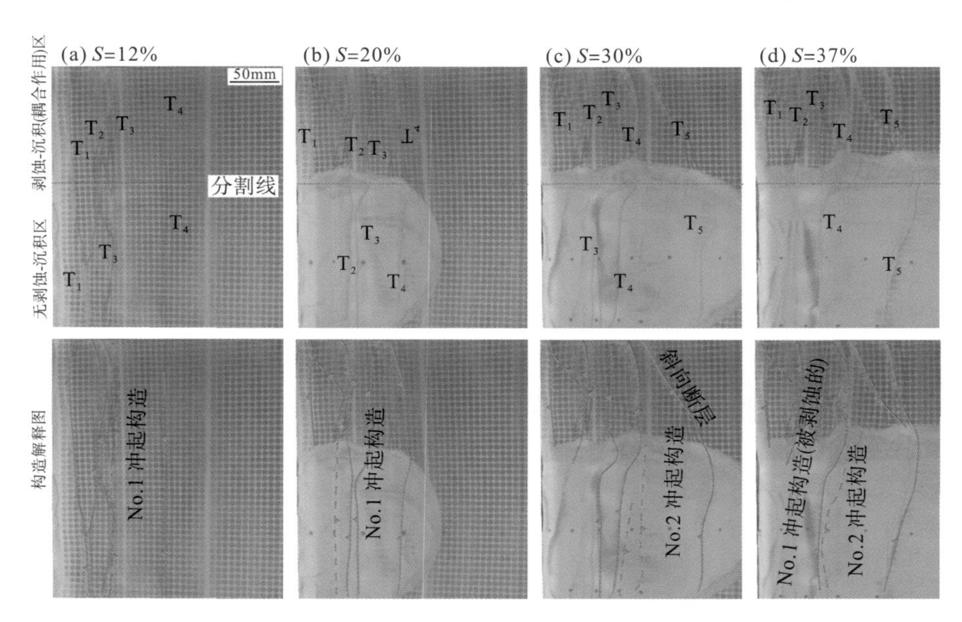

图5-10　构造缩短-剥蚀-沉积耦合作用演化过程特征图

注：红色点为构造-剥蚀作用后添加的标志点。

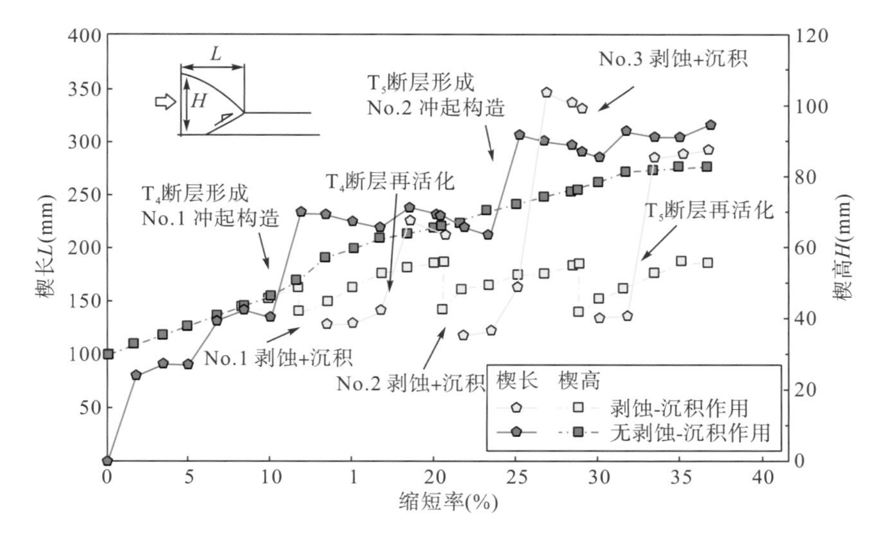

图5-11　构造缩短-剥蚀-沉积耦合作用楔形体楔高、楔长与缩短率的关系图

缩短率为 30%时，第三次剥蚀-沉积作用后，伴随楔形体后缘挤压缩短，楔形体前缘 T_4 逆断层再活化；当缩短率为 32%时，楔形体前缘 T_5 断层再活化，楔形体再次“跳跃式”生长，但需要指出的是，非剥蚀-沉积区早期斜向断层未再发生活动，而形成新生的 T_5 断层。当缩短率为 37%时，砂箱(沿挤压缩短方向)左侧无剥蚀-沉积耦合作用区域与右侧剥蚀-沉积作用区域的楔形体高度和楔长演化模式形成鲜明对比。尤其是，伴随挤压缩短变形过程，无剥蚀-沉积作用区域楔形体高度具有持续生长增高特征(最终 H=80mm)，区别于构造剥蚀-沉积作用区域楔高循环式增高特征(最终 H=55mm)。

5.4　盆-山系统自然界原型与模拟实验对比

5.4.1　盆-山系统浅表剥蚀与沉积物质通量

褶皱冲断带-前陆盆地系统浅表构造剥蚀与沉积作用对其挤压楔形体扩展变形和断层构造样式等具有明显的影响作用，因此基于本次实验中剥蚀包络线和沉积包络线与楔形体楔顶面所围成的区域的面积，定量计算构造剥蚀和沉积作用过程中剥蚀通量和沉积通量的大小，进一步通过单次剥蚀通量和沉积通量的累积值与砂箱物质体积之比，量化揭示盆-山系统浅表剥蚀和沉积特征(图 5-12)。

构造剥蚀总量随缩短变形量和剥蚀作用次数的增大呈明显增大的趋势，且 E1 高速构造剥蚀作用累积剥蚀比率最大，为 20%～25%，E2 和 E1 中低速构造剥蚀作用导致的累积剥蚀比率明显较小，为 5%～10%。不同强度剥蚀作用的单次剥蚀体积却没有显著的差别，其单次剥蚀体积主要为 300cm^3/次，因此差异性构造剥蚀作用主要体现在(受控于剥蚀楔顶角阈值大小)剥蚀次数的多少，从而决定强弱构造剥蚀作用。伴随挤压缩短量增加，差异性剥蚀作用导致的累积剥蚀比率呈现出明显不同的发展趋势，即 E1 高速构造剥蚀作用导致的累积剥蚀比率(与缩短率)呈明显的两阶段性，而区别于 E1～E2 中低速构造剥蚀作用

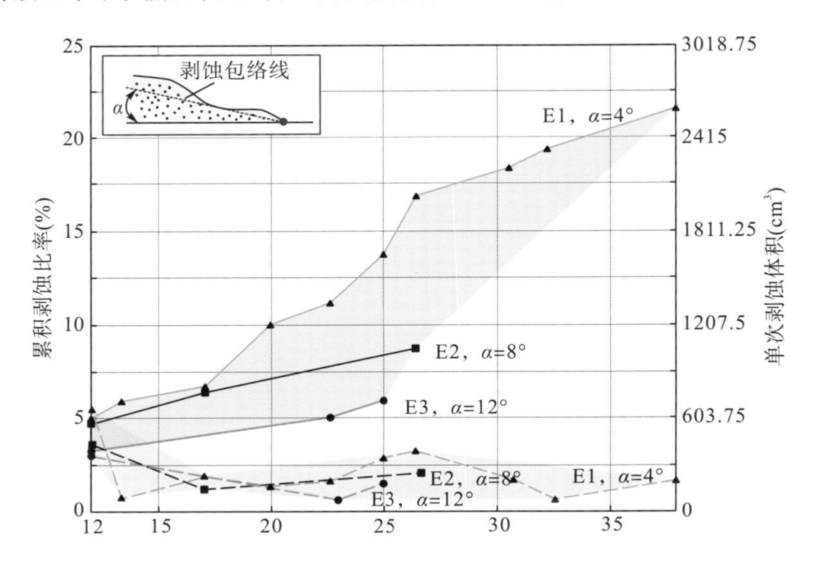

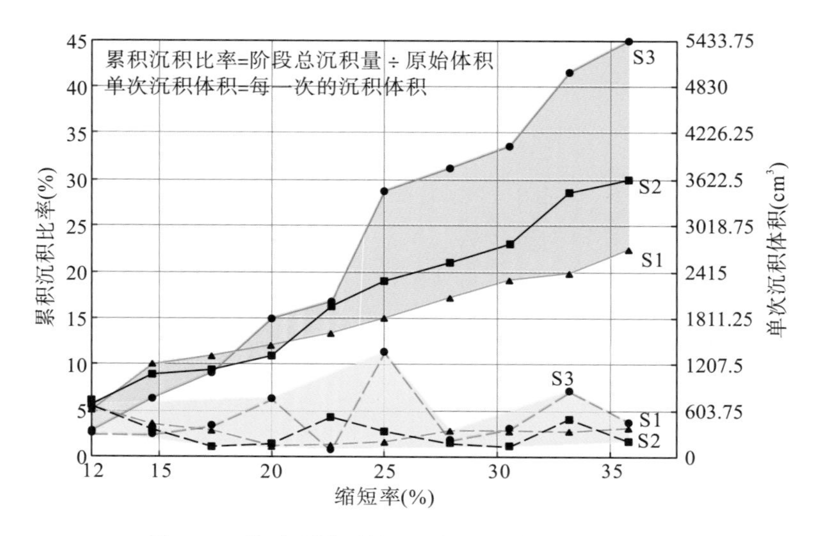

图 5-12　构造剥蚀通量和沉积量与缩短率的关系图

导致的累积比率(与缩短率)呈线性关系逐渐增大。E1 高速剥蚀作用在挤压缩短变形过程早期发生多次，而后期受控于楔形体自相似性生长过程，其剥蚀作用次数明显减小，因此晚期累积剥蚀比率增加明显减小。

沉积总量伴随缩短变形量和沉积作用次数的增大呈明显的线性增大趋势［图 5-12(b)］，S3 饱和性沉积作用沉积总量最大，约为 45%，S1 饥饿性沉积作用和 S2 过渡性沉积作用沉积总量相对较小，为 20%～30%。不同强度沉积作用的单次沉积体积具有显著的差别，S3 饱和性沉积作用中单次沉积体积量/通量(600～800cm^3/次)明显大于 S1 饥饿性沉积作用和 S2 过渡性沉积作用中单次构造沉积通量(300～500cm^3/次)，且 S1～S2 组单次沉积通量动态变化较小。伴随逐次沉积作用过程，不同沉积作用形成的累积构造沉积总量具有明显不同的特征，S1～S2 组沉积作用中沉积总量与构造缩短量具有明显的线性增大关系，而 S3 饱和性沉积作用中沉积总量伴随缩短量增大呈现出两阶段性，主要取决于缩短率达到 25%后单次沉积通量的变化。

冲断带-前陆盆地系统中浅表剥蚀-沉积方式与物质通量间具有明显的差异性，高速浅表剥蚀作用剥蚀物质通量可以达到中低速剥蚀物质通量的 2 倍，与之相似的是，饱和沉积作用沉积物质通量也能够达到局限性和过渡性沉积物质通量的 2 倍。临界楔理论强调挤压冲断带-前陆盆地系统稳态平衡状态的剥蚀与沉积作用过程，即浅表剥蚀作用(以临界楔顶角为参考阈值的剥蚀作用/E3 组)与沉积作用(饱和性同构造沉积充填作用/S3 组)之间物质-能量交换稳态状态变化(Dahlen and Suppe，1988；Willett et al.，1993)。需要指出的是，以 12°临界楔顶角为剥蚀包络线的 E3 低速剥蚀中，单次浅表剥蚀物质通量和总剥蚀量都明显小于 S3 组饱和性沉积作用，其中前者约为后者的 50%(图 5-11)，因此冲断带-前陆盆地系统间物质-能量交换守恒还需要大规模深部岩石圈作用参与(Konstantinovskaia and Malavieille，2005；Vanderhaeghe，2012；Jamieson and Beaumont，2013)。浅表剥蚀作用越强，盆-山系统间浅表剥蚀与沉积作用物质通量差值越小，为达到系统间物质-能量交换守恒，深部(岩石圈)物质俯冲消减作用相对较弱，反之亦然。

5.4.2　浅表构造剥蚀-沉积(耦合)作用过程典型互馈机制作用

通过浅表剥蚀 E1～E3 和沉积作用 S1～S3 砂箱物理模拟实验过程，揭示出褶皱冲断变形过程中同构造剥蚀和沉积作用对楔形体几何学和运动学特征具有重要的控制作用(图 5-13)。浅表剥蚀作用导致楔形体后缘物质显著减少，伴随剥蚀强度增大，楔形体后缘(内部加积带)逆断层冲断活动和深部物质抬升剥蚀程度明显增强，从而有效地阻止楔形体(叠瓦变形带)前展式扩展生长，楔形体长度明显较小［图 5-13(a)］，如 E3 组低速构造剥蚀作用模型中最底部红色标志层仅抬升剥蚀至模型中部，而 E1 组高速剥蚀作用模型中底部红色标志层已抬升剥露至模型地表，尤其是 E1 高速构造剥蚀作用明显导致楔形体后缘断层多期无序活动，形成 T_1～T_8 密集叠瓦状冲断层(相对于 E2～E3 中低速剥蚀作用其断层间距明显较小)，且早期断层 T_1～T_4 推测被完全剥蚀，仅剩下深部与 T_5 断层形成 T_1～T_5 断层带。前人研究也揭示出浅表剥蚀作用导致楔形体后缘断层多期再活化和无序冲断过程(Persson and Sokoutis，2002；McClay and Whitehouse，2004；Cruz et al.，2008)。总体而言，浅表剥蚀作用越大，楔形体后缘断层冲断活动和物质剥蚀作用越强，楔长越短，楔高越低。

浅表沉积导致楔形体前缘物质显著增加，伴随沉积物质通量增大，楔形体长度明显增长(图 5-9、图 5-13)(相对于未发生构造沉积作用模型)，且有效阻止楔形体后缘断层后期挤压冲断活动，常形成不活动断层或隐伏断层。沉积充填作用以临界楔顶角为沉积包络线，常常会产生较低的楔顶角，楔形体前缘扩展断层及其相关冲起构造受同沉积物质埋深明显随沉积物质通量的增大而加深，如 S1 组饥饿性沉积作用模型结果中前缘冲起构造具有浅埋藏作用且断距较大，而 S3 组饱和性沉积作用前缘冲起构造埋深较深但断距较小，尤其是其背负盆地(楔顶盆地)同沉积地层厚度明显较大，受后期反向冲断，缩短变形特征明显。Wu 和 McClay(2011)基于砂箱物理模型指出浅表构造沉积作用导致前缘结构带发生明显的地层旋转变形，这与 S1～S3 组实验中同沉积地层厚度变化及其相关逆冲牵引变形特征

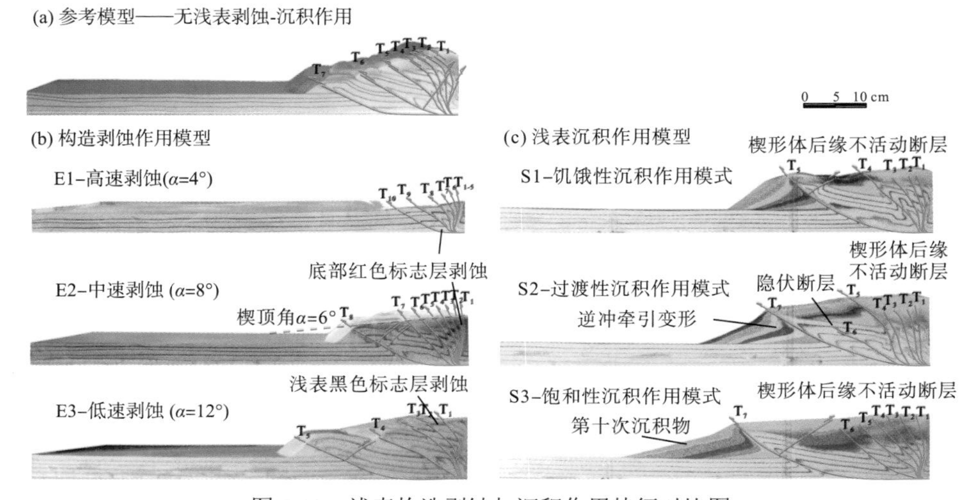

图 5-13　浅表构造剥蚀与沉积作用特征对比图

具有相似性。需要指出的是，早期研究同时揭示加强的沉积作用导致楔形体冲断层倾角较陡(Storti and McClay，1995)。总体上沉积作用和剥蚀作用对于楔形体构造变形过程具有明显相反的控制影响意义，同构造剥蚀导致楔形体内部加积带和叠瓦变形带冲断层上覆物质卸载，使逆冲断层更加易于发生集中应变与再活化冲断；同构造沉积作用导致楔形体前渊冲断层上覆物质加载，使其更易于发生断层闭锁，导致冲断带楔形体前展式扩展生长。同构造沉积对于楔形体断层冲断活动具有明显的抑制作用，沉积作用导致断层间距明显增大但断距减小、楔形体前缘(前陆向)扩展生长更远(Stockmal et al.，2007；Duerto and McClay，2009)，且沉积速率对逆冲断层和反向冲断层发育程度/条数具有明显影响(Bonnet et al.，2007)。

浅表构造剥蚀和沉积耦合作用过程物理模拟实验中，剥蚀与沉积通量物质守恒且统一纳入物理模拟实验过程中时，两者对于楔形体构造变形过程的控制影响作用受到明显的协调和/或补充(图 5-14)。浅表剥蚀与沉积作用控制着楔形体前缘叠瓦状冲断作用和后缘物质加积被动反冲作用间的耦合过程，两者的耦合作用过程导致楔形体逆冲断层多期再活化(图 5-11)和无序冲断扩展生长过程(Bonnet et al.，2007)。空间上沿走向变化的剥蚀和沉积作用导致其构造变形沿走向具有明显变化的特征，剥蚀-沉积耦合作用地区导致早期楔形体冲断形成的冲起构造发生明显的构造剥蚀作用，剥蚀残存的冲起构造结构明显相对简单，而未发生剥蚀-沉积耦合作用区域由于断层的多期叠加交切作用，形成明显复杂的结构样式，如图 5-14 中 T_3～T_4 断层与其反向冲断层形成明显的叠加冲起构造特征。剥蚀-沉积作用地区深部沉积由于浅表剥蚀作用发生明显的抬升剥蚀过程，导致最底部绿色标志层已剥蚀至浅表，且剥蚀作用越强抬升量越大(图 5-13)。前陆盆地或山前带受控于剥蚀-沉积作用，导致其前展式断层明显减小，山前带反向冲断作用增强导致发育多条

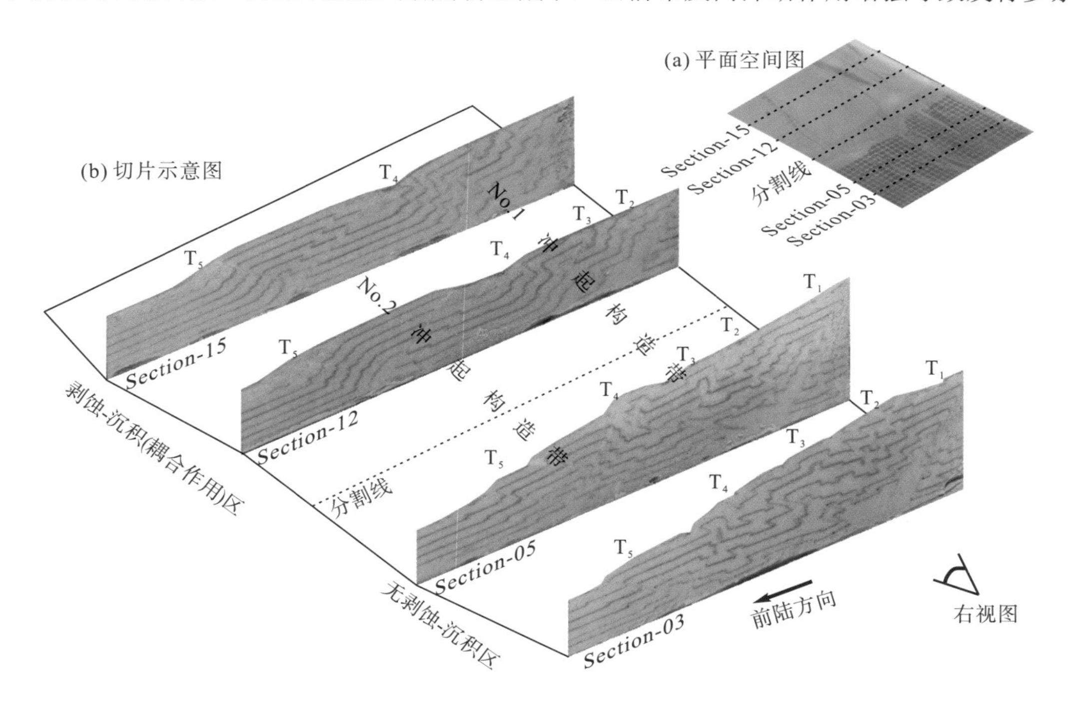

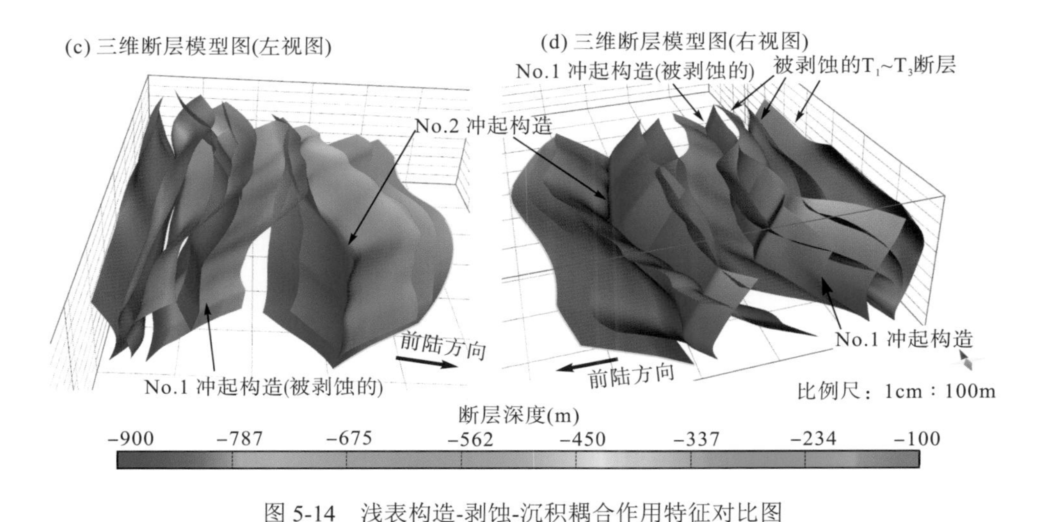

图 5-14 浅表构造-剥蚀-沉积耦合作用特征对比图

(a)、(b)构造物理模拟结果及其典型切片特征；(c)、(d)断层三维建模左视图、右视图，典型冲断层及其相关冲起构造沿构造走向的变化特征

反向冲断层，即同构造沉积对于楔形体冲断传播方向具有明显的抑制作用，甚至导致主断层反向冲断(Persson et al.，2004)，如三维模型切片中(即 No.3～5 和 No.12～15)剥蚀-沉积作用区域前缘冲断层与冲起构造具有明显的构造挤压方向的转变。由于剥蚀-沉积耦合作用导致其深部层系抬升，尤其是伴随深部地层抬升剥蚀楔形体后缘带相关断层产状具有明显变陡乃至反转等现象。三维断层模型中能够清晰观察到沿构造走向 T_1～T_3(向剥蚀-沉积作用区)倾角变陡的现象；同时在楔形体前缘，由于同沉积加载作用导致前缘断层沿构造走向断层倾角变缓(图 5-14)。总体上，沿褶皱冲断带走向上变化的剥蚀-沉积耦合作用显著，导致其冲起构造沿走向发生变化与复合，同时在楔形体前缘形成典型的斜向断层。

5.4.3 龙门山—川西前陆系统构造-剥蚀-沉积耦合作用特征

青藏高原东缘龙门山冲断带—川西前陆盆地系统，受控于龙门山冲断带印支期和喜山期挤压冲断作用形成晚三叠世—早侏罗世和晚白垩世—新生代再生前陆盆地复合结构(刘和甫等，1994；刘树根等，2005；Jia et al.，2006；Deng et al.，2012)。晚三叠世—早侏罗世松潘—甘孜褶皱带 SE 向逆冲推覆于扬子板块西缘，强挤压变形作用过程导致形成龙门山冲断带发育茂汶—汶川韧性剪切带、北川—映秀断裂带和安县—灌县断裂(图 5-15)，且龙门山冲断剥蚀过程导致川西前陆盆地形成 1～2km 厚楔状磨拉石沉积，如上三叠统须家河组和下侏罗统白田坝组，尤其是大量灰质、石英质同造山期砾岩揭示出龙门山冲断带大规模早期剥蚀去顶作用(崔秉荃等，1991；Deng et al.，2012)。晚白垩世—新生代受控于青藏高原东向扩展挤出过程，龙门山冲断带发生晚期复活与冲断变形作用，龙门山冲断带中南段发生大规模新生代抬升剥蚀作用(Li et al.，2012；Tian et al.，2013；邓宾等，2019)，导致前寒武纪基底剥蚀去顶，如彭灌和宝兴杂岩体等，揭示出龙门山中南段明显较强的抬升剥蚀作用过程。川西前陆盆地中南段受控于龙门山挤压冲断相关的挠曲负载作用形成晚白垩世—新生代再生前陆盆地，它发育于晚三叠世前陆盆地之上形成区域性不整合界面(即上白垩统夹关组与下覆层系间的不整合面)。川西拗陷中南段形成 1～2km 厚度的同构造磨拉石沉积建造，上白垩统夹关组—灌口组、新生代名山群等楔状体砾岩周期性沉积，它们与龙门山冲断带剥蚀去顶密切相关(李元林和纪相田，1993；苟宗海，2001)。

受控于龙门山冲断带—川西前陆盆地系统晚三叠世—新生代走向差异性剥蚀-沉积作用，晚白垩世—新生代龙门山冲断带挤压冲断与剥蚀去顶作用主要发育于龙门山中南段，导致其冲断带中南段剥蚀作用显著大于冲断带北段，即南段前寒武系结晶基底剥蚀出露，北段为下古生界剥蚀出露，这与砂箱物理模型实验中所揭示的增强的浅表剥蚀作用相一致(图 5-13 和图 5-14)，尤其是新生代再生前陆盆地沉积建造主要发育于川西拗陷南段。受控于新生代再生前陆盆地同构造沉积作用，晚白垩世—新生代沉积地层沉积充填于冲断带前渊，与砂箱物理模型中楔形体前缘上覆物质加载作用相似，导致前陆盆地前展式扩展断层走向上产状明显降低，如龙门山中南段熊坡背斜、太和场背斜下覆冲断层倾角明显小于前陆盆地北段河湾场背斜、梓潼观背斜下覆冲断层(图 5-15)。同时，川西前陆盆地中南段反向冲断变形作用相对于北段明显增强，如莲花山背斜和龙泉山背斜等具典型反向冲断层特征。由于上覆物质加载导致中南段地区中-下三叠统膏盐层系、泥质岩层系新生代滑脱变形、地层缩短增厚作用明显，与沿走向变化的剥蚀-沉积作用相一致，我们推测龙泉山断层可能为新生代再生前陆盆地前缘扩展断层，它可能为盆-山系统走向差异性作用形成的前陆盆地斜向断层(图 5-10)，协调川西前陆盆地南段与北段之间的晚白垩世—新生代沉积充填作用的走向变化性。需要指出的是，龙泉山背斜带新生代显著的冲断剥蚀作用与其磷灰石低温热年代学特征具有明显的一致性，川西前陆盆地南段较强烈的新生代扩展变形作用可能为川西南地区油气晚期调整成藏或破坏作用提供了更加复杂的地质解释证据。

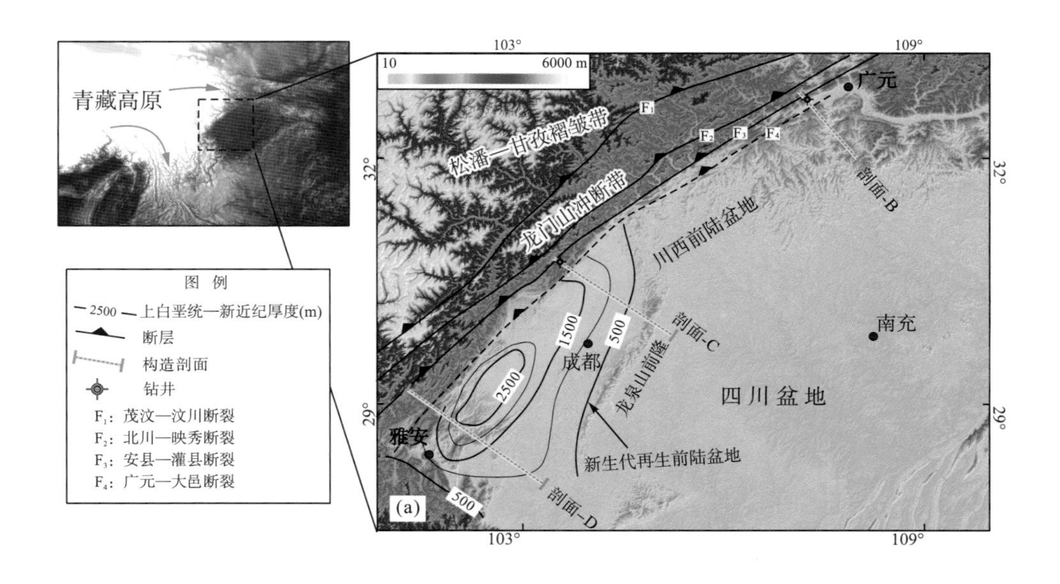

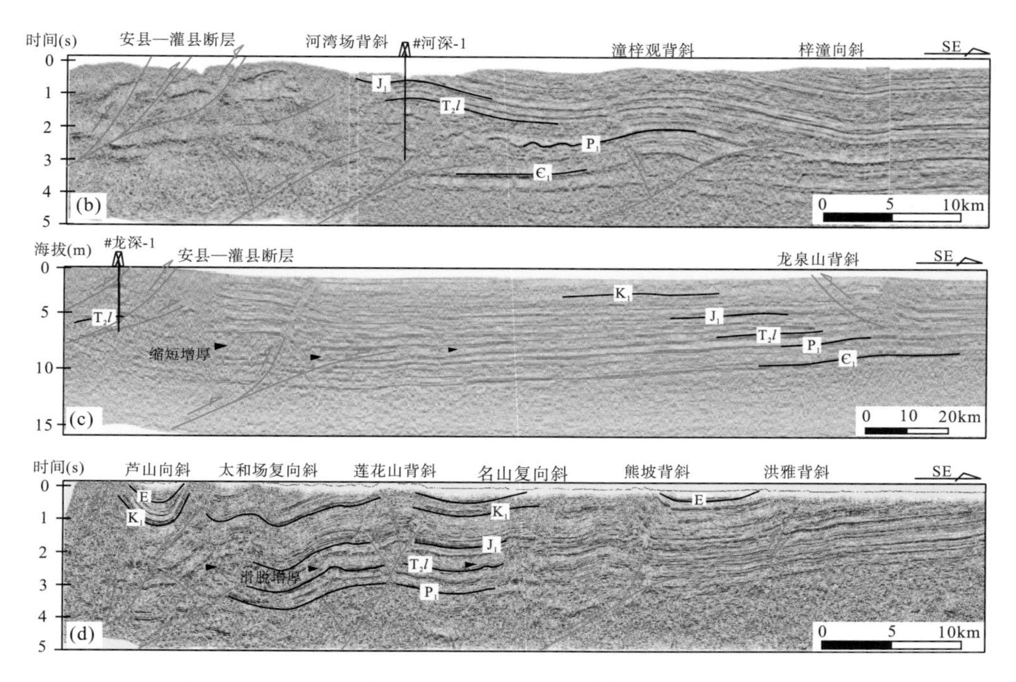

图 5-15 龙门山冲断层—川西前陆盆地系统构造剖面特征对比图

因此，不同剥蚀角包络线(即楔顶角为 4°、8°和 12°)的单一构造剥蚀作用过程模拟揭示，伴随不同剥蚀角阈值变化，构造剥蚀次数随剥蚀强度的减小(即剥蚀角阈值增大)而减小，楔形体楔长、楔高与剥蚀强度呈负相关性。构造剥蚀作用使冲断带后缘逆冲断层更加易于发生集中应变，导致断层再活化与无序冲断，制约着冲断带盆地向扩展。饥饿性、过渡性和饱和性单一沉积作用过程模拟揭示，同构造沉积作用使楔形体前缘冲断层上覆物质加载，更易于发生断层闭锁，促使冲断带楔形体盆地向前展式扩展生长。饱和性沉积作用导致楔形体楔高、楔长和断层间距显著增大。构造剥蚀通量和沉积通量的定量计算对比揭示，单次浅表剥蚀物质通量($300cm^3$/次)和总剥蚀量(5%～25%)都明显小于饱和性沉积作用(单次沉积通量为 300～$800cm^3$/次、总沉积量为 20%～45%)，约为后者的 50%。因此，深部岩石圈作用普遍参与盆-山系统间物质-能量交换守恒过程，浅表剥蚀作用越强，深部(岩石圈)物质俯冲消减作用相对越弱，反之亦然。沿走向变化的剥蚀-沉积耦合作用过程模拟表明，无剥蚀-沉积作用区域与剥蚀-沉积作用区域的楔高和楔长演化模式形成鲜明对比，尤其由于走向差异性导致前陆盆地发育斜向断层。剥蚀-沉积耦合作用导致楔形体冲断带后缘深部层系剥蚀量增大、主断层产状明显变陡，前陆盆地系统前展式断层明显减小、倾角减缓，且反向冲断作用加强，甚至导致主断层反向冲断。沿冲断带-前陆盆地系统走向上变化的剥蚀-沉积耦合作用显著，导致其冲起构造沿走向发生变化与复合。

第6章 青藏高原东缘走滑盆-山系统构造物理模拟研究

板缘和板内走滑构造背景中，平直的基底走滑剪切断层带发育花状构造与相关褶皱、断层等构造样式(Mann，2007；Dooley and Schreures，2012)，与平直走滑剪切变形带伴生形成汇聚型叠置带、汇聚型弯曲带和离散型弯曲带(Riedel，1929；Tchalenko，1970)(图1-12)，如圣安德烈亚斯走滑断裂带、新西兰阿尔卑斯走滑断裂带、死海走滑断裂带和阿尔金走滑断裂带等。然而，自然界中也广泛发育弧形的或弯曲的走滑断裂带/变形系统(图6-1)，如麦塔高弧形走滑断裂带、牙买加Enriquillo-Plantain Garden弧形走滑断裂带和土耳其北安纳托利亚弧形走滑断裂带等。我国青藏高原东缘发育多个韧性弧形走滑剪切断裂带(图6-1)，如哀牢山—红河、鲜水河—小江、海原弧形走滑剪切断裂带等，它们有效解释了青藏高原东缘大规模地壳构造挤出模式(Wang et al.，1998；Tapponnier et al.，2001)。需要指出的是，在褶皱冲断带构造变形过程中也常常伴生走滑与旋转构造变形(Hessami et al.，2006；Koyi et al.，2001)。砂箱物理模拟实验过程中，软弱滑脱层系可能控制盖层与基底构造变形脱耦，导致浅表盖层发生不同程度的旋转走滑变形，从而形成典型的走滑剪切变形带。

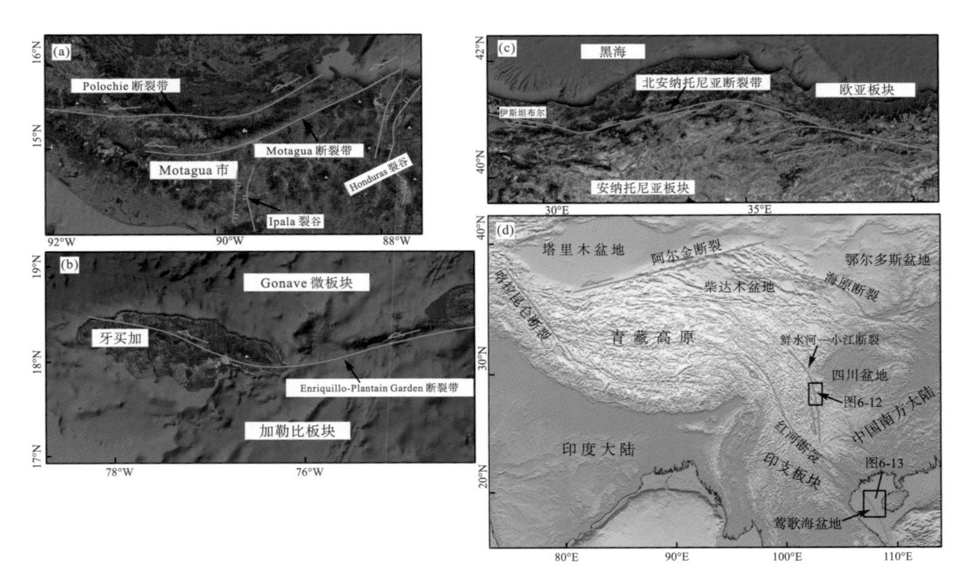

图6-1 自然界典型弧形走滑断裂系统

(a)美洲板块中部麦塔高弧形走滑断裂带；(b)牙买加Enriquillo-Plantain Garden弧形走滑断裂带；(c)土耳其北安纳托利亚弧形走滑断裂带；(d)青藏高原东缘哀牢山—红河弧形走滑断裂带、鲜水河—小江弧形走滑断裂带

砂箱物理模拟实验广泛地应用于不同构造环境的复杂走滑构造变形作用研究(Tchalenko，1970；Naylor et al.，1986；Richard and Cobbold，1990；McClay and Bonora，2001；Rosas et al.，2015)。如前所述，Cloos(1928)和 Riedel(1929)率先开展了平直基底断层走滑构造变形作用过程模拟实验，描述到“the transfer of deformation from a reactivated，straight and vertical basement fault into an overlying，initially undeformed overburden”(平直基底断层走滑构造变形传递于上覆未变形物质中，产生相应的走滑构造变形特征)。尤其是数值模拟和物理模拟实验中，走滑挤压和走滑拉张构造变形作用作为走滑剪切变形过程的两种主要的作用机制受到广泛关注(Wilcox et al.，1973；Casas et al.，2001；McClay and Bonora，2001；Zuza et al.，2017；Cooke et al.，2013)。区域上弧形的、弯曲的走滑剪切构造变形系统通常分别在离散型弯曲带伴生拉张构造变形，如拉分盆地和负花状构造，在汇聚型弯曲带伴生挤压构造变形，如冲起构造和正花状构造等(Dooley and McClay，1997；McClay and Bonora，2001)。Emmons(1969)初次基于砂箱物理模拟实验对弧形基底断裂走滑剪切构造变形展开相关研究，揭示出弧形基底断层走滑变形导致上覆砂箱物质发生强烈的倾向逆冲变形。Dufréchou 等(2011)进一步揭示弧形基底走滑断层对上覆砂箱物质变形具有重要控制作用，形成较基底断裂带更宽的变形带，且变形带中发育对称的冲起构造和次级断裂体系等。迄今为止，弧形基底断裂带复杂构造变形特征仍然有许多基础问题悬而未决或未能够得到合理完善的解决，如地壳浅表较窄的走滑剪切构造变形带中是否发育某种特定的断裂/褶皱变形序列和变形样式，宽达数百千米的走滑剪切变形带与前者有何异同性，同构造剥蚀-沉积作用、多滑脱层系对弧形/平直形走滑剪切变形带的变形作用有何种独特的构造变形控制影响作用等(Dufréchou et al.，2011；Konstantinovskaya and Malavieille，2011)。

本章中，基于不同宽度的基底弧形断裂带代表自然界中典型的集中式走滑剪切变形模式(即吕德尔剪切模式)和弥散性走滑剪切变形模式，构建均质石英砂变形物质和非均质-层间玻璃珠/硅胶物质模型条件分别代表自然界不同地层属性，通过系列砂箱物理模拟实验，进一步将砂箱模拟实验结果与青藏高原东缘弧形走滑断裂体系——鲜水河—大凉山—小江断裂带、哀牢山—红河断裂带开展相关断层几何学等特征对比，力图揭示弧形基底走滑断裂如何控制影响上覆砂箱物质和/或自然界变形作用过程。

6.1　弧形走滑剪切模型方法学

6.1.1　走滑剪切物理模拟装置设计

弧形走滑剪切物理模型装置设计基于青藏高原东缘弧形走滑断裂体系相似几何学特征(即弧形半径及曲率)：①鲜水河—小江断裂带中段—大凉山断裂带，它具有 200～250km 弯曲弧长，以 400km 为半径，弧度约为 35°；②红河走滑断裂带南段莺歌海盆地，它具有 600～700km 弯曲弧长，以 500km 为半径，弧度约为 65°(图 6-1)。弧形走滑剪切物理模拟装置设计具体参数如图 6-2 所示。主体由(共圆心的)固定基底板块(或板片)和活动基底板块(或板片)组成，活动基底板块沿其圆点发生旋转产生沿板块边缘(即基底弧形断层)的走滑剪切变形。固定基底板块半径为 450mm，活动基底板块具有不同长度的半径，因此基底弧形断裂(活动板块和固定板块)具有不同的半径空间，形成两种类型的走滑剪切变形作用(图 6-2，表 6-1)：①吕德尔走滑剪切变形，活动和固定基底板块具有相等的半径，为450mm，两者弧形基底断层间距为 0(如模型 1、5、7)，代表两板块间集中式走滑剪切变形作用，与经典吕德尔走滑剪切作用相似，模拟自然界较窄的弧形走滑剪切带变形过程；②弥散性走滑剪切变形，活动基底板块(相对于固定基底板块)具有较小的半径，如390mm(模型 4)、420mm(模型 3、6、8)和 440mm(模型 2)，两者弧形基底断层间距为 10～60mm 不等(图 6-2，表 6-1)，模拟自然界较宽的弧形走滑剪切带变形过程。弥散性走滑剪切变形模拟实验中，两基底板块间分别用尼龙布相连接，代表弥散性剪切带；在走滑剪切变形过程中由于两基底板块具有同一旋转圆心，因此两基底板块间宽度未发生变化。活动基底板块顺时针旋转走滑，其走滑线速度恒定为 0.003mm/s，因此沿固定基底板块和活动基底板块间产生弧形走滑剪切构造变形，但沿弧形走滑基底断裂其切线速率在基底板块间具有一定的变化(切线速率沿半径方向向凸面基底具微弱增大趋势)。

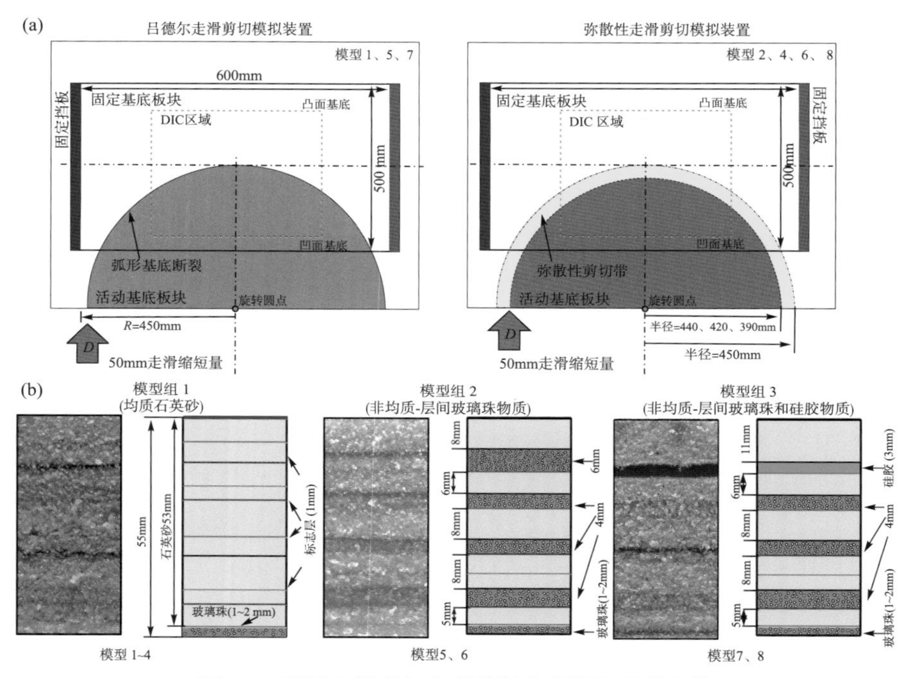

图 6-2　弧形走滑剪切物理模拟装置设计具体参数

(a) 吕德尔、弥散性走滑剪切砂箱模拟装置顶面结构示意图，揭示弧形基底断裂几何学形态和走滑旋转运动学特征，吕德尔和弥散性走滑剪切模拟装置分别模拟自然界中较窄的变形带和较宽的(数百千米的)变形带；(b) 砂箱模型物质铺设示意图，第一组模型为均质石英砂物质，第二组和第三组模型分别包含不同厚度的玻璃珠和硅胶物质

表 6-1　弧形走滑剪切物理模拟实验参数特征表

实验组	砂箱物质(mm)	固定基底板块半径(mm)	活动基底板块半径(mm)	基底断层间距/剪切带宽度(mm)	走滑剪切位移速率(mm/s)	总走滑缩短量(mm)	走滑剪切类型
模型 1	QS+ GB*(2mm)	450	450	0	0.003	50	吕德尔剪切
模型 2	QS+ GB*(2mm)	450	440	10	0.003～0.004	50	弥散性剪切

续表

实验组	砂箱物质(mm)	固定基底板块半径(mm)	活动基底板块半径(mm)	基底断层间距/剪切带宽度(mm)	走滑剪切位移速率(mm/s)	总走滑缩短量(mm)	走滑剪切类型
模型 3	QS+ GB*(2mm)	450	420	30	0.003～0.004	50	弥散性剪切
模型 4	QS+ GB*(2mm)	450	390	60	0.003～0.004	50	弥散性剪切
模型 5	QS+ GB(4～6mm)	450	450	0	0.003	50	吕德尔剪切
模型 6	QS+ GB(4～6mm)+ SI(3mm)	450	420	30	0.003～0.004	50	弥散性剪切
模型 7	QS+ GB(4～6mm)	450	450	0	0.003	50	吕德尔剪切
模型 8	QS+ GB(4～6mm)+ SI(3mm)	450	420	30	0.003～0.004	50	弥散性走滑剪切

注：QS 表示石英砂，GB 表示层间玻璃珠，SI 表示硅胶，GB*(2mm)表示 2mm 的基底玻璃珠，吕德尔剪切表示活动和固定基底板块基底断层间距为零。

均质白色石英砂铺设早期无边界砂体形态，其长×宽×厚分别为 600mm×500mm×55mm，同时采用厚约 1mm 的彩砂标志层分割不同厚度的石英砂层(图 6-2)。本章节中设计物理模型分为 3 类实验(表 6-1)：第一类为均质石英砂模型组，它由基底 1～2mm 的玻璃珠和上覆 53mm 的均质石英砂物质组成模型初始条件，如模型 1～4；第二类为非均质-层间玻璃珠物质模型组，为均质石英砂物质层间夹多层 4～6mm 的玻璃珠物质组成模型初始条件，如模型 5、6；第三类为非均质-层间玻璃珠/硅胶物质模型组，为均质石英砂物质层间夹 4mm 的玻璃珠和 3mm 的硅胶物质组成模型初始条件，如模型 7、8(图 6-2)。

弧形走滑剪切作用导致砂箱物质发生持续的构造变形作用，通过高分辨率同步数码相机每间隔 1mm 走滑缩短量记录砂箱物质表面变形过程(图 6-3)。物理模拟实验最终走滑缩短量为 50mm，走滑剪切变形完成后通过淋水、20mm 间距切片和数值化照片记录，揭示砂箱物质内部变形特征。基于 Move 2016 软件对不同切片进行三维结构模型重建，进一步对褶皱断层组合样式及其几何学特征进行相关分析研究。通过不同切片剖面对断层倾角进行分别测量，并基于其切片走向、弧形基底断层走向等进行断层真倾角校正计算统计。结合弧形基底断层空间位置投影、顶面走滑断层切线走向相关性，在砂箱物质顶面分别测量走滑剪切断层走向的与基底断层走向的夹角值(Dufréchou et al.，2011)，进一步结合走滑剪切断层与基底断层间距等阐述走滑剪切变形作用特征。此外，模拟实验中通过使用 DIC/PIV 系统，量化走滑剪切变形过程中物质应变增量及其相关变形特征(Adam et al.，2005；Hoth et al.，2006)，它能够有效揭示持续变形过程中砂箱物质表面高分辨率的物质走滑运动学特征(图 6-4)。

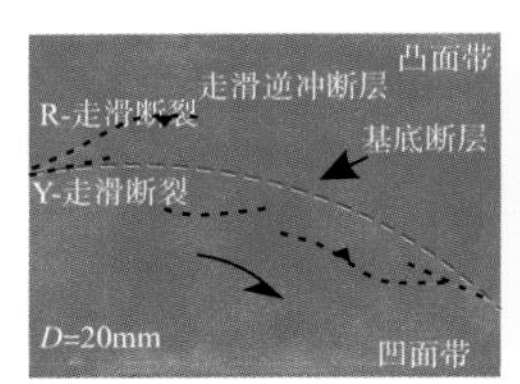

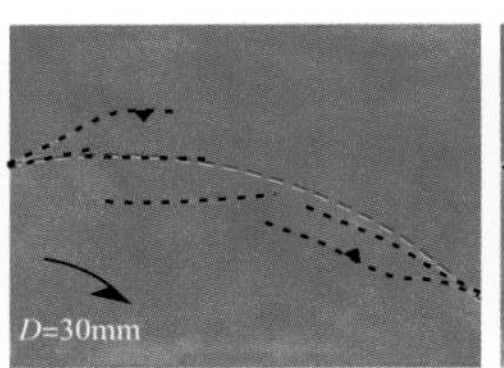

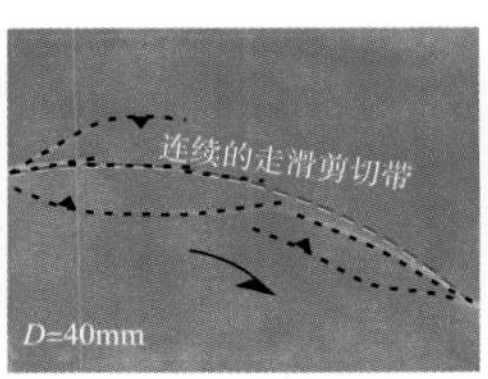

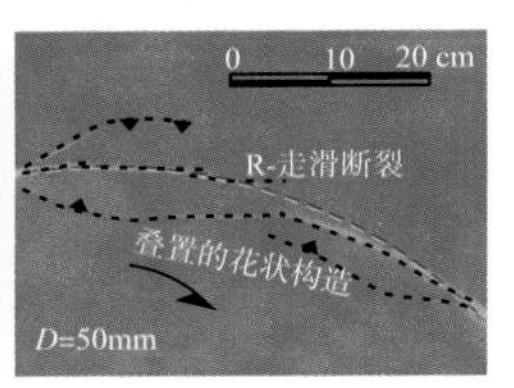

(a) 模型 1

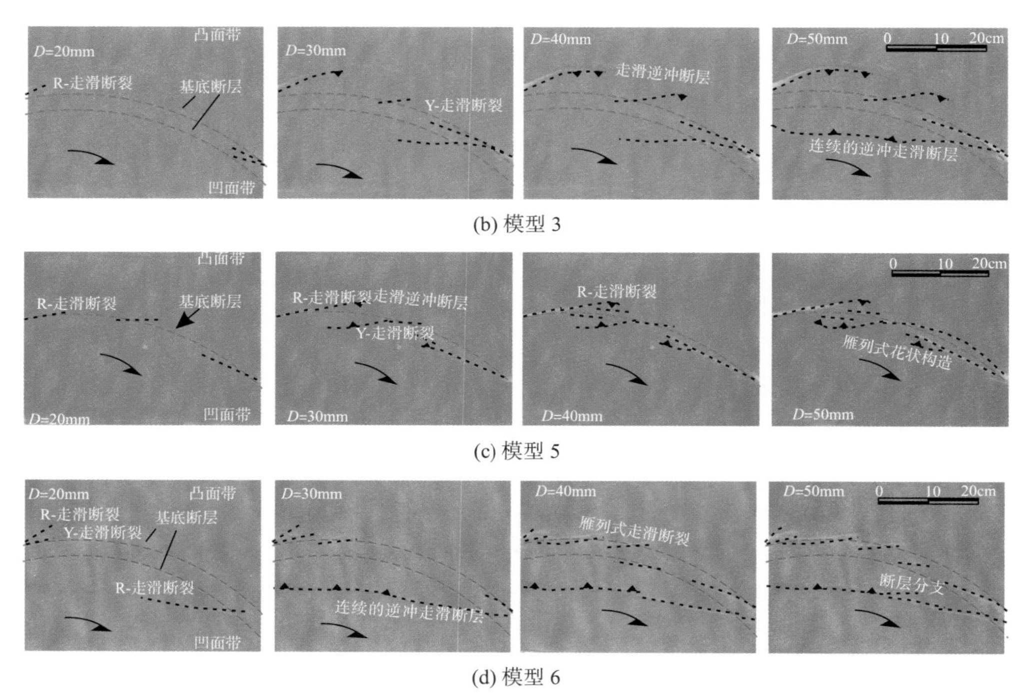

(b) 模型 3

(c) 模型 5

(d) 模型 6

图 6-3 模型 1、3、5、6 模拟实验砂箱物质构造变形演化特征图

注：*D* 为走滑缩短量，分别揭示砂箱模拟实验中主要的两类走滑剪切断裂，即 R 和 Y-剪切走滑断裂，侧向传播生长、连接形成走滑剪切变形带，其中走滑断裂末端随逆冲运动分量增加常常发育走滑逆冲断层；模型 1、5 等表面砂箱物质形成雁列式展布的花状构造；模型 3、6 中弧形基底断层内侧(凹面带)形成贯通的、连续的逆冲走滑断层。

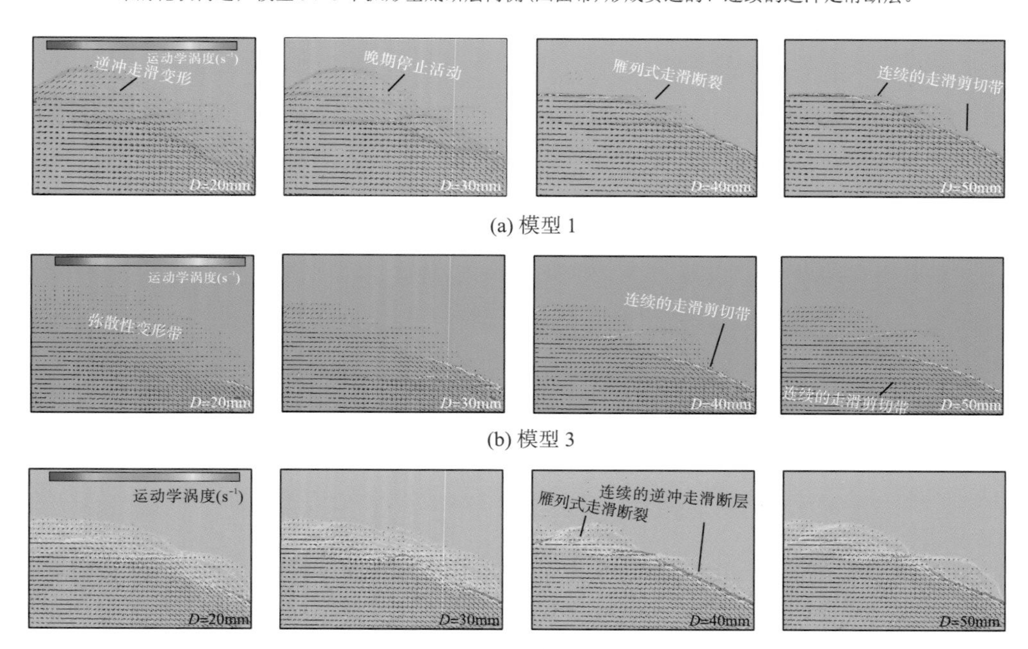

(a) 模型 1

(b) 模型 3

(c) 模型 5

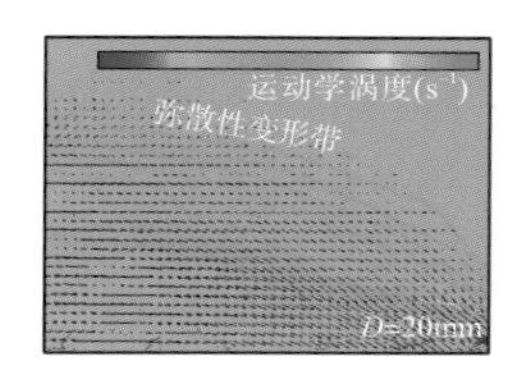

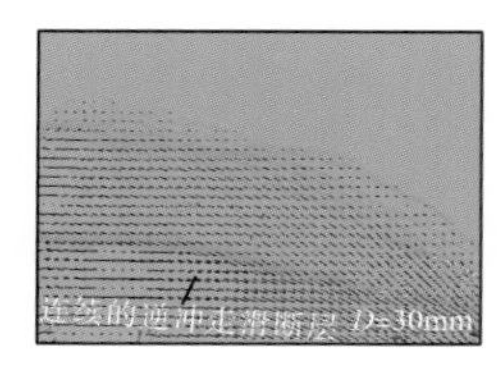

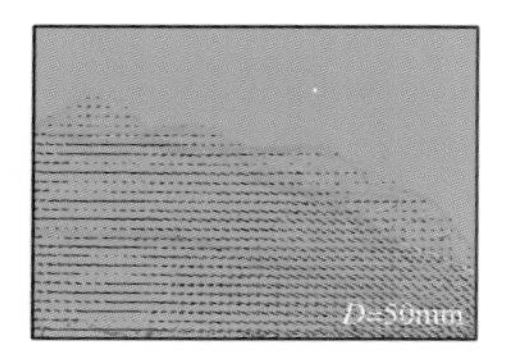

(d) 模型 6

图 6-4　模型 1、3、5 和 6 模拟实验砂箱物质位移矢量数值图像相关性分析(DIC)

注：*D* 为走滑缩短量，揭示弧形走滑剪切变形与走滑旋转变形特征，早期雁列式走滑断裂逐渐侧向生长、连接形成贯通连续的走滑剪切带。

6.1.2　模型实验比例系数

砂箱物理模拟实验能够有效模拟地壳浅表约 10km 的构造变形作用过程(Davis et al.，1983；Storti and McClay，1995)。参考 Hubbert(1937)砂箱物理模拟实验相似性原理，本章节实验模拟过程中采用比例系数为 5×10^{-6}(即模拟实验中 1cm 代表自然界中 2km)(Koyi and Vendeville，2003；Cruz et al.，2008)。

因此，对于自然界浅表地壳物质而言，其应力比值相关系数为

$$\frac{\sigma_M}{\sigma_N}=\sigma^*=\frac{\rho_M g_M l_M}{\rho_N g_N l_N} \tag{6-1}$$

式中，σ、ρ、l 和 g 分别代表模型中(M)和自然界中(N)的应力、密度、长度和重力加速度值。

由于砂箱物理模拟实验中物质内聚力为 3.3～33Pa(小于 100Pa)，系统模拟自然界地层物质剪切强度为 1～20Ma，可得到式(6-1)中模型与自然界应力比值约为 3.23×10^{-6}。与之相似的比例系数值被广泛地应用于正常重力条件下的砂箱物理模拟实验中(Cotton and Koyi，2000；McClay and Bonora，2001；Lohrmann et al.，2003)。

本章节中石英砂和玻璃珠特征与前述章节一致。模型 2～4 中，玻璃珠代表自然界沉积地层中非能干性地层，如页岩和泥岩；模型 7、8 中 3～4mm 的硅胶物质代替自然界沉积地层中软弱滑脱层，如膏岩层系。硅胶密度和动力学黏度(η)分别为 0.987g/cm^3、$2.1\times10^4\ \text{Pa·s}$(Weijermars et al.，1993)。因此，模型和自然界原型间构造变形时间比例系数(t_M/t_N)为

$$\frac{t_M}{t_N}=\frac{\eta_M}{\eta_N}=\frac{\rho_N g_N l_N}{\rho_M g_M l_M} \tag{6-2}$$

式中，η_M、η_N 分别代表模型和自然界原型中动力学黏度值($\eta_N=1.7\times10^{19}\text{Pa·s}$)，时间比例系数约为 1.6×10^{-9}。

进一步基于式(6-3)能够获得模型和自然界应变速率比例系数($\varepsilon_M/\varepsilon_N$)。结合走滑剪切物理模拟实验中变形速率为 0.003mm/s，则相对应的自然界应变速率约为 $3.0\times10^{-15}\text{s}^{-1}$，走滑剪切速率约为 7.6km/Ma。

$$\frac{v_N}{v_M}=\frac{\eta_M}{\eta_N}\frac{\rho_N g_N l^2{}_N}{\rho_M g_M l^2{}_M} \tag{6-3}$$

式中，v_N、v_M 分别为自然界原型和模型中速率，它们与青藏高原东缘区域走滑剪切构造变形作用(Leloup et al.，1995)和典型造山带应变速率特征具有相似性。

因此，本章节中 3 种类别、8 组实验结果能够有效对比揭示自然界原型中走滑剪切变形作用过程及其典型特征。

6.2　弧形走滑剪切模拟实验结果

6.2.1　均质石英砂模拟实验结果

模型 1 均质石英砂吕德尔走滑剪切模拟实验过程中，伴随弧形基底断层走滑剪切变形量逐渐增大，砂箱物质发生明显的走滑剪切作用，其走滑变形过程可以大致分为两个阶段(图 6-3 和图 6-4)。随弧形基底断层走滑剪切增大，走滑变形早期发育两类走滑断层和/或断裂，即 R 和 Y-走滑断裂，随后 R 和 Y-走滑断裂沿走向传播生长，形成连续的走滑剪切带/断层带，其运动学涡度特征图显示具有较高的走滑逆冲变形特征(图 6-4)。需要指出的是，沿 R 和 Y-走滑断裂走向，在其末端倾向滑动(逆冲)变形量增大，走滑断层逐渐转变为走滑逆冲断层(图 6-5 中切片 5)；当断层距离弧形基底断层位置更远时，走滑断层末端具有相对更强的走滑和逆冲变形分量。数值图像相关性分析特征(DIV)显示砂箱物质发生大规模弧形变形位移(图 6-4)，同时凸面带(弧形基底断裂外侧/固定基底板块)砂箱物质由于发生水平反向位移(相对于弧形基底断层)而形成逆冲断层。当走滑缩短量达到 40mm 时，雁列式、右阶展布的低角度 Y-走滑断裂(或 R_L-断裂)在弧形基底断裂带大量形成，逐渐形成连续的走滑剪切带。砂箱物质变形特征上早期以雁列式走滑断裂为主，晚期以连续的走滑剪切带为主；随走滑缩短量增加弧形弯曲的 R-走滑断层沿走向传播生长作用显著，尤其是在凸面带(弧形基底断裂内侧/活动基底板块)，形成大致对称的花状构造或冲起结构，其走滑断层垂向上与深部弧形基底断层相连(图 6-5)。平面空间上(砂箱物质表面)，花状构造沿弧形基底断层通常具有雁列式或相互叠置的展布特征(图 6-3)。对某一具体的 R 和 Y-走滑断层而言，它们仅发育于弧形基底断层凹面带(内侧)或凸面带(外侧)一侧，且断面在垂向的切片空间上和平面空间上都具有弧形弯曲特征，尤其在垂向切片中表现出凸面向上的形态特征(图 6-5)，空间上具螺旋状或剪铰状几何学特征(Naylor et al.，1986；Schellart and Nieuwland，2003)。

通过对弧形基底断层内侧(凹面带)或外侧(凸面带)不同断层倾角的统计揭示，凹面带走滑断层具有较小的断层倾角，主要为 60°～70°，凸面带断层具有相对较大的断层倾角 60°～90°(图 6-5)。砂箱物质表面走滑断裂走向与弧形基底断层走向之间夹角的统计表明，走滑断裂与弧形基底断层走向夹角值主要为 0°～25°，凹面带走向夹角值主要为 3°，相对小于凸面带 8°为主的走向夹角值(图 6-6)。走滑剪切构造变形主要形成 R 和 Y-走滑断裂，垂向空间上它们普遍与弧形基底断层相连，但 R-走滑断裂相对于 Y-走滑断裂变形带相对较宽，即 R-走滑断裂具有与基底断层更远的间距。尤其是，R-走滑断裂倾角具有明显的沿走向逐渐减小的特征，如模型 1 中切片 1 倾角为 80°，沿走向逐渐减小为切片 5 中的 65°，但 Y-走滑断裂倾角变化特征不明显。

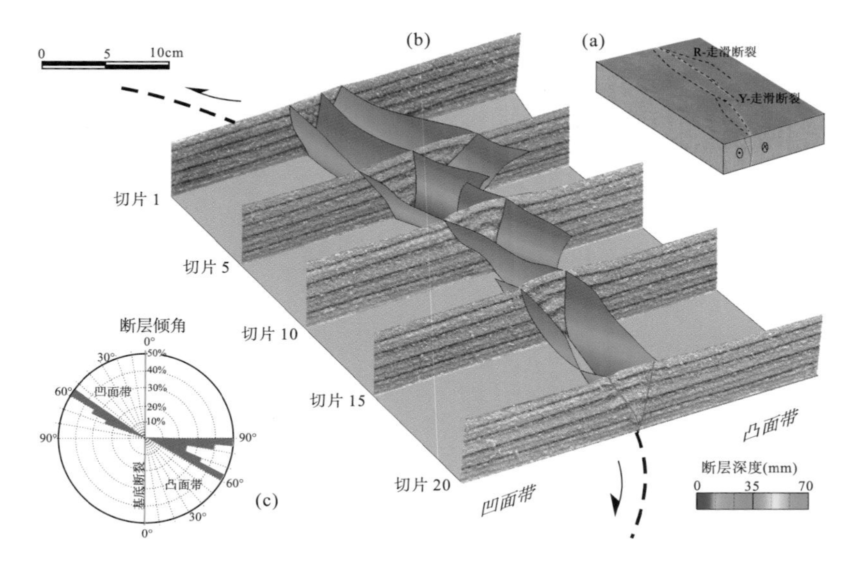

图 6-5　均质石英砂吕德尔走滑剪切变形模拟实验结果(模型 1)断层 3D 结构图

注：砂箱物质发育 R、Y-走滑断裂，空间上形成叠置的花状构造；砂箱物质凹面带(弧形基底断层内侧)走滑断层倾角主要为 60°～70°，凸面带(弧形基底断层外侧)走滑断层倾角中等—高陡，为 60°～90°。

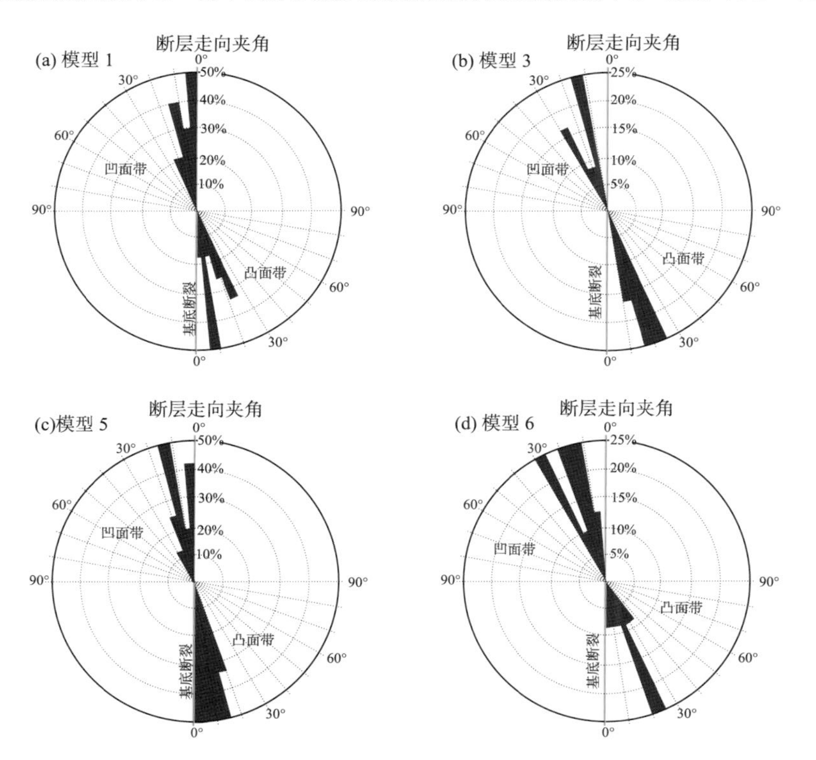

图 6-6　砂箱物质顶面变形相关断层走向与基底弧形断层走向夹角对比图

(a) 模型 1——均质石英砂吕德尔走滑剪切模拟实验；(b) 模型 3——均质石英砂弥散性走滑剪切模拟实验；(c) 模型 5——非均质-层间玻璃珠物质吕德尔走滑剪切模拟实验；(d) 模型 6——非均质-层间玻璃珠物质弥散性走滑剪切模拟实验

模型 3 均质石英砂弥散性走滑剪切模拟实验中(图 6-2、图 6-3)，随走滑缩短量逐渐增大砂箱物质变形特征与模型 1 相似，主要发育 R 和 Y-走滑断裂，雁列式、右阶展布的 R-走滑断层率先形成并逐渐走向传播生长形成走滑逆冲断层。沿 R-走滑断裂走向，断层倾角逐渐减小的特征在不同切片中仍然明显，如切片 1 中倾角为 75°减小为切片 10 中的 60°(图 6-7)。数值图像相关性分析(DIV)特征揭示砂箱物质表面位移变形逐渐形成与弧形基底断层大致平行的走滑剪切带(图 6-4)。尤其是，在弧形基底断层带内侧(即凹面带)形成一条贯通的连续逆冲走滑断层带。

模型 3 模拟实验结果切片揭示走滑剪切变形过程中形成的断层普遍垂向上位于两条弧形基底断层中心，弧形基底断层内侧(凹面带)断层普遍具有凹面向上或平直的形态特征，其倾角主要为 40°～45°；凸面带断层普遍具有凸面向上或平直的断面几何学特征，其倾角较陡，主要为 60°～90°。砂箱物质表面断层走向夹角(相对于弧形基底断层)凹面带和凸面带大致相似，为 10°～30°(图 6-6)。

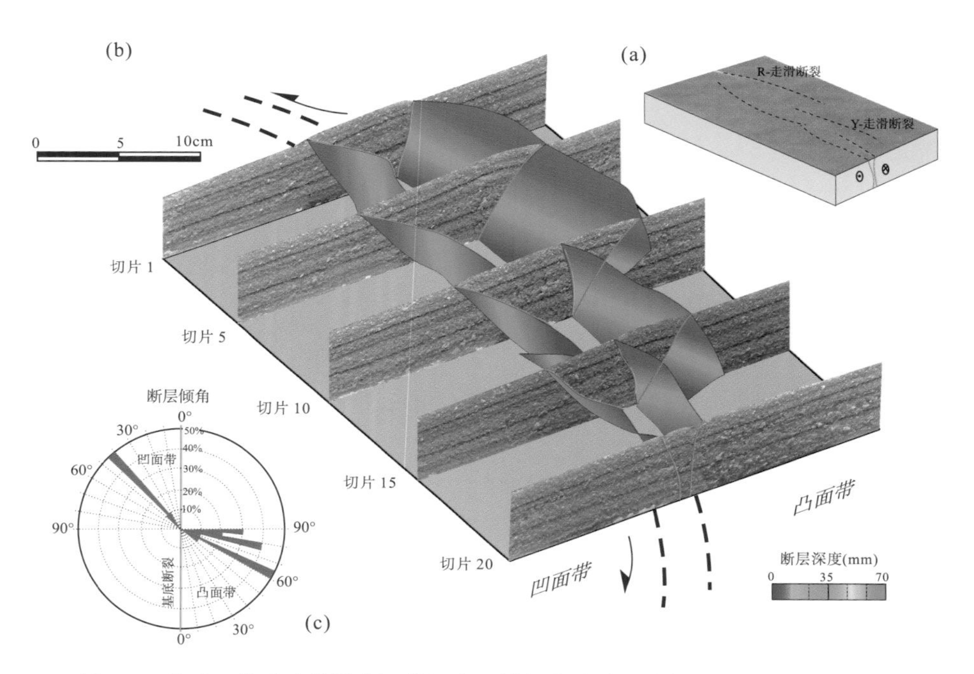

图 6-7　均质石英砂弥散性走滑剪切变形模拟实验结果(模型 3)断层 3D 结构图

注：砂箱物质凹面带(弧形基底断层内侧)形成连续的逆冲走滑断层，断层倾角主要为 40°～45°，凸面带(弧形基底断层外侧)断层倾角中等—高陡，为 60°～90°。

6.2.2　非均质-层间玻璃珠物质模拟实验结果

非均质-层间玻璃珠物质模拟实验过程中(模型 5)，沿弧形基底断层发生吕德尔走滑剪切导致砂箱物质走滑变形特征总体上与模型 1 相似，但 R 和 Y-走滑断裂所形成的花状构造几何规模明显小于模型 1，通过砂箱物质表面走滑断层端点之间的距离揭示模型 5 中变形带宽度约为 7cm(图 6-3)。砂箱物质走滑构造变形形成明显的雁列式、右阶展布的走滑断裂。沿 R-走滑断裂走向，在断层末端由于倾向逆冲运动分量增加，形成明显的走滑逆冲断层。模型切片同时表明，R 和 Y-走滑断裂走向上倾角变化特征不明显，如切片 1 和切片 5(图 6-8)。断层走向夹角统计表明，弧形基底断层内侧(凹面带)夹角值为 0°～30°(主要为 15°)，略大于外侧(凸面带)夹角值，为 0°～20°(主要为 10°)(图 6-6)。模拟实验结果切片表明，走滑断裂垂向空间上与弧形基底断层相连，具有凸面向上或平直的断面几何学特征，凹面带断层倾角为 60°～80°，而凸面带断层倾角普遍高陡或垂直(图 6-8)。因此，垂向空间上走滑断裂所构成的花状构造具有非对称性结构，如切片 5 和切片 8 等。

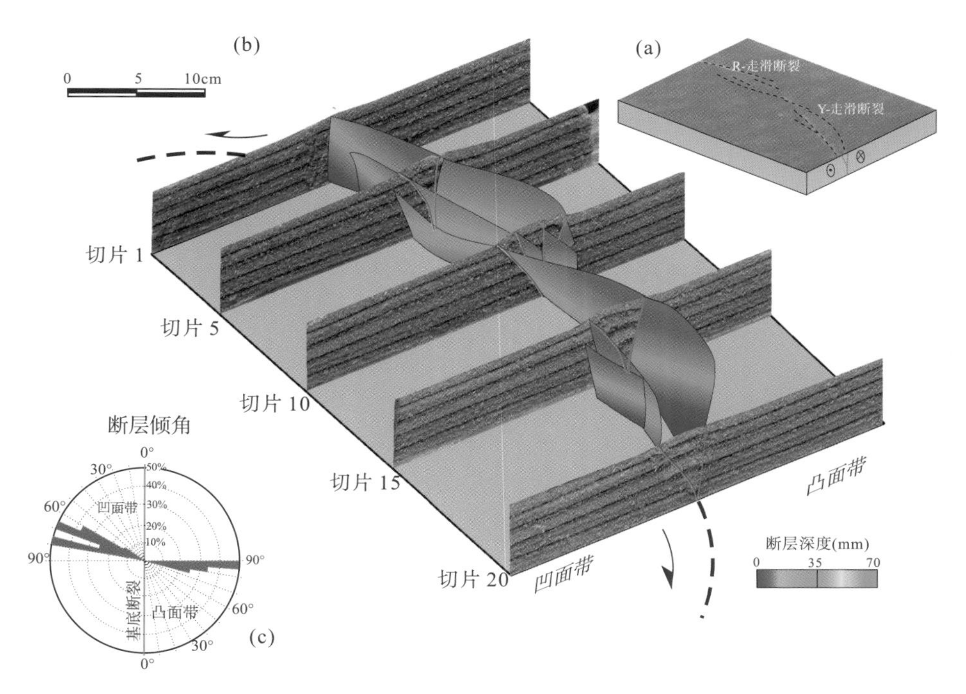

图 6-8　非均质-层间玻璃珠物质吕德尔走滑剪切变形模拟实验结果(模型 5)断层 3D 结构图

注：砂箱物质凹面带(弧形基底断层内侧)形成连续的逆冲走滑断层，断层倾角主要为 60°～80°，凸面带(弧形基底断层外侧)断层倾角中等—高陡，为 60°～90°。

非均质-层间玻璃珠物质弥散性走滑剪切变形模拟实验中(模型 6)，砂箱物质走滑变形形成雁列式、右阶展布的 R 和 Y-走滑断裂(图 6-3、图 6-4、图 6-9)。走滑断裂走向末端未形成明显的走滑逆冲断层，但沿走滑断裂走向仍然具有微弱的倾角减小特征(尤其是在凸面带)，如切片 1 和切片 5(图 6-9)。通过砂箱物质表面走滑断层端点之间的距离揭示模型 6 中变形带宽度约为 10cm(图 6-3)，表明砂箱物质发生较强的走滑构造变形作用，尤其是走滑剪切变形中-晚期弧形基底断层内侧(凹面带)形成连续的逆冲走滑断层，且发生断层分支生长。弧形基底断层内侧(凹面带)和外侧(凸面带)走滑断层走向与基底断层走向之间的夹角值相似，为 10°～30°(图 6-6)。砂箱模拟实验结果切片表明，走滑断裂垂向上位于两条弧形基底断层中心，凹面带走滑断层具有凹面向上和平直的断面几何学特征，其断层倾角约为 50°；凸面带走滑断层具有凸面向上和平直的断面几何学特征，断层倾角较大，为 60°～90° [图 6-9(c)]。

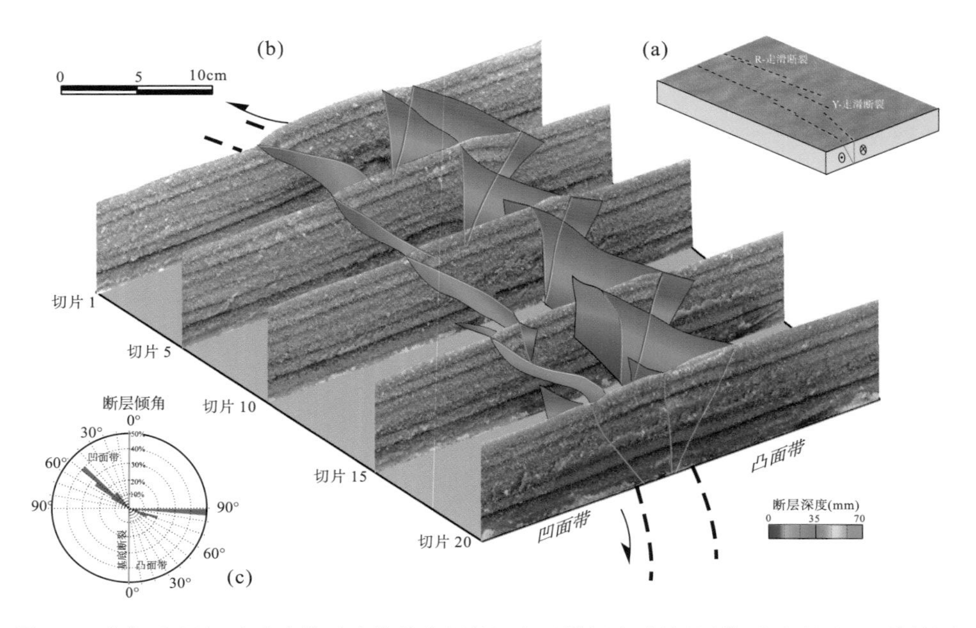

图 6-9 非均质-层间玻璃珠物质弥散性走滑剪切变形模拟实验结果(模型 6)断层 3D 结构图

注：砂箱物质凹面带(弧形基底断层内侧)形成连续的逆冲走滑断层，断层倾角主要为 45°～55°，凸面带(弧形基底断层外侧)断层倾角中等—高陡，为 80°～90°。

6.2.3 非均质-层间硅胶物质模拟实验结果

非均质-层间玻璃珠/硅胶物质吕德尔走滑剪切变形模拟实验中(模型 7)，砂箱物质表面形成大致平行于弧形基底断层的变形带，变形带发育雁列式、右阶展布的走滑断裂，但其变形带宽度明显较窄(图 6-10)。实验结果切片揭示垂向上走滑断裂与弧形基底断层相连并构成明显的花状构造，且大量走滑断裂截止或终止于砂箱物质中的硅胶层系。进一步通过不同切片对比表明走滑断裂走向上倾角变化不明显，其断层倾角值主要为 75°和 90°，如切片 8 和切片 17(图 6-10)。非均质-层间玻璃珠/硅胶物质弥散性走滑剪切变形模拟实验过程(模型 8)，总体上与模型 6 具有较大的相似性。砂箱物质表面走滑剪切形成雁列式、右阶展布的走滑断裂，变形带宽度较窄(图 6-10)。垂向上走滑断裂位于两条弧形基底断层中心、向上终止于上覆硅胶层系，且深部构成花状构造。弧形基底断层外侧(凸面带)走滑断层具有较大的倾角，为 70°～90°，内侧(凹面带)具有相对较小的倾角，为 40°～60°，如切片 2 和切片 12(图 6-10)。

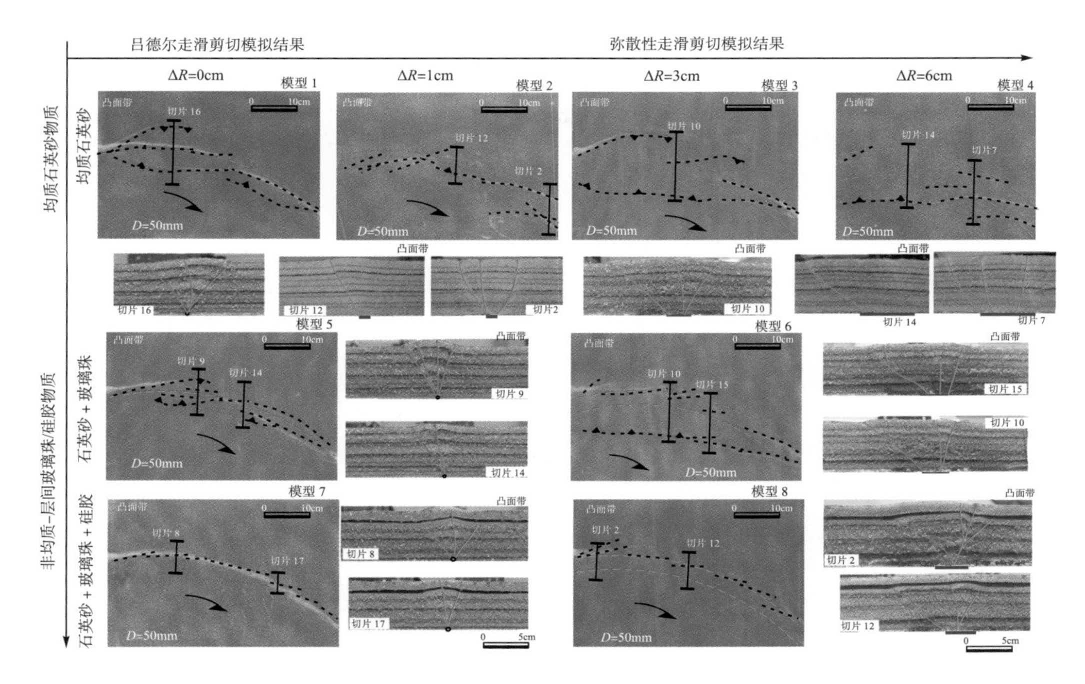

图 6-10　砂箱物理模拟实验结果综合对比图及其典型切片剖面特征

注：砂箱物质顶面结构上弧形走滑剪切及其相关花状构造几何学大小由模型 1 至模型 7、由模型 3 至模型 8 都逐渐减小，表明非均质性层间物质对于走滑剪切变形作用过程的重要控制影响作用。ΔR 为基底板块半径间距，揭示吕德尔和弥散性走滑剪切作用。随基底板块半径间距(即弥散性剪切带宽度增大)增大，砂箱物质凹面带内侧形成贯通的连续逆冲走滑断层，如模型 3 和模型 4。

6.3　弧形走滑剪切系统构造变形特征

本章节共设计 8 组弧形基底断层走滑剪切模拟实验，其实验结果综合对比特征如图 6-10 所示。所有模拟实验过程中，随走滑缩短量增大，弧形基底断层走滑剪切变形作用逐渐增强，导致砂箱物质形成雁列式展布的 R 和 Y-走滑断裂，如模型 1～3 和模型 5 等(图 6-10、图 6-11)。R-走滑断裂走向末端，普遍发育走滑逆冲断层，如模型 1、3 和 5。走向上断层逆冲变形分量增加可能是由于 R-走滑断裂走向相对于弧形基底断层发生变化，导致持续走滑变形过程中断层主应力场变化产生逆冲构造变形。Richard 等(1995)基于砂箱物理模拟实验揭示断层变形样式受垂直于基底断层的主应力控制，R-走滑断裂走向弧形弯曲变化，形成与本章节实验中相似的走滑逆冲断层。当走滑运动矢量与走滑逆冲矢量具有较小的比值特征时，即 SS/DS=1.9(Richard et al.，1995)，Richard 等(1995)实验模拟结果与本章节实验结果具有较大相似性。一般而言，空间上距离(弧形)基底断层较近的 R-走滑断裂通常发生较强的走滑剪切变形；而距离(弧形)基底断层较远的 R-走滑断裂发生较强的逆冲构造变形。

虽然本章节中设计的弧形基底断层走滑剪切物理模拟实验的结果与早期平直基底断层走滑剪切实验的结果具有一定的相似性，如 R-走滑断裂几何学、走向传播生长等(Richard et al.，1995；Schellart，2003)，但是它们之间也具有明显的差异性(图 6-11)，主要体现在如下几个方面：①弧形基底断层走滑剪切实验中以 R 和 Y-走滑断裂为主，缺少 P、R′ 和共轭走滑断裂等；②走滑断裂倾角沿其走向上具有逐渐减小变化的特征，空间上构成螺旋状或“铰剪状”断面几何学样式(图 6-5，图 6-7～图 6-9)；③本次模拟实验结果中走滑断裂仅位于基底走滑断层外侧(凸面带)或内侧(凹面带)，其空间形态特征具有半螺旋状特征(图 6-11)，与平直基底断层模拟实验中的走滑断裂位于基底断层两侧的特征具有一定的差异性(Richard et al.，1995；Ueta et al.，2000；Schellart and Nieuwland，2003；Dufréchou et al.，2011)；④平直基底断层模拟实验揭示基底断层两侧夹角值恒定(图 6-6、图 6-11)，而弧形基底断层两侧相关走滑断裂走向夹角值(与弧形基底断层走向的)具有一定的差异性。一般而言，走滑断裂走向与弧形基底断裂走向之间的夹角值在凸面带(弧形基底断层外侧)更大，揭示出走滑剪切变形作用过程中非对称性的几何学特征。它可能受控于旋转走滑剪切变形过程中，凸面带(相对凹面带)具有较大的剪切速率或切向走滑速率。

均质石英砂吕德尔走滑剪切物理模拟实验中，走滑断裂垂向上与弧形基底断层相连接，垂向切片上具有大致对称的花状构造(图 6-5、图 6-7 和图 6-10)，平面上形成叠置的花状构造样式(如模型 1 和模型 5)。尤其是，弧形基底断层外侧(凸面带)走滑断层具有凸面向上或平直的几何形态，其断层倾角较陡，为 60°～90°；弧形基底断层内侧(凹面带)走滑断层具有凹面向上或平直的几何形态，其断层倾角较缓，为 40°～50°。Dufréchou 等(2011)基于相似的弧形基底断层走滑剪切物理模拟实验，揭示走滑断裂倾角与断裂至基底断层间距离具有一定的线性关系。但本章节中主要模拟实验结果未观察到相似的倾角与(断裂至基底断层间)距离之间的关系特征，尤其是走滑断裂沿走向发生变化，这与本组实验中两类(即 Y 和 R)走滑断裂相一致(图 6-5、图 6-7～图 6-9)。

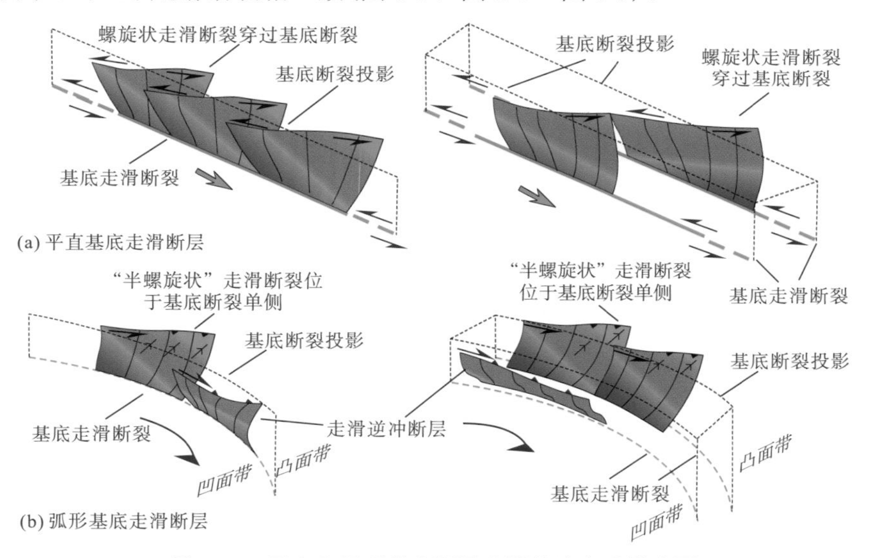

图 6-11　平直和弧形基底断层走滑构造变形模式图

(a) 平直基底断层走滑构造变形模式图［据 Naylor 等(1986)，Richard 等(1995)修改］，断裂分布于基底断层两侧、具有明显的螺旋状几何学特征；(b) 弧形基底断层走滑构造变形模式图，断层分别分布于基底走滑断裂两侧，具有半螺旋状几何学特征，尤其是弥散性走滑剪切变形过程中基底断层凹面侧形成连续的走滑逆冲断层，揭示出弧形基底走滑断层上覆物质(凸面带/侧和凹面带)具有明显的非对称变形特征

弥散性走滑剪切物理模拟实验中，雁列式、右阶展布的走滑断裂侧向扩展生长、逐渐形成连续的逆冲走滑断层，如模型 3、4(图 6-10)，尤其是在弧形基底断层内侧(凹面带)。即使是在非均质性-层间玻璃珠物质模拟实验中也能够观察到相似的连续性逆冲走滑断层样式，如模型 6。垂向切片上，弧形基底断层内侧和外侧走滑断裂具有不同的断层倾角和变形带宽度，揭示出弧形走滑剪切过程中的非对称性变形特征。弧形基底断层外侧(凸面带)走滑断裂发育较陡的断层倾角，构成花状构造；内侧(凹面带)逆冲走滑断层具有相对凹面向上的几何形态和较小的断层倾角(图 6-5、图 6-7～图 6-9)。McClay 等(2004)和 Leever 等(2011)基于低角度斜向挤压走滑砂箱物理模拟实验，揭示沿基底速度不连续面(即基底断裂带)不对称的变形特征，楔形体后缘走滑逆冲断层具有较陡的倾角，楔形体前缘则主要以低角度逆冲断层为主。其模拟实验结果与本章节弧形基底断层走滑剪切物理模拟实验中基底断层带两侧断层倾角差异性特征具有一定的相似性，由于弧形弯曲的基底断裂可能导致上覆砂箱物质发生走滑拉分或走滑挤压构造变形特征，它们主要取决于局部的断层走向与变形位移矢量之间的关系(Leever et al.，2011；Dufréchou et al.，2011)。一般而言，弧形基底断裂内侧(凹面带)更加倾向于发生走滑挤压构造变形过程。弧形基底断裂走滑剪切构造变形过程中，上覆物质位移速度矢量伴随弧长或半径的变化而发生变化，外侧(凸面带)相对于内侧(凹面带)具有较大的位移速度，伴随走滑速度增大外侧可能发育更高成熟度的断层样式，从而导致外侧和内侧具有非对称性变形特征。需要指出的是，沿构造带走向上由于变形位移速度变化所导致的结构-构造样式的变化广泛发育于挤压和拉张构造变形物理模拟实验和自然界中(Soto et al.，2006；Molnar et al.，2017；Zwaan et al.，2020)。

早期平直基底断层走滑剪切物理模拟实验中(如具有两条平直基底断层)，断裂样式(如单个断层带和两个独立的断层带等)主要受控于基底断层间距(S)与上覆砂箱物质厚度(T)之比(Richard et al.，1995；Schellart and Nieuwland，2003)。本章节所设计的 8 组物理模拟实验中，断层间距与砂箱物质厚度之比(S/T)为 0.2(如模型 1、2)～1.1(模型 4)。弥散性剪切物理模型中(即模型 3 和模型 4)具有较大的 S/T 值，其砂箱物质凹面带(弧形基底断层内侧)形成一条显著且连续的逆冲走滑断层(图 6-10)；与之相反，具有相对较小 S/T 值的模型 2 中，砂箱物质形成明显的花状构造。

非均质-层间玻璃珠物质走滑剪切物理模拟实验中(如模型 5、6)，变形带宽度相对于均质石英砂物质模拟实验(如模型 1、3)明显较小(图 6-3、图 6-10)，同时前者断层具有凸面向上或平直的几何形态、较陡的断层倾角。尤其是，非均质-层间玻璃珠/硅胶物质模拟实验中，如模型 7 和模型 8(图 6-10)，砂箱物质表面走滑断裂变形带平行于弧形基底断层且变形带较窄，垂向切片上揭示走滑断裂截止于硅胶层系，深部走滑断裂构成花状构造，变形带较宽。Richard 等(1995)基于具层间软弱层系的砂箱物理模拟实验，揭示出断层在软弱层系发生断裂垂向分支生长。本章节中层间硅胶层系对于走滑断裂垂向生长具有明显的抑制作用，从而导致断裂截止于层间硅胶层系。因此，自然界中非均质性地层属性，尤其是软弱滑脱层系，对于断层几何样式和构造变形过程具有一定程度上的控制影响作用。

6.4　自然原型弧形走滑系统对比特征

西昌盆地位于青藏高原东南缘(图 6-1、图 6-12)，西昌盆地、四川盆地和楚雄盆地晚三叠世以来具有相似的陆相沉积建造和古生物等特征，它们构成了晚三叠世扬子板块西缘龙门山—锦屏山褶皱冲断所形成的扬子板块西缘前陆盆地——上扬子前陆盆地(Wang et al.，1998；Tapponnier et al.，2001；Deng et al.，2018)。新生代受控于青藏高原东向扩展变形与鲜水河—大凉山—小江断裂带左旋走滑断裂，导致上述盆地肢解分异，形成现今扬子板块西缘典型的陆相盆地。大凉山断裂带为鲜水河—小江左旋走滑断裂带中段，是一条约200km 长的弧形弯曲断裂带，其北部为 NW—SE 走向，南部为近 S—N 走向。基于地表地质调查揭示大凉山断裂带左旋走滑变形 60～80km 的位移量，导致西昌盆地形成系列断层相关褶皱和非对称性雁列式展布的背向斜等构造，从而控制着西昌盆地现今主要的含油气构造圈闭(图 6-12)。西昌盆地地层序列可以大致分为晚三叠世—古近纪陆相和湖相碎屑岩、震旦纪—中三叠世变质岩和海相碳酸盐岩层系。由于鲜水河—大凉山—小江断裂带大规模左旋走滑构造变形，导致西昌盆地东侧大凉山构造带发育典型的花状构造，其主断层带普遍切割基底，走滑断层普遍倾角高陡，为 60°～90°，具有凸面向上或平直的几何形态。与之相对应的是，西昌盆地西侧断层(大凉山弧形走滑断裂带内侧/凹面带)主要发育于盖层中，如喜德断层、安宁河断层等，它们普遍具有较小的断层倾角，为 40°～50°，断层形态多为凹面向上(或铲式)和平直的几何形态。

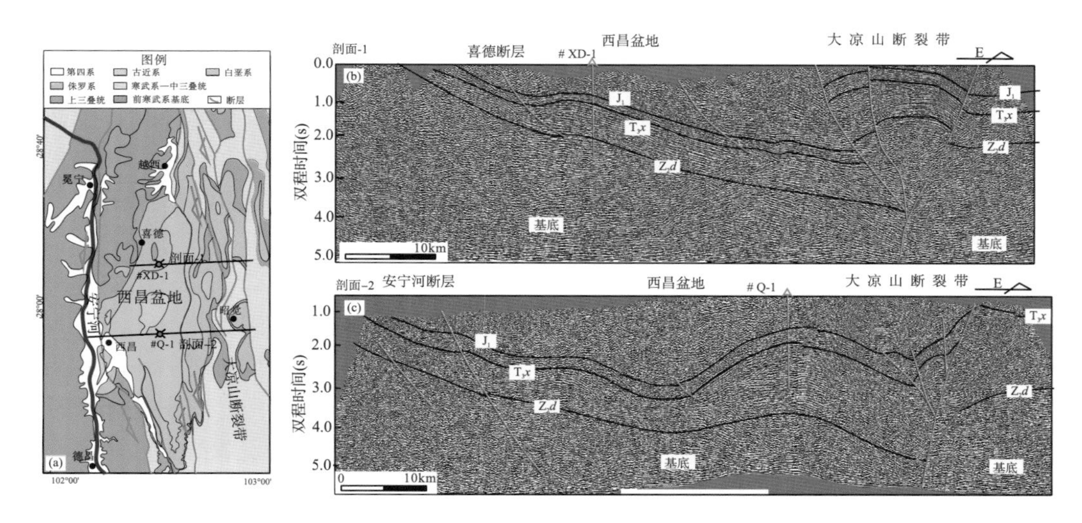

图 6-12　青藏高原东缘西昌盆地—大凉山弧形左旋走滑断裂带变形特征

(a)大凉山断裂带地质图，揭示出明显的雁列式走滑断层展布特征；(b)、(c)地震剖面构造解释，揭示出走滑断裂带花状构造特征，尤其是西昌盆地西侧(弧形走滑断裂内侧/凹面带)断裂，相对于东侧断裂，具有明显较低—中等断层倾角特征，与物理均质石英砂弥散性走滑剪切模拟实验结果(模型 3)具有一定的相似性

西昌盆地地表构造和地震剖面特征与均质石英砂弥散性走滑剪切模拟实验结果(即模型 3)具有较好的相似性(图 6-7、图 6-12)。西昌盆地西侧(大凉山弧形走滑断裂带内侧/凹面带)发育明显的走滑逆冲断裂，如安宁河和喜德断层等，这与模型 3 中凹面带发育的连续的逆冲走滑断层具有一致性。西昌盆地西侧主要断层普遍具有相对于东侧(大凉山断裂带)较小的断层倾角；同时，大凉山断裂带平面空间上主断裂具有雁列式展布特征，地震剖面上主断裂组成明显的花状构造样式，结构特征与模型 3 中普遍相似，尤其是在弧形基底断层外侧/凸面带［如切片 10(图 6-7)］。

青藏高原东南缘莺歌海盆地发育大量的基底走滑结构，它们受控于红河弧形走滑断裂体系，从而形成中新生代裂谷-被动边缘盆地及其相关沉积充填序列(Rangin et al.，1995；Zhu et al.，2009)(图 6-1、图 6-13)。因此，莺歌海盆地发育中生代前裂谷期变质基底、始新世—中新世同裂谷期河湖相-海相沉积地层、中新世—第四纪裂谷后期海相碎屑岩和少量碳酸盐沉积。早中生代大规模左旋走滑剪切构造变形导致莺歌海盆地形成系列走滑断裂及相关花状构造，莺歌海盆地西侧(弧形基底断裂带内侧/凹面带)走滑剪切断裂普遍具有平直的几何形态和较低的断层倾角，为 40°～60°，如红河断层；莺歌海盆地东侧(弧形基底断裂带外侧/凸面带)走滑断裂普遍具有凸面向上的几何形态、较陡或近垂直的断层倾角，形成非对称性的花状构造样式。需要指出的是，盆地演化晚期基底走滑断裂未能切割上覆较年青层系(即裂谷后期层系)，如裂谷后期黄流组顶面构造图揭示红河断裂、宋罗断裂等未能切割裂谷后期层系中新统黄流组，而下覆层系中新统三亚组受断层切割作用明显。

红河断层是青藏高原东南缘哀牢山—红河弧形走滑断裂带的南段，普遍切割莺歌海盆地基底，同时形成系列雁列式、右阶展布的走滑断裂(图 6-13)。其断层空间展布和变形结构特征等与非均质-层间玻璃珠物质弥散性走滑剪切模拟实验结果(模型 6)具有较好的相似性(图 6-3、图 6-10)，如弧形基底断裂内侧/凹面带逆冲走滑断裂和凸面带雁列式走滑断裂样式等。莺歌海盆地 SW 侧(弧形基底断层内侧/凹面带)断层具有较缓的断层倾角(相对于莺歌海盆地 NE 侧)，这与模型 6 实验结果中，凹面带相对于凸面带断层倾角差异性及其非对称性变形结构样式相一致(图 6-9)。

需要指出的是，非均质-层间玻璃珠/硅胶物质模拟实验结果中(模型 7、8)，上覆层间硅胶层系对于下覆深部走滑断层垂向生长传播具有明显的抑制作用，因此不同层系顶面构造图具有明显的差异性。与之相似，莺歌海盆地裂谷后期黄流组顶面构造图(图 6-13)未发现明显的下覆断裂体系切割变形作用，而与下覆三亚组顶面构造图(即红河断裂等断距明显)形成明显的对比，因此，我们认为裂谷后期中新统黄流组对下覆走滑断层垂向生长传播具有明显的抑制作用。红河断裂带和莺歌海盆地近 5.5Ma 以来，仍然存在强烈的走滑变形，其位移量达到 60～100km(Rangin et al.，1995；Zhu et al.，2009)，因此如果黄流组对下覆断裂体系垂向生长传播不具备抑制作用，那么黄流组顶面构造图应该与三亚组顶面构造图具有相似的断裂切割特征。

本章节通过系列弧形基底断层吕德尔和弥散性走滑剪切物理模拟实验，揭示出弧形基底断层内侧(凹面带)和外侧(凸面带)具非对称性构造变形特征。走滑变形作用早期形成系列雁列式、右阶展布的 R 和 Y-走滑断裂；随后走滑断裂侧向生长传播，在断裂末端形成典型的走滑逆冲断层，尤其是凹面带形成连续的逆冲走滑断层。沿弧形基底断层两侧（即凹面带和凸面带）的走滑断裂具有非对称的形态学、断层倾角和走向夹角等特征。凸面带走滑断裂总体上具有较陡的断层倾角，为60°～90°（凹面带倾角较缓，为40°～50°），尤其是走滑断裂倾角沿走向具有减小的变化特征。垂向切片空间上，走滑断裂与深部弧形基底断层相连构成花状构造；平面空间上，花状构造普遍沿弧形基底断层呈雁列式或叠置状展布。尤其是，非均质-层间玻璃珠/硅胶物质走滑变形过程中，层间滑脱层系对于下覆走滑断裂垂向生长传播具有明显的抑制作用，导致深部走滑花状构造在浅表仅形成较窄的走滑剪切变形带，体现出垂向分层的结构变形样式。

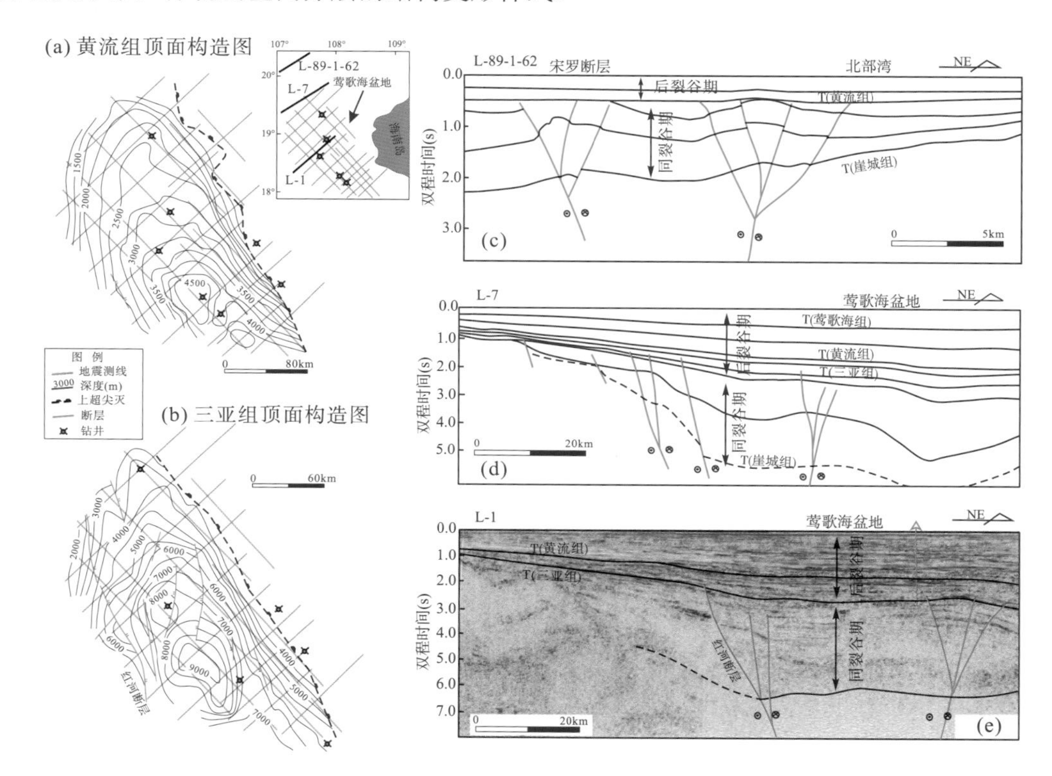

图 6-13　莺歌海盆地走滑剪切构造变形特征对比图

(a)、(b)中新统黄流组和三亚组顶面构造图［据 Hu 等(1991)修改］，其中三亚组顶面构造发育雁列式走滑断裂与上覆黄流组顶面构造图具有明显差异；(c)～(e)莺歌海盆地由北向南构造剖面特征图［据 Rangin 等(1995)，Zhu 等(2009)修改］，总体上揭示出莺歌海盆地西侧断层以中低倾角为主，小于盆地东侧断层垂直和高角度倾角

第 7 章　浅表底辟构造砂箱构造物理模拟研究

底辟(diapir)术语起源于希腊文字“diaperainen”(译为“刺穿”，to pierce-through)，20 世纪初学者 Mrazek 首次使用该术语来描述罗马尼亚阿尔卑斯带的盐构造变形特征，它强调膏盐底辟类似于岩浆侵位过程，其强力推开/刺穿上覆的数千米沉积层系。当前底辟构造仍然沿用、发展该术语的内涵，通常泛指较弱层系流动变形导致形成明显与其围岩不协调的构造；它不仅发育于膏盐层系，还发育于与围岩具明显压力、强度差异等相对较弱的任何地质体中，如页岩、岩浆体等。底辟构造的形成常归因于底辟岩层与围岩的(源于温度、压力、成分和相态等因素的)密度差异，因此自然界中常常存在不同形式和结构的火山底辟、泥岩底辟和膏盐底辟(图 7-1)。膏盐和泥岩底辟由于能够在地壳浅表温-压条件下发生流动刺穿变形等而备受关注和研究，尤其是它们通常伴随巨量油气和矿产资源(李江海等，2015；Warren，2016)，如扎格罗斯褶皱冲断带、巴西深水盆地、尼日尔三角洲地区、德国蔡希斯坦钾盐盆地和美国大盐湖城区域等。底辟生长导致上覆层系发生同构造变形，伴随油气等流体运移形成不同类型的底辟刺穿、构造-岩性油气藏或矿藏等，如莺歌海盆地东方气田、北海中央地堑、Vϕring Plateau Ormen 气田等，其最大油柱高度可达 300m，它们是墨西哥湾油气产区单位面积内产量最丰富的圈闭类型(Rise et al.，2017)。对于底辟结构形成演化过程及其相关断裂系统特征的有效解译，大大提高和推进了石油工业界对底辟构造发育带油气的勘探发现，最典型表现在：放射状断裂成因机制由早期的浮力和主动侵入成因机制逐渐转变为盐收缩成因和盐下沉构造成因，如路易斯安那州 Cote Blanche 油田；地震解释中底辟带侧翼环状断裂体系逐渐被不整合和侧向沉积尖灭解释方案替代，如得克萨斯州西萨拉托加油田。

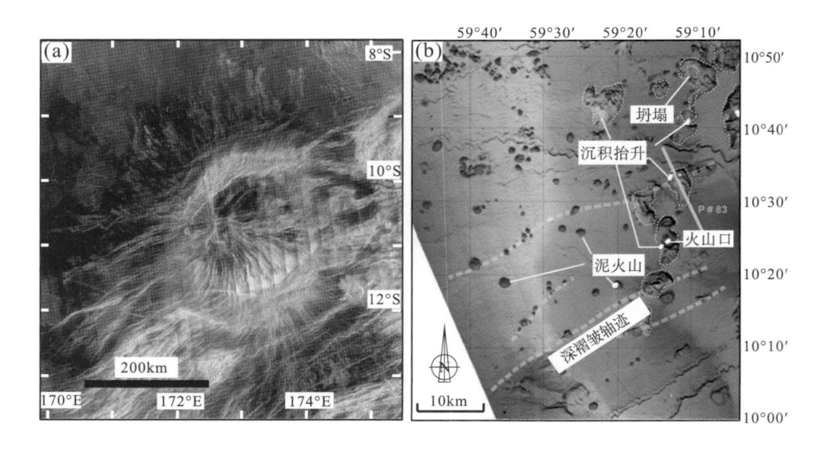

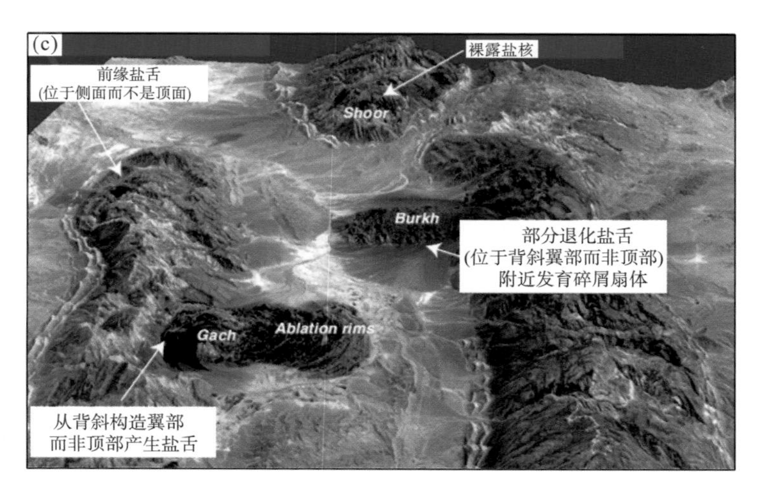

图 7-1　地球和类地行星典型火山底辟、泥岩底辟和膏盐底辟地貌-结构特征图

(a)金星浅表岩浆底辟构造，具典型的放射状断裂体系和熔岩流(Hansen，2003)；(b)Trinidad 地区 Barbados 增生楔形带泥火山构造(Deville et al.，2006)；(c)伊朗 Gach-Shoor 地区盐底辟相关构造地表特征(Warren，2016)

因此，本章节主要基于以自然底辟相关构造为研究对象的砂箱物理模型实验-实例互证研究结果，系统阐述地壳浅表底辟构造实验-实例互证相似性机理，综述砂箱物理模型实验所揭示的底辟构造形成演化过程与机制，并以南海莺歌海盆地底辟构造实例对比探讨以期为研究同行提供参考与借鉴。

7.1　自然界底辟构造形成过程机制与特征

板状膏盐层主要受浮力、热对流和差异载荷/应力等不同条件影响发生垂向和侧向空间变形，形成波长为 7～26km 的、形态各异的盐枕、盐滚、盐墙、盐推覆体、盐底辟等构造，其应变速率为 10^{-16}～10^{-8} s^{-1}，膏盐结构演化过程常常受底辟刺穿、上覆能干层和膏盐源岩层脱离等作用而停止，但后期的埋深压实可能导致膏盐底辟构造的再活化。基于墨西哥湾和东德克萨斯盆地膏盐底辟构造形成发育年龄、形态学和生长速率等统计表明，底辟构造发育于不同的构造带(如大陆坡、大陆架、海岸平原等)，伴随形成年龄增大其顶部面积和椭圆度逐渐减小，约 40Ma 时期普遍达到其结构成熟度，盐枕构造平均生长时间约为 20Ma，底辟构造平均生长时间约为 25Ma(图 7-2)。同时，由于围岩与底辟物质黏度系数的差别，形成明显不同的(非)成熟性底辟顶部特征，如拇指状(黏度系数比远远小于 1)、蘑菇云状(黏度系数相近)和斑点状/气球状(黏度系数比远远大于 1)形态等。同时基于统计揭示墨西哥湾和扎格罗斯褶皱带主要的底辟构造直径为 2～7.8km(平均约为 5km)，面积为 1～33km^2(Jackson and Talbot，1986；Callot et al.，2012)；扎格罗斯远东地区发育多种形态的底辟结构，结合其现今地表形貌和结构特征可以进一步分为六大类型(图 7-2)：埋藏底辟、高起伏度活动底辟、盐喷泉/盐冰川底辟、剥蚀底辟、火山口/环形山底辟和断层底辟(Jahani et al.，2007)。

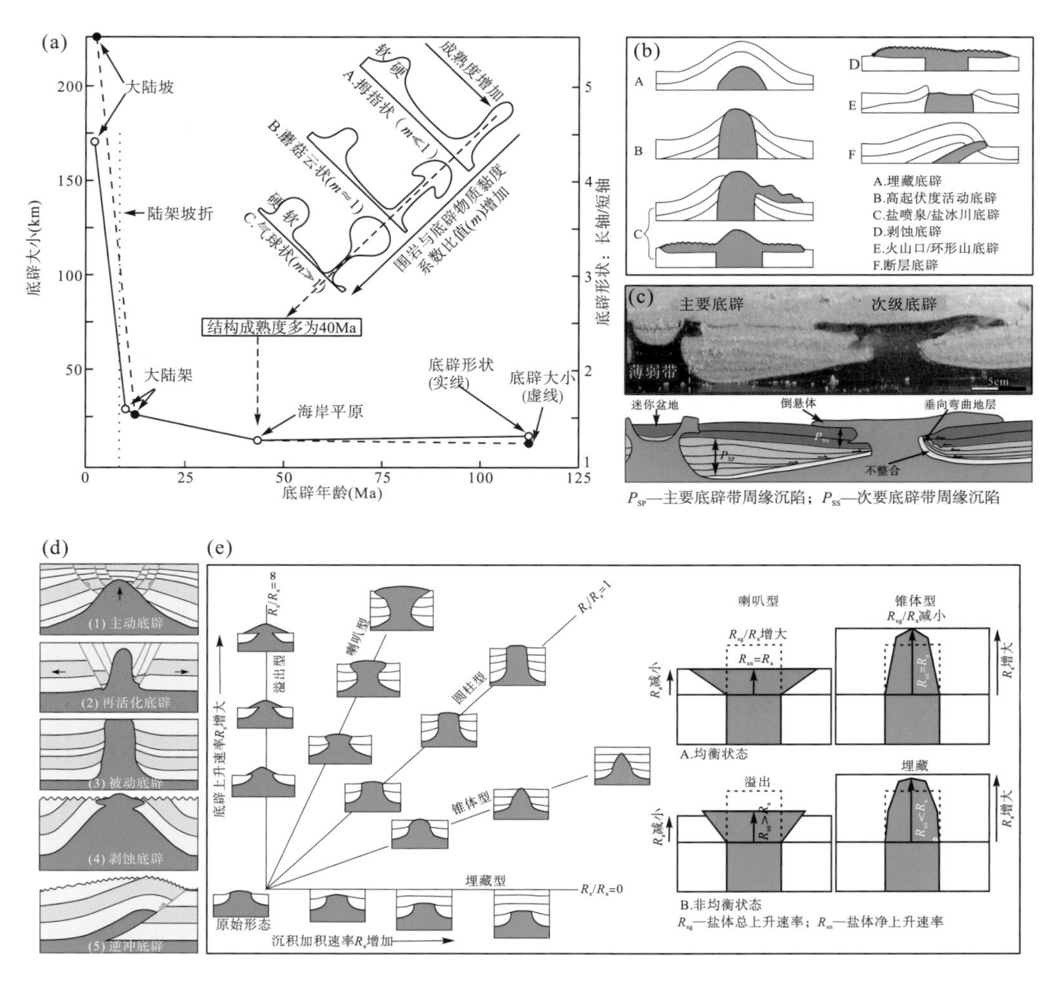

图 7-2　典型底辟构造生长形态、形成过程与机制

(a)底辟大小、形态、成熟度与底辟发育年龄及围岩/底辟物质黏度比的关系(Jackson and Talbot，1986)；(b)扎格罗斯远东地区多种形态底辟结构类型示意图(Jahani et al.，2007)；(c)底辟构造形成演化过程中主要/次级底辟构造带特征(Warsitzka et al.，2013)；(d)底辟构造形成的5种主要变形机制(Hudec and Jackson，2007)；(e)被动底辟构造形态受控于底辟上升速率与沉积物加积速率模式图(Talbot，1995；Karam and Mitra，2016)

7.1.1　底辟构造形成机制

一般而言，浮力作用下通常需要膏盐层系基底具有一定的有效起伏度(大于150m或者大于2/3～3/4围岩厚度)，才能形成底辟构造；砂箱物理模拟揭示基底盐起伏对盐流和盐上变形模式具有重要影响，基底起伏造成盐流通量不匹配(形成汇聚或发散盐流)，当加速或减速通过基底起伏时引起局部应力场变化，对含盐盆地深水底辟发育过程及其机制具明显控制作用。在伸展或者挤压背景下，先存的薄弱底辟带在流动过程中遇到基底起伏斜坡时将诱发再活化底辟，底辟成为局部横向挤压应变的产物(Dooley et al.，2017；Dooley and Hudec，2017)。差异负载作用是早期底辟构造形成的最常见的驱动机制，常常形成系

列不对称盐构造。较低的差异沉积载荷通常先诱发形成盐枕构造，沉积载荷进一步增加导致膏盐层系流动刺穿上覆岩层、沿其软弱带形成主要的底辟构造带，通常在主要底辟带周缘地区还会形成典型的隆起结构带（随后形成次级底辟构造带）（Vendeville and Jackson，1992；Warsitzka et al.，2013），如 North German 盆地 Dömitz 和 Gorleben 底辟构造带。伴随底辟构造形成演化，主要与次级底辟构造带之间具有明显的不对称同沉积地层、超覆不整合、沉积中心迁移/转变等典型结构特征（图 7-2）。重力扩展变形机制需要大量差异载荷诱发，但重力滑动变形机制却可以在任何地质条件下的膏盐层顶面发生，即使在坡度小于1°的被动大陆边缘或缺少异常压力等条件下也会发生。砂箱物理模型和自然界地质原型研究普遍揭示重力滑动并非被动大陆边缘环境下膏盐变形的主要机制，而单一差异载荷诱发的重力扩展构造变形机制也难以有效解释其复杂的构造变形过程与特征，其通常表现为滑动扩展构造变形，即受重力滑动和重力扩展双重作用控制（Rowan et al.，2012；Peel，2014）。此外，Weijermars 等（2015）在三维数值模型模拟中引入朗肯数（rankine number）揭示出地形坡度对底辟生长形态具有显著影响。

基于底辟构造形成演化过程，它主要包含 5 种变形机制（图 7-2）（Hudec and Jackson，2007）：①主动底辟，膏盐流动变形形成断层或刺穿上覆沉积盖层（上覆层系形成渐变的角度不整合接触界面/沉积厚度、顶部地堑结构等），其主要受底辟构造局部应力与黏度控制；②再活化底辟，膏盐流动被动响应上覆盖层减薄和/或弱化（上覆层系发生快速沉降和急剧的厚度变化），区域拉张活动停止则底辟过程停止（Vendeville and Jackson，1992）；③被动底辟，常常伴生于上覆盖层相对沉降过程（Talbot，1995），其存在典型板状或楔形的复合盐动力地层展布特征（Giles and Rowan，2012），被动底辟与主动底辟都是盐体相对上覆层向上流动形成的，其主要区别在于主动底辟是主动侵入先存上覆层（prekinematic layer），而被动底辟在盐体上升时伴随沉积加积作用，具有更显著的披盖褶皱（drape fold）；④剥蚀底辟，通常归因于上覆层系的剥蚀去顶作用，导致上覆地层厚度和压力减小而诱发底辟刺穿；⑤由逆冲推覆上盘膏盐层系侧向侵位形成的逆冲底辟构造。尤其是被动底辟变形过程，它可以发生在挤压或伸展构造背景下，且在不破坏上覆同沉积层系的情况下可能形成数千米的垂直异常底辟结构，世界上大多数巨型盐隆、盐墙的形成通常与被动底辟过程密切相关，被动底辟结构形态主要受控于底辟上升速率与上覆沉积物加积速率。

7.1.2　底辟构造结构与形态特征

基于天然盐底辟调查、固体矿产开发钻井和石油地球物理等研究，普遍揭示出底辟构造复杂的生长流动模式和内部变形结构（图 7-3），如欧洲西北部含盐沉积盆地、巴西桑托斯盆地等（Jackson et al.，2015）。底辟内部结构的典型演化过程如下：含膏盐/泥岩等软弱层系的褶皱波幅逐渐增大（即底辟初始形成阶段），导致深部低密度（富石盐的）盐岩向上流动刺穿上覆较高密度的层状（富硬石膏的）蒸发岩及其围岩层系。攀升的低密度膏盐层系将导致瑞利-泰勒不稳定性，加速底辟构造生长过程，常常在底辟带核部刺穿背斜，平面上形成典型的环带结构。同时，底辟构造带内（富硬石膏的）高密度层系早期伴随底辟生长过程，发生上升流动与变形，底辟生长停止后会发生明显的动力学不稳定下沉（Koyi，2001）。

由于膏盐层系的高流动性通常会形成由简单背斜结构组成的盐墙构造和复杂的盐内构造(如盐席和横卧褶皱等)。

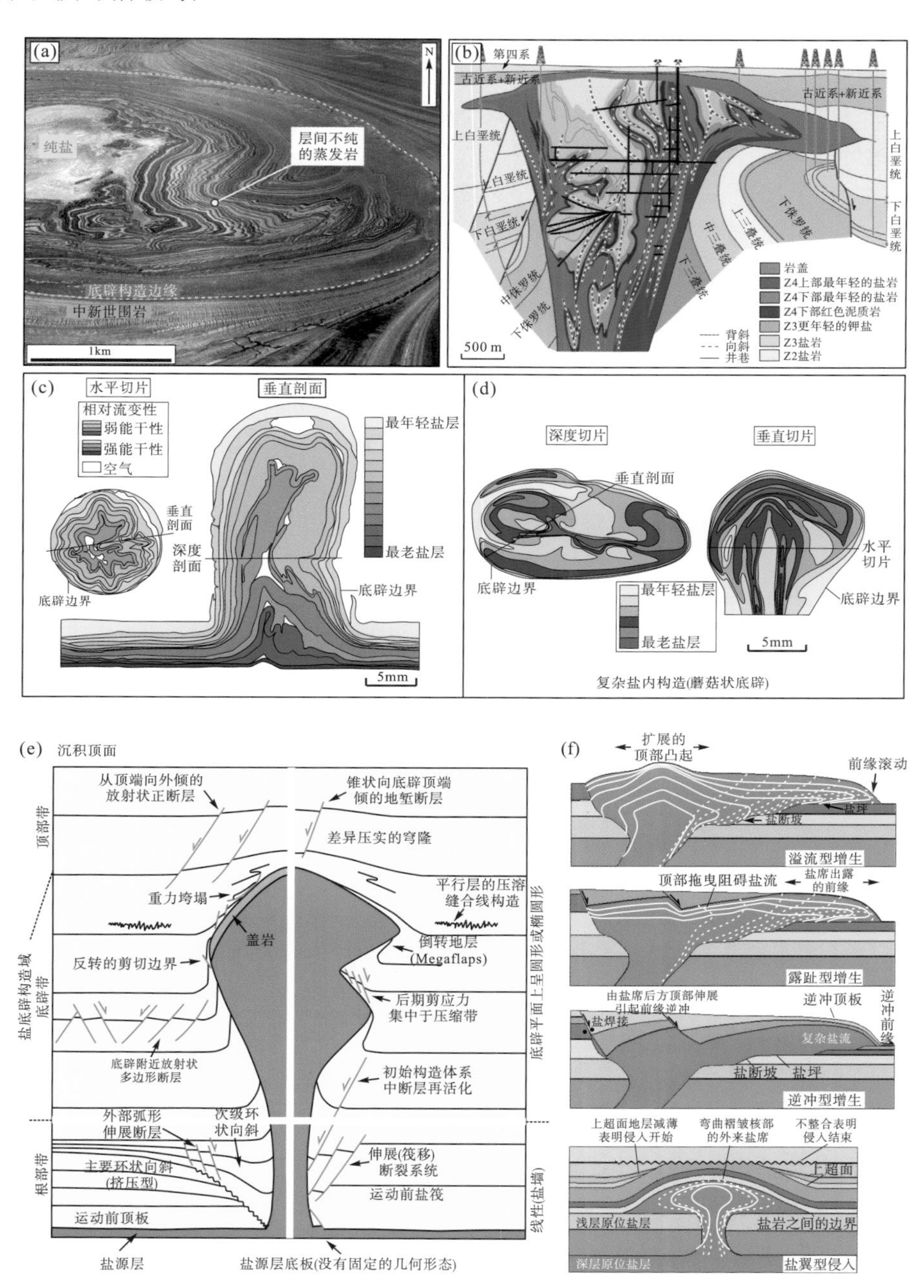

图 7-3 典型底辟构造结构特征综合图

(a)伊朗 Great Kavir 地区天然底辟构造，平面上具典型环带结构特征(Jackson et al.，1990)；(b)由矿井巷道和钻孔数据推测的德国 Hanigsen-Wathlingen 盐穹窿构造(Jackson et al.，2015)；(c)、(d)砂箱物理模型揭示盐底辟内部结构特征，与底辟源岩层相连的高塑性膏盐层系显著流动增厚，具有典型的简单背斜盐墙结构特征和复杂盐内构造(Jackson and Talbot，1989)；(e)典型成熟膏盐底辟构造分层/分带性［据 Stewart(2006)修改］；(f)4 种典型外来盐席增生方式(Hudec and Jackson，2007)，其中白线代表最初由矩形网格构成的变形标志体

一般而言，成熟底辟与围岩相关的伴生构造类型多样，包括各类褶皱和断裂系统、复杂地层接触关系及可能与岩性相关的滑动构造、压溶缝合线构造等。底辟纵向上可分为根部带、底辟带和顶部带，不同带的典型变形样式存在差异（图 7-3）：根部带变形样式反映底辟始发机制，底辟带变形样式记录底辟生长过程，顶部带变形样式反映底辟对上部地层的改造作用。异地盐席结构通常与不同规模的牵引构造（flap folds 及 megaflaps）相伴生，它们与原地低密度盐层向上流动或侧向侵位过程所产生的牵引剪切应力具成因关系。

底辟生长过程和生长方式多样，Hudec 和 Jackson（2007）将其归纳为（图 7-3）拉张底辟刺穿、挤压缩短底辟扩展、拉张/挤压底辟盐席侵位结构样式等类型。底辟净隆升速率与沉积速率的相对大小主要决定其垂向几何形态（顶宽底窄、垂直柱状和顶窄底宽），而盐席上覆岩层的几何特征及厚度决定不同底辟盐席的增生方式（溢流型、露趾型、逆冲型和盐翼型侵入）（Hudec and Jackson，2007）。盐翼型侵入仅限于含多套盐层的挤压反转盆地，因而比较少见；而溢流型、露趾型和逆冲型盐席常见于被动陆缘和褶皱冲断带-前陆盆地系统。在不同时空上，单一膏盐底辟构造都可能发生上述不同的增生变形过程，因此它们可能混生或叠加形成复杂多变的底辟盐席系列，基于盐源供给体的几何形状和最初增生模式，将盐席系列划分为盐塞供给溢流型、盐塞供给逆冲型和层状盐源供给逆冲型 3 类（Hudec and Jackson，2007）。盐塞供给溢流型常见于被动陆缘，而盐塞/层状盐源供给逆冲型常见于褶皱冲断带，但各类盐席侵位样式在不同构造环境中极其相似，这与被动陆缘存在局部挤压应力及地表盐流主要受重力扩展而发生横向流动有关。

7.1.3　底辟构造断裂特征与成矿/成藏

由于膏盐/泥岩层系的高塑性流动变形特征，底辟结构带通常发育相似褶皱的多期叠加变形构造，可能形成披盖褶皱、放射状褶皱、环状/圆周状褶皱和履带式褶皱等，如伊朗 Qum Kuh 底辟带。膏盐底部常形成流动变形剪切带、未固结破碎带和泥质带等，它们通常类似于近水平或低角度的泥岩剪切鞘褶皱结构带。底辟结构带浅表/顶部除受控于构造变形与区域应力场形成不同断裂体系外，通常还形成 3 类断层或裂缝体系：同心圆状/环状断裂体系、放射状断裂体系和多边形断裂体系（图 7-4、图 7-5），如北海 Central Graben 底辟带等。放射状断裂体系常常延伸和活动时间较长，与有效储层配置形成油气藏/矿藏；随应力减弱远离底辟结构带常常消失；多边形断裂体系主要为前两者相交的产物。它们通常与区域构造应力、底辟构造物质的各向异性/非均质性密切相关，或者与现今底辟构造地表起伏形态相关（Talbot and Aftabi，2004）。物质各向异性相关断裂体系，如成分分带性/分层性、岩石颗粒形态等决定其呈放射状或同心圆状展布；地表起伏相关断裂体系常常呈同心圆状特征展布，主要受控于底辟物质刺穿近地表带时重力释放、物质的剪切与扩散蠕变等因素，具有多边形节理、帐篷构造等特征。

底辟结构带侧部相对于底辟结构顶部具有更加复杂多变的断裂体系和典型的牵引剪切带（Alsop et al.，2000），断裂体系普遍呈高角度相交于地层，底辟形成过程中地层旋转变形具有明显多期活动和流体充注；常常沿地层界面形成大量顺层滑动断裂系统，尤其是存在大量的压溶缝合线构造。底辟构造形成过程中，由于上覆层系伴随底辟结构旋转而发生剪切，形成大量断裂系统，即牵引剪切带，其产状与底辟结构带近似平行，从而有利于底辟油气藏的侧向封堵性。底辟带上覆层系具较低的能干性时，如泥岩和粉砂岩等，牵引剪切带一般较窄且半固结成岩的滑动变形特征明显(图 7-4)；相反，能干性层系通常形成较宽的被断裂体系切割的底辟牵引剪切带，具应变集中特征，平行层剪切变形等明显，尤其是倾向底辟结构外侧的高角度断裂体系发育，底辟过程有效地扩展到相邻上覆层形成侧向底辟增生(Alsop et al.，2000)。

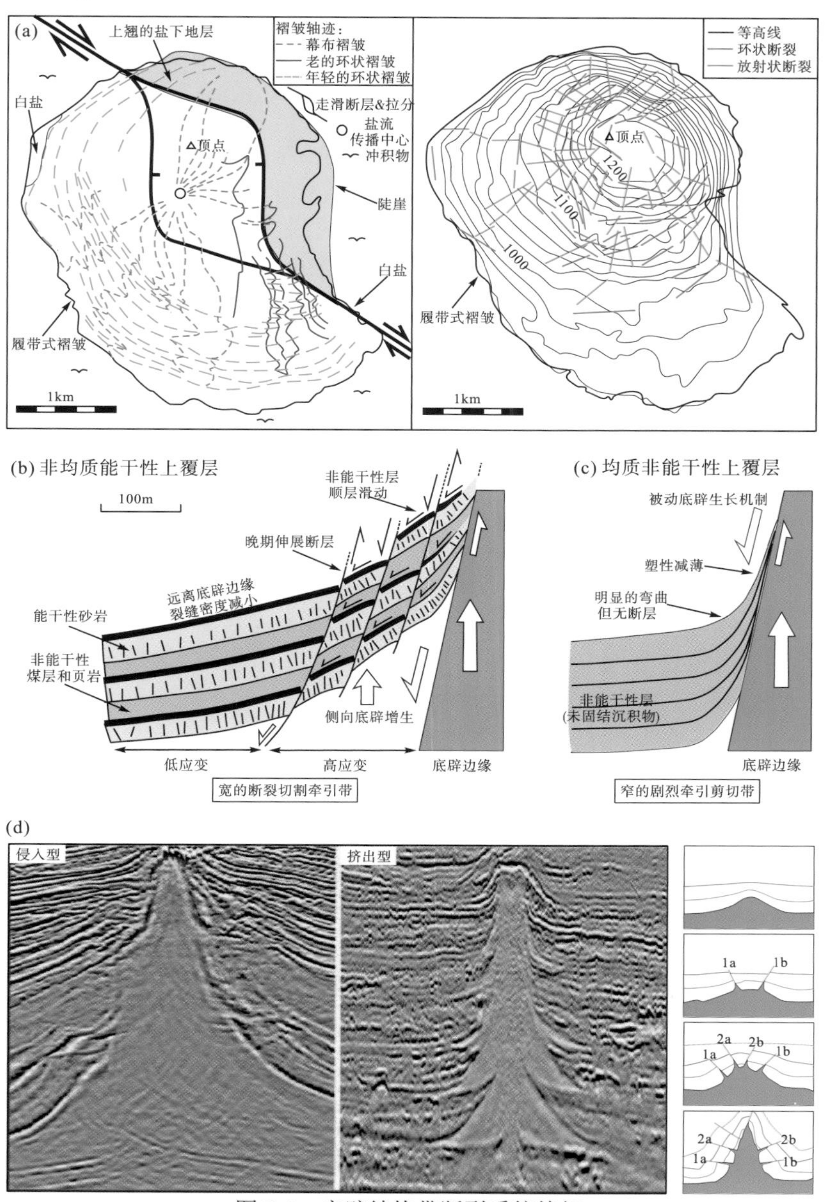

图 7-4　底辟结构带断裂系统特征

(a)伊朗 Qum Kuh 底辟带典型褶皱样式和断裂体系(Talbot and Aftabi，2004)；(b)、(c)受控于底辟过程和上覆层系能干性差异所形成的不同断裂体系特征对比图(Alsop et al.，2000)；(d)膏盐/泥岩层系相关的(侵入型和挤出型)圣诞树断层结构及其断裂形成演化过程模式图(Varela and Mohriak，2013)

透入性膏盐层系变形过程形成的底辟结构常伴生系列局部应变相关流体充填脉体，它们普遍具有高流体压力特征，且底辟结构带伴生的断裂体系受到后期构造叠加，从而具有更加复杂的构造特征(图 7-4)(Varela and Mohriak，2013；Wu et al.，2016；Alsop et al.，2000)。伴随底辟结构的持续生长，底辟构造顶部常常会形成扇形的、断面旋转的断裂体系，早期形成的断层倾角逐渐旋转减小(倾角减小至 20°～0°)，形成典型的圣诞树断层结构(Varela and Mohriak，2013)，它们普遍产生于膏盐底辟和泥岩底辟带，如德国 Zechstein 盐盆、巴西 Espirito Santo 盆地和亚马孙河流域地区等，与底辟顶部张性塌陷地堑结构伴生。它的形成主要归因于膏盐层系中盐岩的挤出流变作用和地层旋转过程(即旋转膏盐底辟相关断层动力学模型)，从而与围岩呈现出不协调侵入和协调挤出两种关系。尤其是，多期挤压构造变形过程中，受控于高压流体强活动特性与盐岩重结晶过程常形成系列“牛排式”剪切脉体带(Davison et al.，2017)，变形带中心为粗粒盐岩脉、外缘为(细)平行带状泥岩层系和重结晶盐岩，主要归因于高压流体幕式活动导致在剪张性裂缝内充填重结晶盐岩和未固结/液化泥岩，因此它们普遍与固体液化泥岩和固体盐岩伴生，如葡萄牙 Algarve 盆地。

虽然底辟结构带常常伴生大量剪切断裂体系导致圈闭封闭条件的动态变化，但由底辟上升拖曳或剪切形成的牵引褶皱及形成于沉积表面的披盖褶皱通常具有良好的油气圈闭特性，其烃柱可达数百米高。尤其是巨型牵引结构(Rowan et al.，2016)的识别为底辟结构带周缘较佳的油气勘探前景提供了佐证，如底辟伴生的迷你盆地等。巨型牵引结构由迷你盆地底部地层沿底辟结构侧面、高角度或倒转向上延伸构成，具数千米的几何尺寸，它常作为其周缘迷你盆地高压流体泄压区，能够为迷你盆地生长地层类优质储层提供较好的封闭条件。

7.1.4 泥岩和膏盐底辟差异性

虽然泥岩和膏盐层系底辟相关结构具有较大的相似性，但其构造样式、变形时间、变形位置及触发机制具明显差异。膏盐层系基本物质特性是其流动性，其黏度和应变速率取决于温度和水含量，但泥岩层系流动却常发生在快速埋藏的超压孔隙流体环境下，其底辟构造主要伴随高压流体活动特征，除了欠压实效应，蒙脱石-伊利石转换脱水及烃类生成过程产水是额外孔隙流体的主要来源，且烃类生成及裂解为天然气也是孔隙流体压力增加的重要机制。因此，泥岩底辟带流动构造变形通常会大大有利于流体(如油气类和富矿流体等)的多期运移聚集过程，其泥底辟带也常常作为重要的流体活动聚集带和富矿带，如 Gulf of Cadiz、South Caspian 拗陷等。泥底辟广泛发育于伸展、挤压、走滑等多种构造环境中，在数米至 15km 范围内沿片状层理滑动而产生内部变形。值得注意的是，尽管部分底辟前期阶段以流体活动为主，但泥底辟并不能视为流体活动的标志(Weijermars et al.，1993)。

Morley 等(2014)和 Warren(2016)对膏盐和泥岩底辟进行相关综述对比，揭示出两者的典型异同及其判别标志。与膏盐层系的大规模物质流动、主要通过牛顿流动而形成的底辟构造不同，泥岩层系通常发生超压流体“排驱流动”，泥岩底辟构造通常由未固结的含气性泥岩流动形成，流体含量决定了泥侵地貌(泥火山、泥丘、麻坑等)。泥岩底辟较少发育盐篷、盐舌等泥岩相关的构造，而通常表现为局部的小型圆柱状结构(即泥火山、泥烟囱等构造)。膏盐层系中底辟构造形成可能伴随膏盐的完全挤出拆离，形成龟背/假龟背构造和盐焊接构造等，但泥岩层系挤出拆离过程中通常形成大量低流动性/脱水泥岩，而较少发育焊接构造。膏盐相关底辟构造晚期常刺穿地表形成盐冰川等构造，但泥岩相关底辟构造在地表难以发生流动而通常形成伴随大规模含气性流体的泥火山和破火山口构造等(图 7-5)，常因浅表流体驱替及沉积物喷出而导致破火山口沉降。

膏盐底辟构造带和泥岩底辟构造带流动地层单元与其围岩间的接触关系具有重大差异。膏盐底辟带的流动变形主要发生于膏盐层系，但泥岩底辟带由于超压扩展属性导致其流动变形广泛地发生在泥岩及其围岩层系中，快速上升的孔隙流体(通常为水和甲烷)能使上覆沉积物“液态化”并夹带在流体中共同上升。超压普遍存在于膏盐和泥岩底辟构造中，但其发育位置和作用方式明显不同，膏盐中高盐度超压流体形成于盐侵入体之下或在盐晕包围的盐体之间，通过从深部溶解盐或沿盐体周围渗透性断层及裂缝上升，可能被圈闭或者运移至地表；作为对比，超压泥岩层系在不均衡压实作用下表现为向深部压力增加，即压力与深度有关，超压泥岩通过水力破裂上覆层而上升，并且携带围岩碎块(Warren，2016；Morley et al.，2011)。

泥岩流动通常需要更厚的上覆层或特殊的构造来保持超压条件，塑性泥岩由于压力释放或脱水作用将停止活动，或表现为随时间动态变化(不均衡压实超压泥岩逐渐过渡到压实破裂泥岩)；相比之下膏盐流动仅需要较薄的上覆层系(如盐筏的形成)，盐岩不稳定的物理特性促使其在整个沉积史中都可以变形、流动，且始终保持其塑性特征，即使长时间停止活动后仍可以再活化。

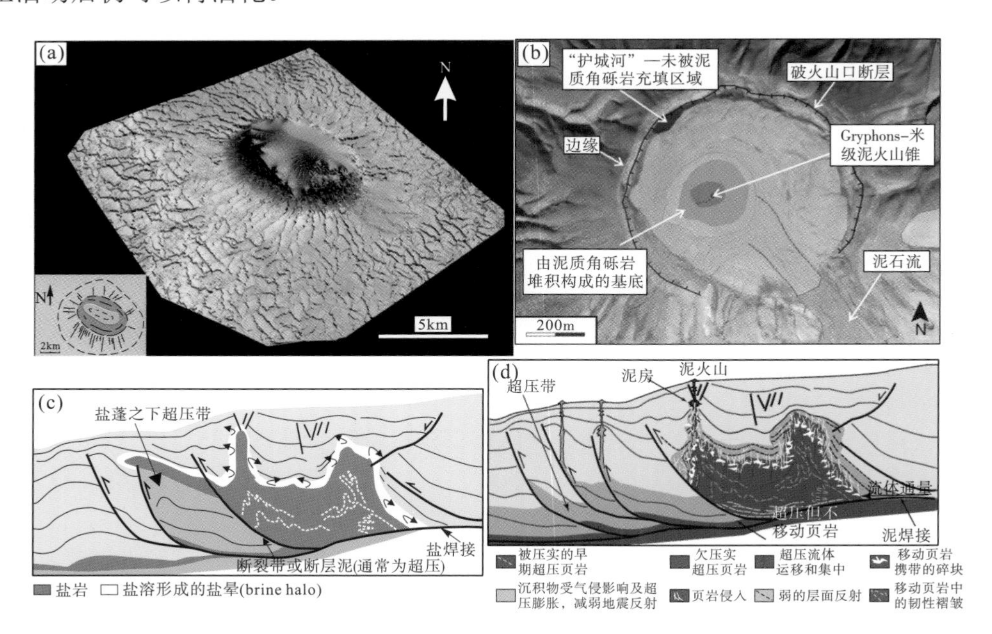

图 7-5　膏盐和泥岩底辟结构带断裂与流体差异性对比

(a) 北海地区 Banff 底辟构造三维结构及其(环状、放射状和多边形状)断裂体系特征图(Davison et al.，2000)；(b) 阿塞拜疆 South Caspian 盆地 Qaraqus-Dagi 泥火山口形貌及其断裂特征图(Evans et al.，2008)；(c)、(d) 泥岩和膏盐底辟构造样式及超压分布特征图(Morley et al.，2011)

7.2　底辟构造砂箱物理模拟实验

7.2.1　相似性原理

从自然界原型到实验室物理模型实验的物质变形普遍具有黏性流动特征，其物质流变学相似是几何学-运动学-动力学相似的基础，而动力学相似性主要基于惯性力、黏滞力、重力和压力梯度间的相似性。虽然早期 Ramberg(1981)提出 Re(Reynolds number)、Sm(Schmoluchowski number)、St(Stokes number)和 Rm(Ramberg number)无量纲参数来分别评价自然界原型-模型实验间的动力学相似性，指出仅当 Re 极小时($Re<10^{-20}$)自然界原型-模型实验间才具有动力学上的相似性(后 3 种参数主要与重力/黏滞力比率具有相关性)。因此，对于从自然界原型到实验室模型的变形过程，由于其本质上 Re 极小(尤其是在牛顿流体中)，它们将具有“与生俱来”的动力学相似性(Weijermars and Schmeling，1986)。虽然早期砂箱物理模型实验过程中主张自然界原型-模型实验物质变形遵循牛顿流体特性(Ramberg，1981)，但黏性流动物质流变学特性可能存在牛顿流体特性、幂律流体特性(power-law flow)和宾汉流体特性(Bingham flow)，且大量自然界岩石试验揭示出低应变条件下($10^{-14}s^{-1}$)物质变形遵循非牛顿流体特性(图 7-6)。只有当自然界原型-模型实验间具有几何学(包括地层属性)和运动学相似性时，低 Re 非牛顿流体物质变形才能满足动力学的相似性(Weijermars and Schmeling，1986)。基于应力-应变速率对数图，能够获得从自然界原型到实验室模型间的主要物质稳态流变学曲线，它不仅揭示出不同物质的相似特性，同时也指出自然界原型和实验室模型物质的剪切应变速率(分别在 $10^{-14}s^{-1}$ 和 $10^{-2}s^{-1}$ 时)普遍具有应变弱化特性。

一般而言，自然界膏盐层系应变速率通常为 $10^{-16}\sim10^{-8}s^{-1}$，而实验室模型应变速率通常为 $10^{-3}\sim10^{-1}s^{-1}$。虽然自然界原型和实验室模型中 Re 具有较大差异，但其弗劳德数具有较好的一致性，揭示出自然界原型和实验室模型中重力仍然是主要的应力机制，大大超过了系统中的惯性力和黏滞力。因此，通常可以使用 Sm 和 Rm 来分别计算对比实验-实例模型内部塑性和脆性变形物质之间的一致性(Sokoutis and Willingshofer，2011)，从而揭示实验-实例间的几何学-运动学-动力学相似性。

需要指出的是，从自然界实例到实验室模型膏盐和泥岩层系流动可视为泊肃叶流(Poiseuille flow)和库埃特流(Couette flow)(图 7-6)(Warren，2016)。膏盐/泥岩层系边缘受围岩黏滞阻力，呈现出中间变形速率高周缘变形速率低的管道流特征，即泊肃叶流模式，易发生于较厚的膏盐/泥岩层系中，如底辟或泥火山等。膏盐/泥岩层系顶部受到顶板拖曳作用发生流动(如岩层上下发生相对滑动)，导致顶部流动速率较高、向下逐渐拖曳、流动变形速率减小，即库埃特流模式，如膏盐/泥岩滑脱变形。因此，实验-实例过程膏盐/泥岩层系厚度及其与围岩厚度的比值至关重要。

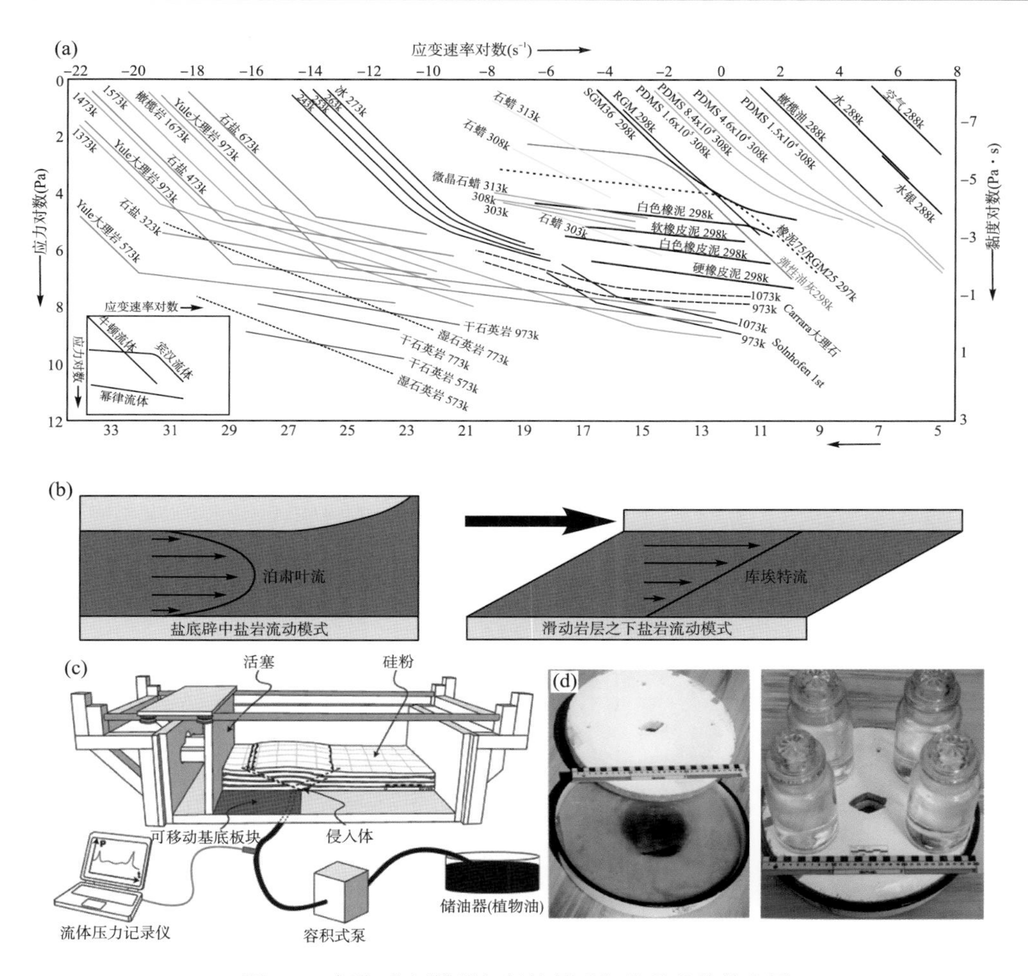

图 7-6　实验-实例模型相似性原理与边界条件综合图

(a)自然界实例-实验室模型物质应变速率特征对比(Weijermars and Schmeling，1986)；(b)自然界实例-实验室模型膏盐和泥岩层系典型流动特征(Davison et al.，1996)；(c)压力注入植物油方式模拟岩浆底辟作用(Galland et al.，2006)；(d)硅胶负载底辟方式模拟膏盐底辟作用(Talbot and Aftabi，2004)

7.2.2　底辟模拟装置条件

基于自然界实例-实验室模型物质属性的相似性，通常使用硅胶、玻璃珠和植物油分别代替膏盐、页岩和岩浆底辟层系(Galland et al.，2006；Koyi et al.，2008)，石英砂、石英砂(与玻璃珠、黏土和云母等)混合物或50%含水黏土代替底辟构造围岩等(Dooley et al.，2015；Klinkmüller et al.，2016)。砂箱物理模型模拟典型底辟过程动力学方式通常为负载底辟方式、压力注入/挤入(流体/固体柱头)方式、先存(底辟)结构方式和差异(沉积)载荷等(图 7-6)。负载底辟方式通过砂箱底板上覆压力来模拟沉积物差异载荷，砂箱底板上预留不同大小孔径作为下覆塑性物质上涌通道，从而模拟观察底辟形成演化过程。刚性圆柱状活动挡板垂向(由下向上)推动上覆物质(硅胶与石英砂层结构或均质物质结构)发生底辟过程，或者通过沿砂箱底板孔洞以不同压力注入高黏度流体/压缩空气来模拟底辟形成过程。例如，通过刚性圆柱状和线状活动挡板垂向推挤上覆砂箱物质发生底辟，再现了上覆物质早期形成对称地堑结构，后期变形形成不对称地堑结构以及断裂体系并随底辟过程发生大规模旋转［图 7-7(a)］。先存(底辟)结构方式则主要通过砂箱模型中存在不同规模/不同形态的底辟结构带，来揭示先存结构对后期挤压、走滑活动等变形作用的影响(Dooley et al.，2009，2015；Hudec and Jackson，2007)。被动大陆边缘膏盐底辟砂箱物理模拟通常采用差异载荷边界条件，主要通过不同的大陆坡角和楔状布砂厚度来实现侧向上的差异边界条件。此外，砂箱物理模型中，边界条件通常包含膏盐/泥岩黏度、膏盐/泥岩层系厚度、上覆层系厚度及两者的比值、底辟抬升量/抬升速率及其与膏盐/泥岩层系厚度的比值等，它们通常与底辟动态演化过程密切相关(见后详述)。

除前述章节所述砂箱物理模拟中的外部观测手段外，如应变标志体、同步数值相机和 3D Scan 系统、DIC 粒子耦合数值图像系统等，内部观测手段对于系统揭示底辟过程中内部高黏度物质流动特征具有得天独厚的优势，它既能够保证模拟过程中的无损检测，也可以通过后期切片观测对比(Callot et al.，2012)，如被动监测标志体、光纤光栅元件和 X 射线成像技术等(Dooley et al.，2009；Adam et al.，2013)。Dooley 等(2015)通过砂箱模型模拟中被动检测标志体的使用，有效地诠释了膏盐底辟演化过程中盐岩挤出过程与盐源层系供给的复杂关系，且动态刻画了膏盐底辟顶部隆起的崩塌过程。

7.2.3　底辟构造形成演化控制因素

长期以来，浮力作用被认为是底辟的主要驱动机制，但最新的研究表明其重要性明显小于构造变形及差异地层载荷相关的侧向应力变化作用机制(Hudec and Jackson，2007；Rowan et al.，2012)。因此，底辟构造形成演化过程受控于不同的构造变形过程与作用，如差异负载的重力扩展作用、大陆斜坡的重力滑动作用、缩短变形作用、走滑变形作用和基底构造变形作用等(图 7-7)。张性或走滑拉张构造背景下，伴随上覆层系拉张减薄，底辟构造初始发育于地堑轴带，通常底辟生长过程中剖面结构由早期对称性堑-垒结构向不对称堑-垒结构逐渐转变，并伴随大规模断层旋转变位，平面空间结构上底辟盐流发育过程揭示早期(轴对称的)放射状地堑系统控制形成不同盐筏，后期底辟挤出过程和盐岩流动普遍具有强烈的非对称性，其非对称性不仅受控于底辟源岩层/基底坡度，还受控于侧向应力作用(Hudec and Jackson，2007；Dooley et al.，2015)，如墨西哥湾和巴西深水盆地等。挤压或走滑挤压构造背景下，早期/先存底辟构造主要受控于侧向应力机制(侧向或垂向)再活化生长，纵弯褶皱作用、上覆层系剥蚀去顶、破裂变形与断裂作用等常常加速底辟生长活动过程。后期叠加挤压变形将会导致底辟构造持续生长(“挤牙膏模式”挤出再活化和挤压膨胀再活化机制)(Dooley et al.，2009)，膏盐/泥岩源岩层系受挤压作用发生变形流入底辟构造，呈现环流挤出过程，尤其是在较厚源岩和上覆盖层的底辟结构带，它们将会导致膏盐结构预测和油气钻井更加具有不确定性。若缺少早期/先存底辟隆起结构，则膏盐/泥岩层系通常作为典型的滑脱层系，常常形成逆冲底辟构造，如扎格罗斯冲断带和塔里木盆地库车前陆带等。相对稳定构造区域(如内克拉通盆地和裂谷盆地等)，通常受构造与沉积负载双重作用，控制其膏盐/泥岩层系底辟生长过程，如德国 Zechstein 盆地等。

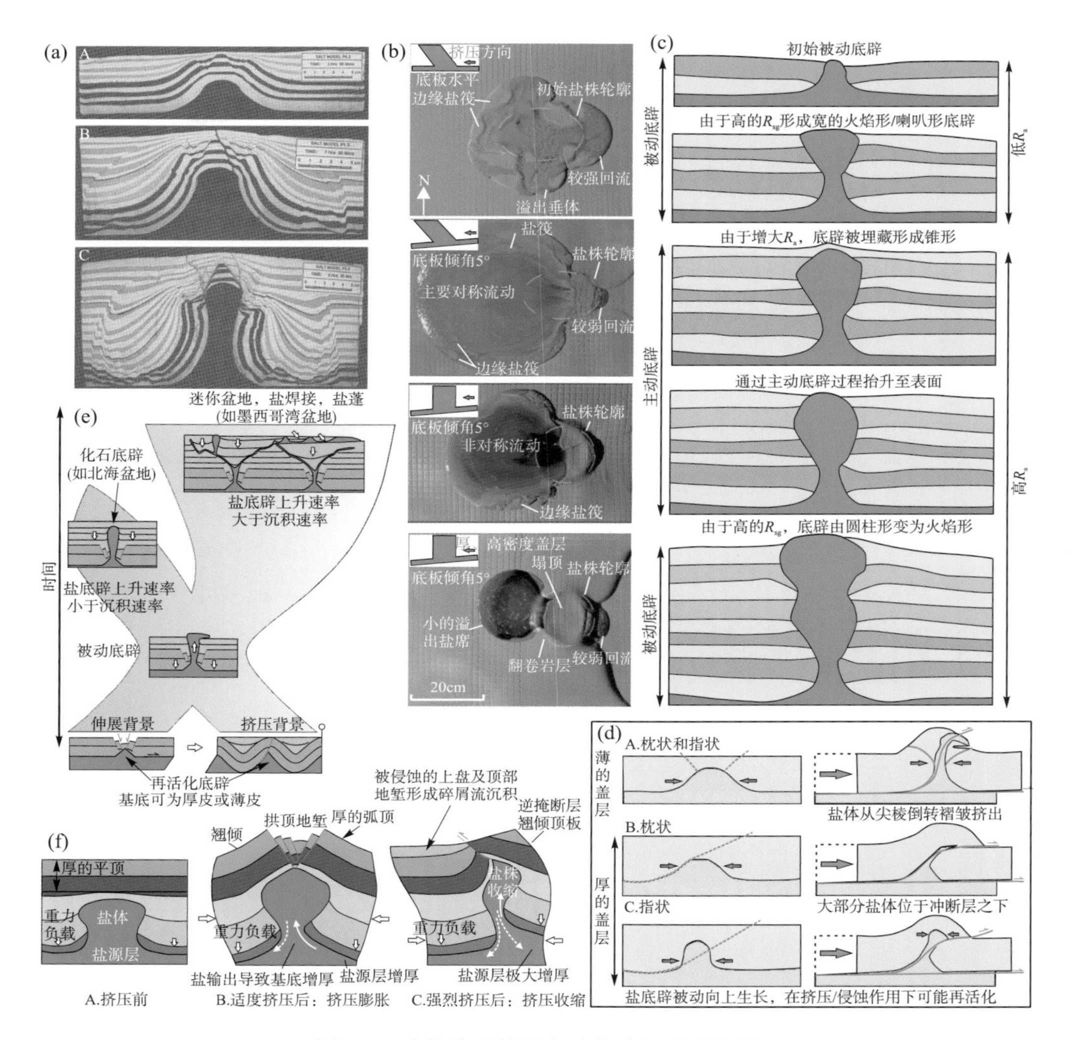

图 7-7　砂箱物理模拟底辟构造机制对比图

(a)、(b)典型底辟构造发育过程，剖面结构由早期对称性堑-垒结构向不对称堑-垒结构转变，并伴随大规模断层旋转变位(Davison et al.，1996)，平面空间结构上底辟盐流发育过程揭示早期(轴对称的)放射状地堑系统控制形成不同盐筏，后期底辟挤出过程和盐岩流动具有强烈的非对称性(Dooley et al.，2015)；(c)动态变化沉积速率导致底辟主动生长和被动生长过程相互转变，同时底辟几何形态发生明显的动态变化过程(Karam and Mitra，2016)；(d)在侧向挤压作用下(不同形态)盐底辟再活化挤出机制及差异构造样式(Callot et al.，2007)；(e)膏盐底辟演化过程模式图(Stewart，2006)；(f)后期挤压变形导致膏盐底辟挤压膨胀主动再活化生长和膏盐回流作用(Dooley et al.，2009)

Schultz-Ela 等(1993)基于砂箱物理模型模拟揭示主动底辟生长过程通常受密度差异性、上覆层和围岩地层厚度、断层系统和物质摩擦系数等控制，密度差异性越大、围岩地层厚度越大和上覆层系厚度及其内摩擦系数越小越有利于底辟构造的生长(Jackson and Talbot，1989；Hudec and Jackson，2007；Karam and Mitra，2016)。底辟结构带形状和卷入围岩规模同时还受到膏盐/泥岩层系供给、黏度、宽度和初始卷入底辟结构相对位置等影响。当底辟膏盐/泥岩物质相对于其围岩黏度具明显对比性时，将形成差异结构形态的外蘑菇云底辟(external mushroom diapir)(如伊朗中部的Great Kavir底辟)和内蘑菇云底辟(internal mushroom diapir)结构(如德国西部 Hanover 地区的底辟结构带)(Jackson and Talbot，1989)。外蘑菇云底辟包含底辟球形顶部及其外侧的被“折叠”卷入的围岩层系形成的裙边(skirt)结构，而内蘑菇云底辟的裙边结构则发育于底辟球形顶部之内，其结构上发育(倒转)向形背斜、(倒转)背形背斜及横卧背斜等伴生构造。尤其是“折叠”卷入的围岩层系相对于膏盐层系具有较高的渗透率和孔隙度，能够为油气等经济性矿产提供较佳的储集空间，如德国西部的 Gorleben 底辟穹窿构造。需要指出的是，膏盐层系内部的密度反转常常导致瑞利-泰勒不稳定性，形成复杂的盐内构造变形，发育底部膏盐层系为主的异地盐席侵位、巨型牵引构造、横卧(翻转)褶皱和鞘褶皱等构造样式，如巴西桑托斯盆地(Jackson et al.，2015；Dooley et al.，2015)。

早期(先存)地层结构和后期(同构造)沉积速率/厚度对底辟构造演化及其结构形态特征具有明显的控制作用(图 7-7)(Hudec and Jackson，2007；Karam and Mitra，2016)。早期/先存底辟隆起结构常常发生集中应变，导致底辟再活化生长，同时也决定底辟生长位置、形态规模和后期褶皱变形及其构造特征(Dooley et al.，2009；Callot et al.，2012)。先存底辟结构走向特征、几何尺寸与沉积地层厚度比率等因素控制其后期变形结构特征，可能形成底辟缩短变形、翻转褶皱或者集中应变断坡等结构样式。Talbot(1995)强调沉积盖层与膏盐间的接触角主要取决于沉积加积速率(R_a)和膏盐隆起上升速率(R_s)，因此底辟构造形态具有锥体型($R_s < R_a$)、柱体型($R_s = R_a$)和喇叭型($R_s > R_a$)等不同特征，如 East Texas 盆地的 Steen 底辟构造、Gtand Saline 和 Bethel 底辟构造(Karam and Mitra，2016)。一般而言，较厚的膏盐/泥岩源岩层系也会明显导致底辟物质流动性增大，具有更大规模的底辟几何形态；而变化的沉积速率不仅导致底辟结构形态动态变化，还会导致被动底辟和主动底辟生长过程的明显转变(图 7-2、图 7-7)。低沉积速率导致底辟物质流动量与物质加积比值较大(高比率)，通常形成柱体型底辟形态结构并进一步演化形成喇叭型结构；高沉积速率常常形成低比率的物质流动量和物质加积比，形成锥体型的底辟构造，进一步演化成日食型、包含型底辟形态结构，最终形成异地盐席构造。基于构造砂箱物理模型揭示出锥体型和喇叭型底辟是保持沉积速率和底辟净隆升速率平衡态的典型机制，喇叭型或柱体型底辟构造形成过程中沉积加积速率较小的增大就可能导致其主动生长形成锥体型底辟构造，并刺穿上覆层系进一步演变成被动底辟构造；相反，沉积速率剧烈增大将导致沉积地层显著增厚，会减缓和阻止上述底辟发展过程而形成化石/休眠底辟结构。同时，盆地几何学和沉积模式的微弱变化(热沉降、均衡反弹、沉积楔进积)足以引起被动陆缘由亚稳定性过渡为不稳定性，加速重力构造变形作用，促进底辟的生长。

7.3　莺歌海盆地底辟构造物理模拟实验

长期以来，底辟构造作为构造地质和油气地质勘探的热点，国内外学者对其发育背景、流变学特征、变形机制与构造样式及油气成藏效应等做了大量的研究工作。过去几十年，随着海洋油气勘探技术的逐渐成熟，与泥/盐底辟构造相关的油气藏陆续被发现，如莺歌海盆地东方、乐东等气田。自 1991 年莺歌海东方 1-1 千亿立方米级(探明天然气储量约为 $996.8\times10^{8}m^{3}$)大气田被发现，先后在莺歌海底辟构造带钻探发现了乐东 22-1、乐东 15-1 等一系列气田和含气构造(龚再生等，1997；谢玉洪和黄保家，2014)。需要指出的是，莺歌海盆地天然气探明地质储量约为 $2100\times10^{8}m^{3}$(谢玉洪，2018)，其中 90%以上的储量及产量均源自底辟构造带(裴健翔等，2011)，盆内现有底辟带天然气钻井主要分布在东方区、乐东区(图 7-8)。

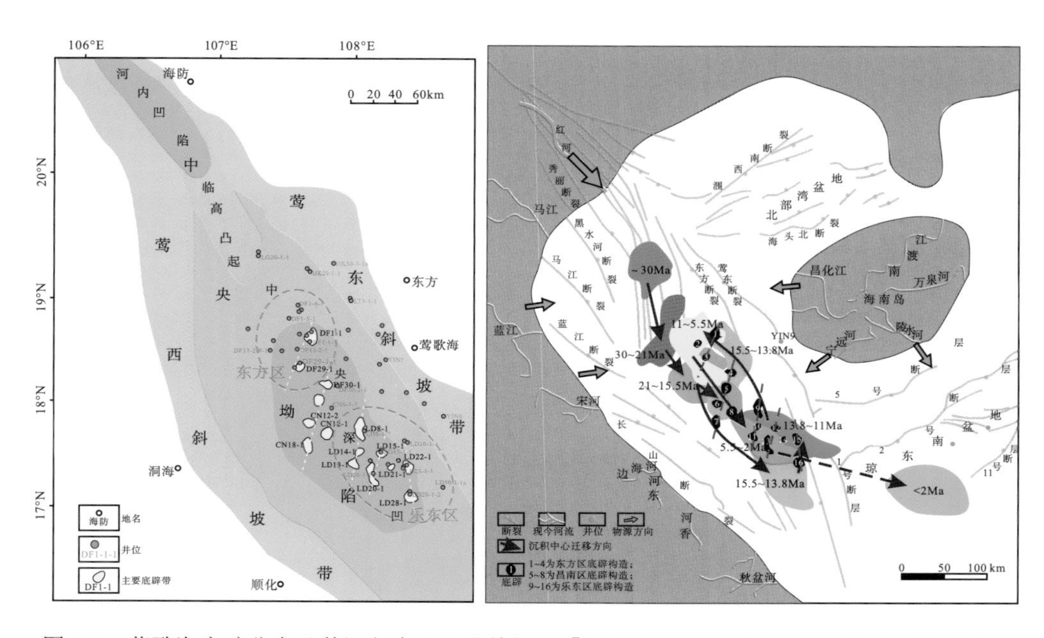

图 7-8　莺歌海底辟分布及其沉积中心迁移特征图［据李绪深等(2017)，宫伟等(2017)修改］

虽然现有勘探实践已经证明莺歌海盆地底辟活动与天然气成藏密切相关，但由于底辟物质成分复杂、岩性破碎等，且受新生代巨厚沉积物、上覆层系含气的影响，使得中深层尤其是底辟构造带地震资料品质较差，对底辟地震模糊带构造解释充满了不确定性，大大增加了勘探风险。前人对莺歌海盆地底辟形态几何学的研究主要集中在剖面形态上，通常根据剖面形态、活动强度/能量大小、埋藏深度/侵入高度等特征来划分底辟类型(何家雄等，2006；韩光明等，2012)。底辟运动学研究主要通过总结不同类型底辟构造特征的差异性来划分底辟形成演化阶段，认为不同类型底辟构造样式是底辟构造演化过程中某一阶段的产物(董伟良和黄保家，2000；范彩伟，2018a)。底辟构造成藏效应方面，主要集中在底辟物质(包括泥/流体)地球化学特征(Wang and Huang，2008；徐新德等，2014)及流体垂向输导体系的研究方面(赵宝峰等，2014；金博等，2008；范彩伟，2018b)。

砂箱物理模拟可再现自然界原型中典型构造的演化过程，从而有效揭示其动力学机制，对复杂地区构造解释具有得天独厚的优势，因此逐渐受到石油勘探工业界的广泛重视和应用。底辟构造物理模拟主要集中在被动大陆边缘或挤压造山带盐滑脱、盐底辟方向(Dooley et al.，2009；Callot et al.，2012)，而走滑构造作用下底辟构造的研究较少，但不可忽略的是，世界上很多大型底辟构造的形成与走滑构造密切相关(Talbot and Aftabi，2004；Koyi et al.，2008；Dooley and Schreurs，2012)。迄今为止，国内外针对泥底辟的物理模拟研究极少，单家增等(1994，1995)通过对莺歌海盆地泥底辟成因机制进行物理模拟研究，强调底辟高温高压热动力作用，然而缺少对莺歌海盆地泥底辟演化过程的研究。

因此，本章节拟通过对青藏高原东缘哀牢山—红河弧形走滑剪切构造体制下的底辟构造开展砂箱构造物理模拟研究，以莺歌海盆地典型底辟构造为对象进行实验-实例对比互证，力图揭示典型底辟构造几何学-运动学-动力学机制，以期为走滑背景下底辟相关地质与油气藏勘探研究等提供参考。

7.3.1　底辟模拟装置设计

如前所述，底辟构造生长过程主要受控于 3 种机制，包括主动底辟、被动底辟及再活化底辟(Vendeville and Jackson，1992；Hudec and Jackson，2007)，底辟构造在演化的不同阶段通常表现为不同生长机制的联合作用或相互转化。参照再活化底辟机制，实验装置由间隔 60mm 的固定底板与活动底板组成，之间由弹性尼龙布连接，通过活动底板顺时针旋转形成典型的弥散性左旋走滑剪切动力学背景(与第 6 章的模型装置相似)，诱发底辟再活化生长。考虑到硅胶的蠕变特性，更低的走滑应变速率能更好地重现自然界原型的变形过程(Cotton and Koyi，2000；Costa and Vendeville，2002)，因此本章节选用切线走滑速率为 0.0005mm/s，切线走滑量约为 50mm。模型底部铺设 2～3mm 微玻璃珠作为基底滑脱层，其上由均质石英砂构成(厚度为 54mm)，代表自然界近 5km 的沉积盖层。弥散性剪切带间嵌入两个直径、厚度都为 50mm 的硅胶柱，代表塑性底辟物质，其上覆盖 3～5mm 石英砂作为直接盖层(图 7-9)。砂箱模型石英砂、玻璃珠和硅胶物质特性与前述章节一致，其比例系数和相似性原理请参考前述章节。

为研究弥散性走滑条件下的再活化底辟构造特征及底辟生长与上覆同构造沉积地层的相互作用关系，本节共设计 2 类、4 组物理模拟实验以便进行对比分析(表 7-1)：标准模型实验(无同沉积层实验)和同沉积层模拟实验。实验 I 为标准模型(无同沉积层)，为其余 3 组同沉积地层模型模拟实验提供参考。同沉积地层采用具有相同物理属性的均质石英砂代替，不同颜色代表不同序次同沉积地层序列，同沉积地层铺设标准以底辟构造最高点为基准面填平补齐凹陷区，但不同的同沉积实验组之间具有不同的同沉积速率。同沉积实验 II 为加速同沉积构造作用实验，走滑率为 65%之后分别铺设 3 层厚度为 5mm、10mm、10mm 的同沉积地层。同沉积实验III为匀速同沉积构造作用实验，走滑率为 50%之后分别铺设 3 层厚度均为 10mm 的同沉积地层。同沉积实验IV为阶段性同沉积构造作用实验，走滑率为 50%之后分别铺设 4 层厚度为 5mm、5mm、10mm、10mm 的同沉积地层(图 7-9，表 7-1)。

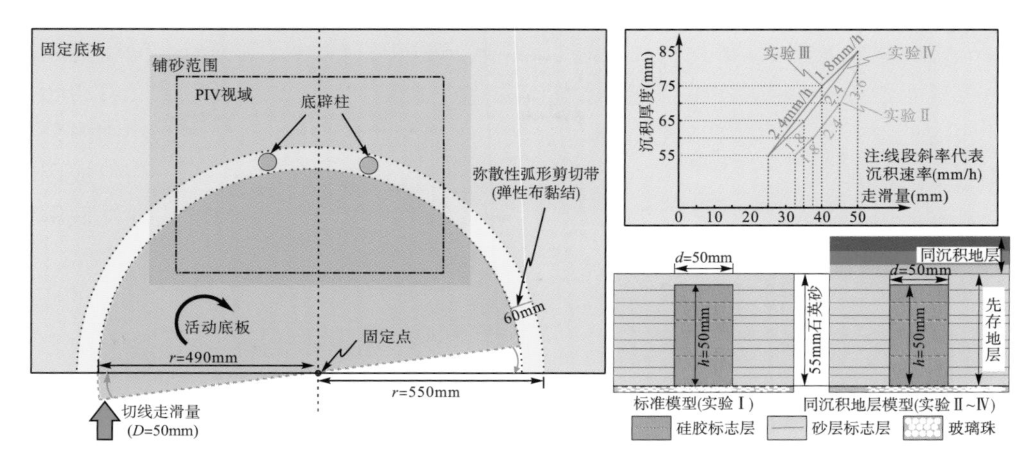

图 7-9　弥散性走滑剪切底辟构造砂箱物理模拟实验模型设计图

表 7-1　弥散性剪切模型地层参数表

实验组别	同沉积 A		同沉积 B		同沉积 C		同沉积 D	
	走滑量（走滑率）	厚度(mm)	走滑量（走滑率）	厚度(mm)	走滑量（走滑率）	厚度(mm)	走滑量（走滑率）	厚度(mm)
Ⅰ—标准模型	—	—	—	—	—	—	—	—
Ⅱ—加速同沉积构造作用	32.5mm（65%）	5	37.5mm（75%）	10	45mm（90%）	10	—	—
Ⅲ—匀速同沉积构造作用	25mm（50%）	10	32.5mm（65%）	10	40mm（80%）	10	—	—
Ⅳ—阶段性同沉积构造作用	25mm（50%）	5	30mm（60%）	5	35mm（70%）	10	42.5mm（85%）	10

7.3.2　走滑底辟物理模拟实验过程

1. 实验Ⅰ——标准模型模拟

当走滑量 D=20mm 时，底辟构造带顶部地层轻微拱升，沿剪切方向弧形基底断裂带内侧发育两条同向 R-走滑剪切断裂(图 7-10)。当 D=30mm 时，走滑断裂弧形带外侧扩增，同时早期形成的走滑断裂停止活动，断裂向底辟两端收敛。底辟构造带上覆盖层开始破裂，但两个底辟带破裂部位存在差异。底辟 A 破裂始于断裂收敛的局部应力集中带，即底辟背斜的翼部，而底辟 B 从底辟顶部开始破裂。当 D=40mm 时，走滑位移量主要集中在弥散性断裂带内部，底辟物质开始溢出地表形成盐舌和盐筏。底辟形态受左旋剪切作用影响明显，砂箱物质表面先存应变标志体(早期为圆形)具走滑拉伸变形特征(后期形成椭圆形)，其椭圆形长轴方向与弧形带切线呈约 40°夹角。

实验Ⅰ标准模型底辟构造演化过程中 PIV 涡度场特征揭示走滑剪切变形早期(D=20mm)，剪切带较宽、具弥散性变形特征，先存底辟构造对弥散性变形作用控制性明显(图 7-11)。走滑剪切变形中后期(D=30mm 以后)，弧形断裂带集中应变特征明显，走滑断裂受控于砂箱物质左旋走滑剪切作用。走滑断裂在底辟结构带周缘发生突变，即由早期线状断裂特征转变为底辟顶部(由底辟中心向四周发散的)放射状断裂特征。值得注意的是，随着剪切走滑量的增大，底辟塑性体并未吸收所有剪切应变，因此沿着底辟边缘主要通过上覆层的破裂来调节剪切应变，具体表现为内弧环状断裂。

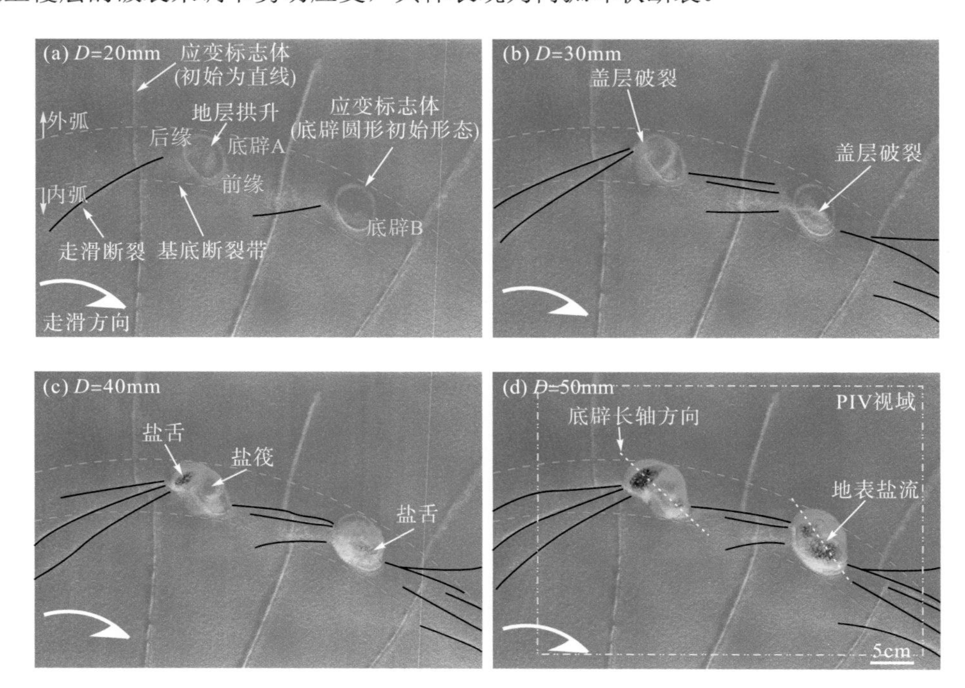

图 7-10　弥散性走滑剪切模拟实验 I 标准模型底辟构造演化过程

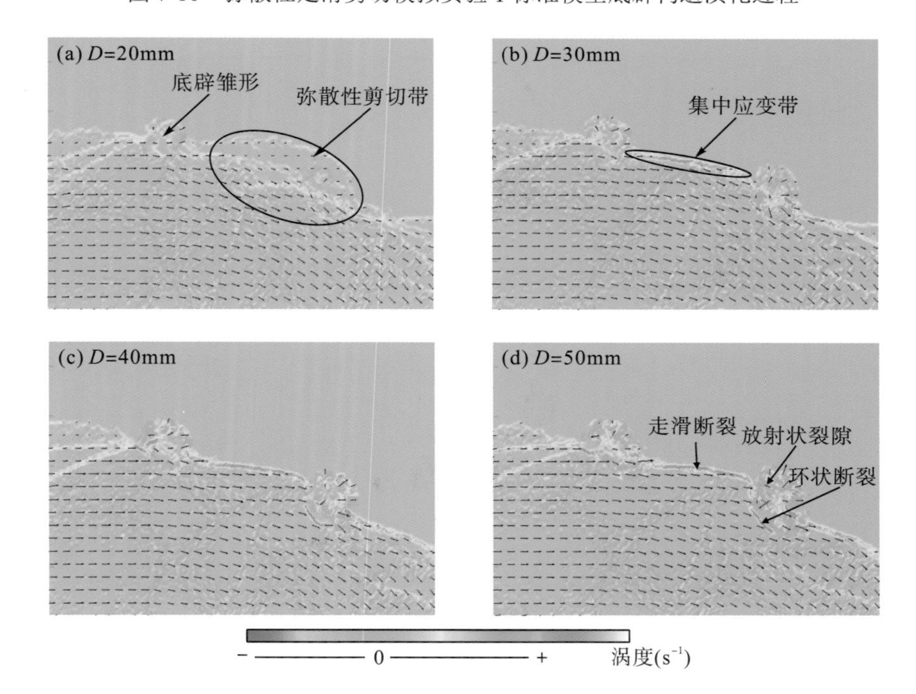

图 7-11　弥散性走滑剪切模拟实验 I 标准模型底辟构造演化过程 PIV 涡度场特征

2. 实验 II ——加速同沉积构造作用模拟

实验II加速同沉积构造作用物理模拟实验中，同构造沉积作用前断裂展布、底辟生长形态等特征与实验 I 具有相似性(图 7-12)。走滑量 D=32.5mm(走滑率为 65%)时以填平补齐原则铺设第一期同沉积地层，底辟构造在左旋剪切变形作用过程中持续就位于近地表，因此具有被动底辟典型特征。随着左旋走滑剪切量增加，断裂具有继承性活动特征(如 F_2 断层)，但早期停止活动断层在同沉积地层中无显示(如 F_1 断层)。底辟受控于左旋走滑剪切作用产生明显的旋转拉伸变形特征，即由早期近圆形转变为椭圆形。当 D=37.5mm 时，铺设第二期同沉积地层。底辟作为连接两端断裂的过渡带，具剪切牵引变形的非对称结构特征(中心对称形态)，在底辟后缘形成新生 R-走滑剪切断层 F_3。当 D=45mm 时，铺设第三期同沉积层，随后走滑剪切变形过程中底辟构造逐渐刺穿上覆同沉积地层，最终发生部分出露(图 7-12)，即底辟顶面椭圆度明显减小(相对于初始圆形形态)，同沉积作用下底辟构造演化过程与成熟底辟演化规律相似(Jackson and Talbot，1986)。

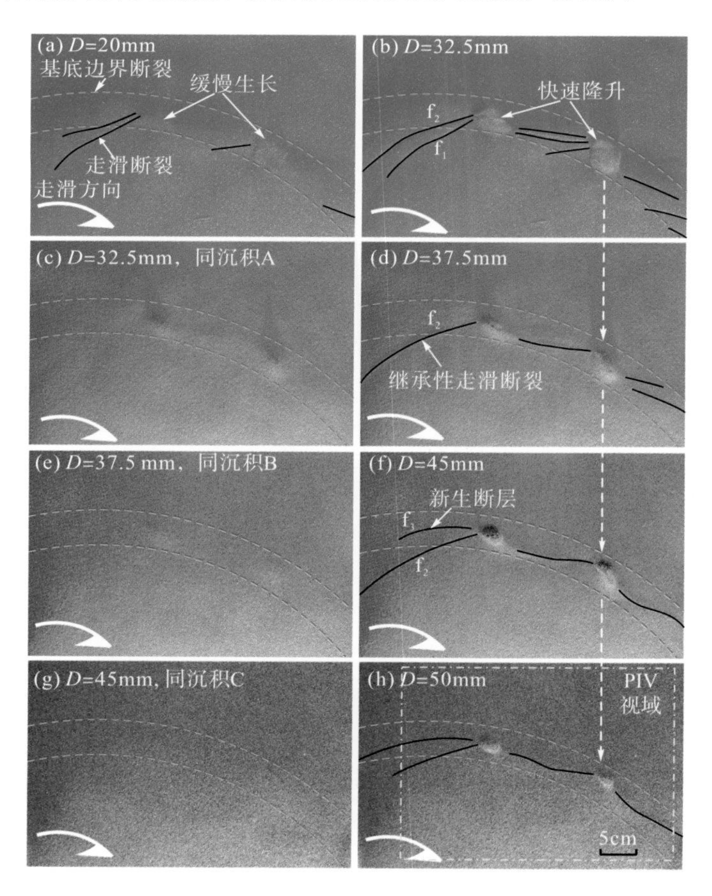

图 7-12　弥散性走滑剪切实验 II 加速同沉积构造作用底辟构造演化过程特征

通过垂直左旋走滑方向切片，揭示出弥散性左旋走滑变形过程中的典型结构分带特征(图 7-13)。底辟构造带外形成弥散性剪切带和花状构造，断裂普遍具有高角度-垂直产状，并且弥散性断裂逐渐归并收敛于底辟构造带末端；两个底辟带间地层具有轻微上拱变形特征，尤其是在先存地层中更加明显，在顶部形成顶薄翼厚的披覆构造，可能存在局部走滑逆冲变形产物。底辟带则主要以底辟物质垂向和侧向生长的塑性变形为主，该过程与底辟物质吸收左旋走滑剪切变形量密切相关。底辟结构垂向上具有三分性：中下部柱状上隆，上部横向扩展，顶部指状/锥状刺穿或塌陷。由于基底左旋走滑剪切作用导致原始近水平的底辟物质垂向流动，因此底辟核部以垂直对称流动为主，而底辟两翼斜向流动存在差异，从底辟后缘到前缘，流动方向由倾向外弧逐渐转变为倾向内弧（图 7-13 中 E→D→C），因此底辟核部生长速率较两翼快，且生长构造主要体现在底辟顶部。平面上，底辟背斜长轴与剪切走滑方向呈 30°～40°斜交关系，为典型的非对称结构（中心对称）形态，与底辟带牵引旋转变形过程具有成因联系。

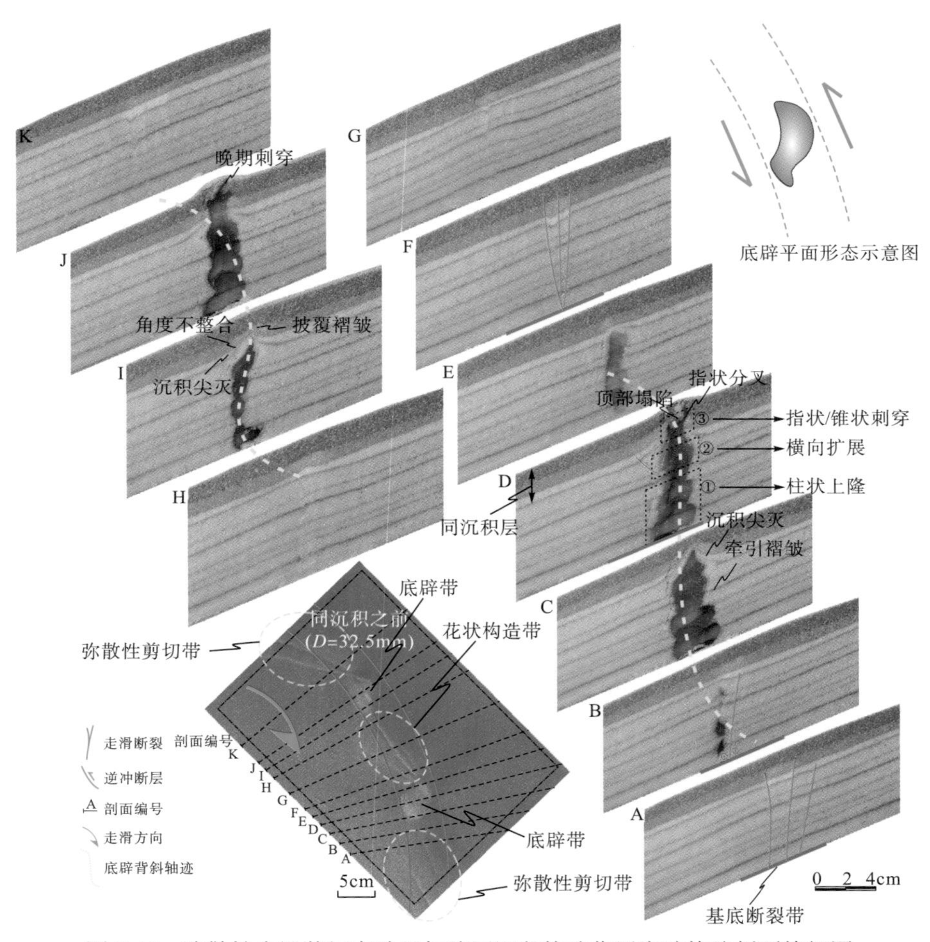

图 7-13　弥散性走滑剪切实验 II 加速同沉积构造作用底辟构造剖面特征图

同沉积构造作用控制着底辟顶部结构的侧向生长变化，两翼为似火焰状/锥状（图 7-13），而底辟核部为指状/多锥状刺穿，其间存在小型的塌陷构造。底辟垂向生长导致底辟上覆地层拱升明显，形成同沉积披覆褶皱和上倾尖灭等构造。因此，底辟翼部地层变形具有差异性：下部前生长地层形成的牵引褶皱幅度较小；而上部同沉积层后期被刺穿形成的牵引褶皱幅度较大，同时由于底辟上侵可能形成小型逆冲断层。值得注意的是，底辟带顶部的同沉积地层通常会形成典型的钩状/楔状变形地层序列或板状/锥状复合变形地层序列（Giles and Rowan，2012；Rowan et al.，2016）。而在本组模拟实验中底辟带顶部同沉积地层中发育以角度不整合为界的楔状变形地层序列。

3. 实验Ⅲ——匀速同沉积构造作用模拟

实验Ⅲ匀速同沉积构造作用物理模拟实验中，两个底辟构造演化过程具有一定的差异性，底辟 a 在铺设第二层同沉积地层（*D*=32.5mm）后，底辟构造活动性大大减弱，而在铺设第三层同沉积地层（*D*=40mm）后，底辟 a 几乎停止生长，形成典型的浅埋型底辟。底辟 b 通过改变顶部形态持续刺穿上覆同沉积地层，且底辟构造高点受左旋走滑剪切发生明显的椭圆形沧州方向的偏移（图 7-14）。PIV 涡度场特征揭示左旋走滑剪切断裂具有继承性活

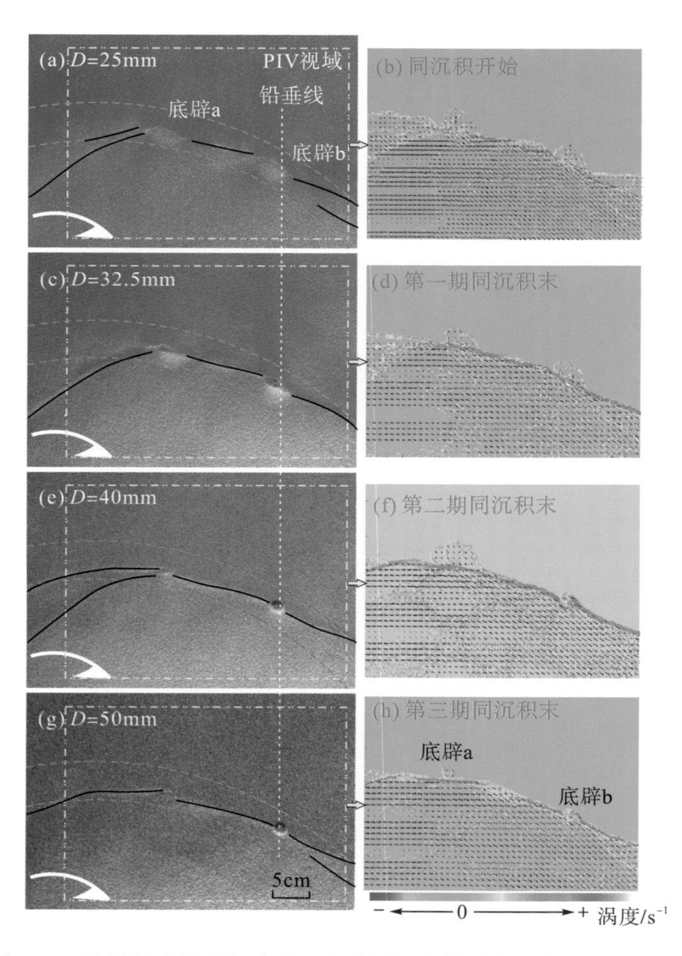

图 7-14　弥散性走滑剪切实验Ⅲ匀速同沉积构造作用底辟演化过程图

注：图(b)、(d)、(f)和(h)分别为图(a)、(c)、(e)和(g)对应的 PIV 涡度场图。

动特征，且向底辟构造带两端收敛归并，弥散性剪切带变形具早期弥散性、晚期集中性变形特征。需要指出的是，底辟 a 在第二同沉积末期活动性较弱，上覆同沉积层系中形成了典型的放射状裂隙，具弥散性变形特征。与前述两组实验中走滑剪切断层终止于底辟构造带不同，本组实验中晚期形成贯穿底辟带的、连续的 Y-剪切破裂(图 7-14)，该剪切破裂的形成揭示出底辟构造生长速率逐渐减缓，对区域走滑剪切变形作用的影响减弱。

通过垂直切片剖面显示，区域上走滑断裂发育在底辟构造带之外，底辟构造带后缘以高角度张扭性断层为主，尤其是在前生长地层中张性特征更加明显(图 7-15)。底辟带之间，早期张扭性断层被后期压扭应力叠加反转改造，剖面上具有下凹上凸的镜像特征，但剪切带的宽度明显变窄，地层总体具有向上隆升的趋势。底辟 b 刺穿上覆同沉积层系，同样发育披覆褶皱、指状分叉/M 型双峰构造、顶部塌陷等构造，但底辟构造具有更加细长的颈部(图 7-15)。而底辟 a 由于上侵的底辟物质受到同沉积层系的阻挡作用，底辟体核部表现为针状刺穿(图 7-15)；由于上涌的塑性物质缺少垂向释放通道，导致底辟发生横向扩展，在底辟周缘表现出更强的逆冲特性。对比底辟核部、侧翼，其流动方向及侵入方向发生明显的转变，导致底辟核部形成对称直立褶皱，而两翼形成非对称斜歪褶皱(图 7-15)。

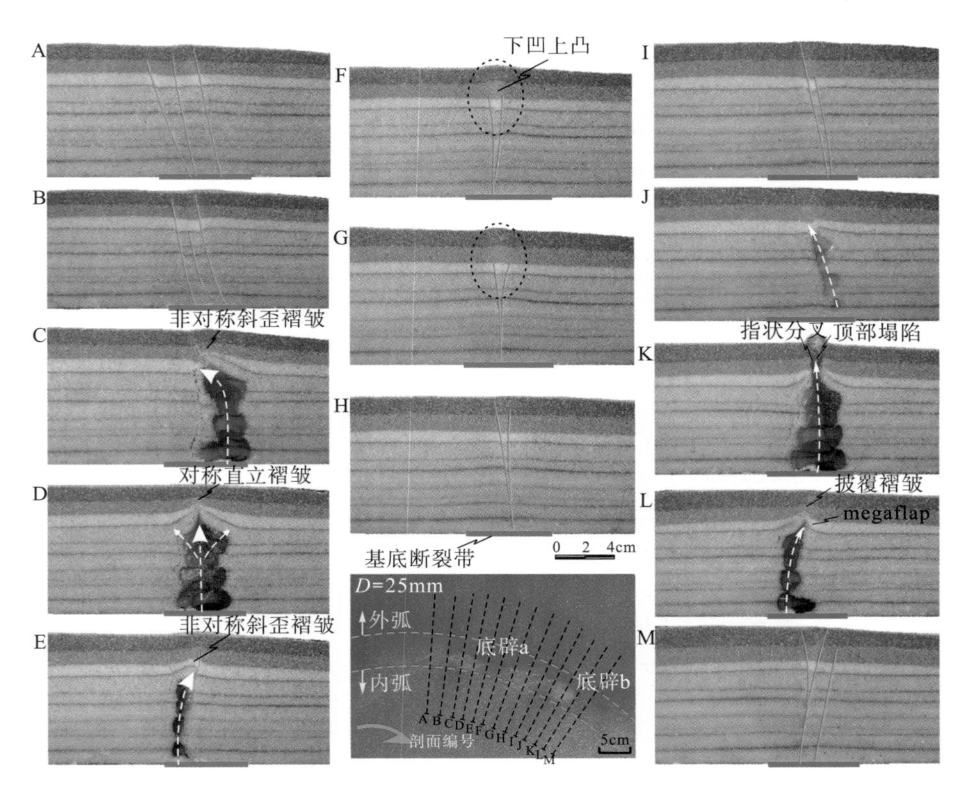

图 7-15 弥散性走滑剪切实验III匀速同沉积构造作用底辟构造剖面特征图

4. 实验Ⅳ——阶段性同沉积构造作用模拟

在实验Ⅳ阶段性同沉积构造作用物理模拟实验中，砂箱物质变形较弱，但 PIV 速度场和涡度场特征图上可清晰地揭示左旋走滑剪切变形运动学特征。与前面 3 组实验相似，左旋走滑断层侧向收敛归并于底辟构造带末端，底辟带具有前缘高速、后缘低速的运动学特征，底辟顶部物质呈放射状向周缘发散。底辟物质刺穿能力较强，每期同沉积后都能保持稳定生长。底辟体顶部形态变化不大，呈椭圆状斜交于弧形边界断裂带，底辟构造在左旋剪切变形作用过程中持续就位于近地表，略具浅埋型底辟特征(图 7-16)。

垂直走滑剪切方向垂向剖面上揭示出弥散性走滑断裂体系、花状构造与前述实验类似(图 7-16)。底辟带核部为塑性物质后期上涌的主要释放通道，早期相对较薄的同沉积地层(同沉积 A、B 层)迫使底辟呈锥状向上生长(缩颈过程)；后期在更强的同构造沉积载荷相关的重力机制驱动下，底辟具有更强的隆升动力，因此底辟顶部开始扩颈，呈喇叭状/漏斗状刺穿上覆层。而在底辟侧翼，其活动性明显减弱，在同沉积后期对上覆层系变形的影响有限。切过底辟带的系列剖面揭示出沿旋转剪切方向，底辟带具有前缘挤压、后缘拉张的侧向结构差异性，与 PIV 速度场图所呈现的前缘高速、后缘低速运行学特征相吻合(图 7-17)。

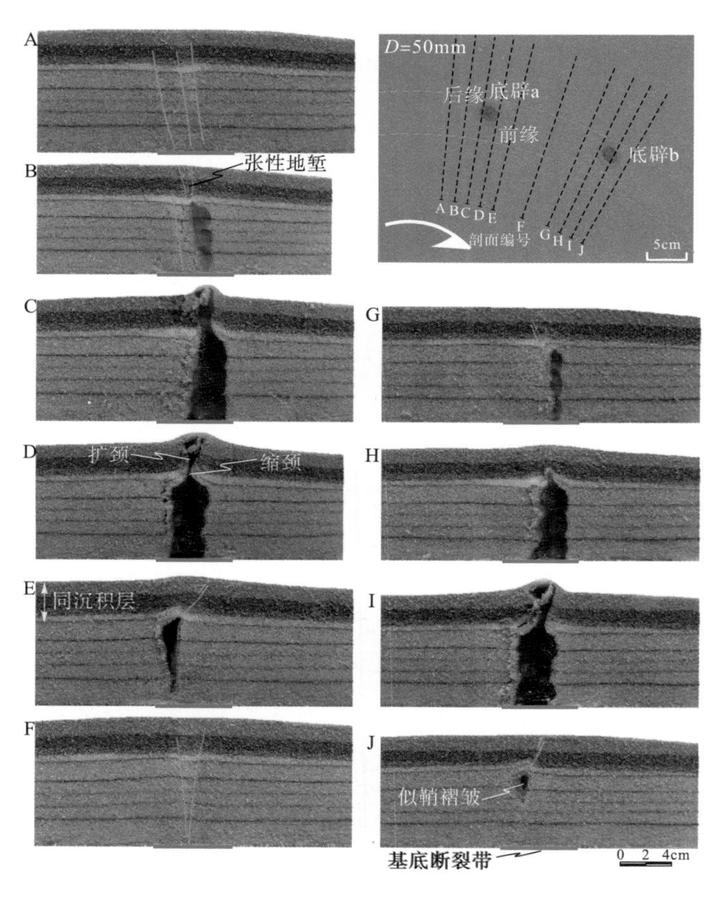

图 7-16 弥散性走滑剪切实验Ⅳ阶段性同沉积构造作用底辟构造剖面特征图

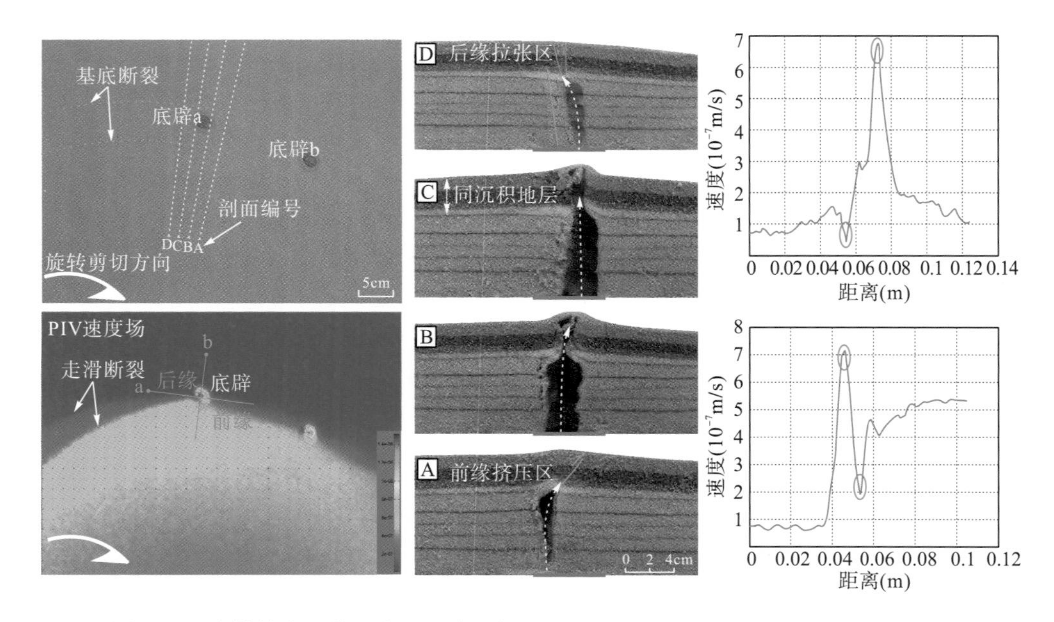

图 7-17　弥散性走滑剪切实验Ⅳ阶段性同沉积构造作用底辟构造侧向结构差异性

7.3.3　底辟模型实验-自然界原型对比

1. 弥散性剪切对底辟形态-结构的控制影响作用

底辟构造通常发育于汇聚型叠置带、汇聚型弯曲带和离散型弯曲带构造部位，如扎格罗斯褶皱冲断带的 Hormuz 盐底辟(Koyi et al.，2008)、伊朗 Qum Kuh 盐底辟(Talbot and Aftabi，2004)、死海盆地 Sedom 盐墙等。受区域走滑剪切应力场影响，底辟构造空间展布特征具有一定的定向或方向性，如莺歌海盆地中央拗陷带存在多排雁列式排列的底辟构造，其展布方向与红河断裂带呈 30°～40°夹角，且单个底辟构造多为(近)南北向展布的椭圆形，如 DF1-1 底辟构造(图 7-18)。上述底辟构造物理模拟实验揭示的底辟形态展布与莺歌海盆地具有一定的相似性，弥散性左旋走滑剪切作用导致其底辟构造具有剪切拉伸变形特征，其底辟椭球应变标志体长轴方向与弧形边界断裂呈约 40°夹角。应变分析表明底辟构造随剪切方向发生逆时针旋转，旋转分量为 50°～60°，相对旋转速率为 1.1°/mm，即每走滑 1mm 底辟体将旋转 1.1°。最终底辟构造缩短率约为 35%，拉伸率约为 53%(图 7-18)。伴随左旋剪切变形作用，底辟物质发生垂向、侧向差异刺穿变形，导致底辟体具有非对称平面形态特征。

弧形弥散性走滑剪切物理模拟实验中，伴随底辟构造塑性物质差异刺穿及牵引旋转变形过程，底辟带前缘与后缘的物质运动速度具有明显差异。在底辟带后缘存在一个速度低值区(最低接近零点)，而前缘为速度高值区(存在一个明显的峰值)，整体表现出前缘高速、后缘低速的特征(图 7-17)。物质运动学上的差异导致底辟侧向结构的变化，即沿旋转剪切方向，底辟带具有前缘挤压、后缘拉张的差异结构特征。通过对横穿 DF1-1 底辟构造带前缘、核部、后缘的 3 条地震反射剖面进行精细构造解析，揭示出 DF1-1 底辟带前缘—后缘结构的差异性(图 7-19)。DF1-1 底辟带前缘存在典型挤压逆冲断层及牵引褶皱，底辟

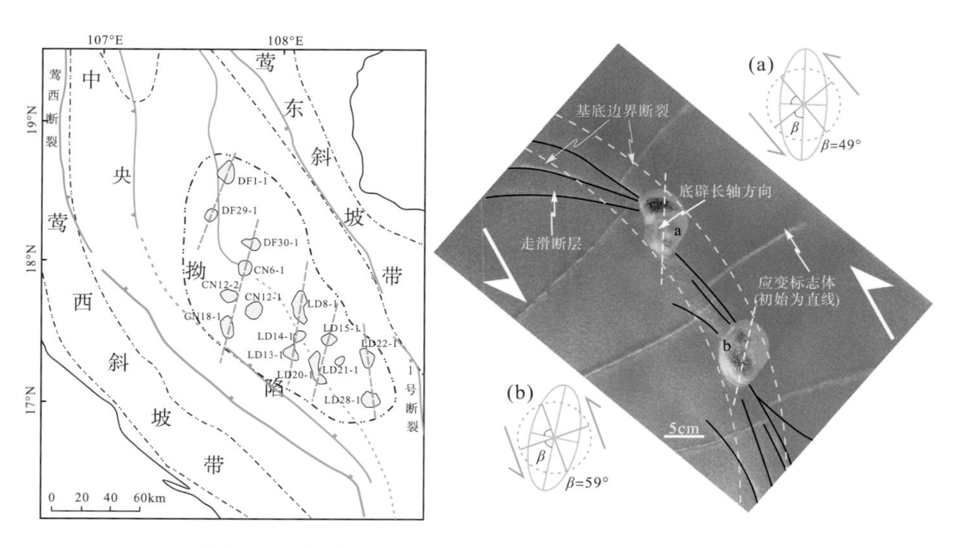

图 7-18　莺歌海盆地底辟展布特征与模拟实验对比图

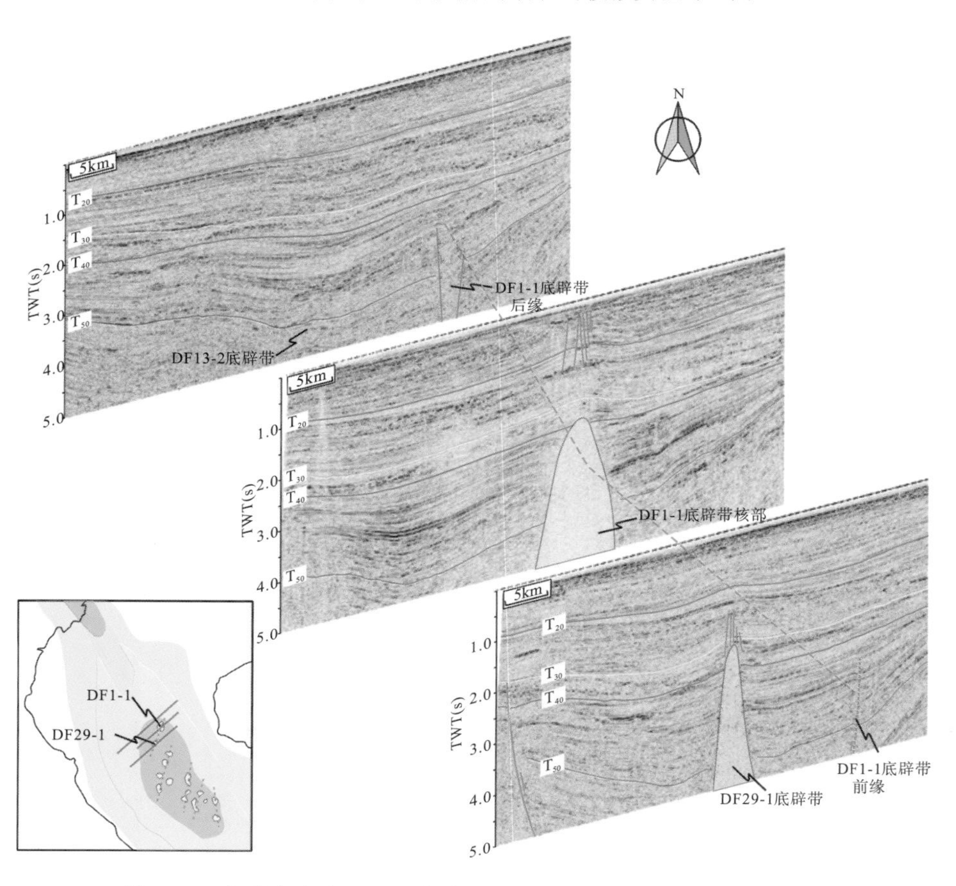

图 7-19　莺歌海盆地 DF1-1 底辟带前缘—后缘的地震反射剖面特征

带核部具有垂向双层结构，主要由下部的底辟模糊带和顶部的弥散性走滑断层构成；而底辟带后缘发育拉张正断层及其伴生的小型堑-垒构造。因此，通过砂箱物理模拟实验结果与莺歌海底辟构造间几何学-运动学相似性的对比，揭示区域弥散性走滑作用是莺歌海盆地垂向底辟构造形成演化的重要控制因素，走滑剪切构造活动诱发了底辟活化，且与构造沉积作用共同控制着底辟展布形态。

2. 同构造沉积与底辟的相互作用关系

弥散性走滑-底辟模型是外力(速度边界条件)与内力(浮力)联合驱动的开放性实验模型,通常具有更加复杂的底辟相关构造,如区域走滑断层和底辟伴生断层的“混合模式”。同构造沉积地层的变形同时受到基底走滑剪切活动与底辟生长的影响,而同沉积地层又反作用于底辟，底辟结构形态受控于底辟上升速率与沉积加积速率的相对比值(Karam and Mitra，2016；Talbot，1995)。实验Ⅰ、实验Ⅱ、实验Ⅲ、实验Ⅳ具有相同的模型装置，主要差异在于有无同沉积地层或同沉积速率和/或厚度发生变化。在3组(即实验Ⅱ、Ⅲ和Ⅳ)同构造沉积模型中,断裂形成演化、底辟形态特征存在一定的相似性和差异性(表7-2)。同构造沉积地层对底辟活化生长及其最终形态的影响主要体现在底辟结构的顶部，而底辟生长引起的围岩层系变形则主要发生在同生长地层中(图7-20)。

实验Ⅰ标准模型模拟实验中(即无同沉积作用)，在底辟塑性体顶部仅存在5mm厚的顶盖层，底辟活动性极强，在刺穿上覆地层后，底辟能量得到充分释放，并在重力和差异负载作用下发生塑性回流，在底辟体核部将形成塌陷构造，具有典型的“柱状漏斗”形态。底辟翼部形成不对称席状构造，即“盐舌”构造，它的厚度具有向边缘逐渐减薄的特征；同时底辟顶部盖层受到强烈牵引作用，发生倒转，形成巨型牵引构造(图7-20)。

表7-2　同构造沉积模型底辟构造相似性与差异性特征

项目		实验Ⅱ加速同沉积构造作用	实验Ⅲ匀速同沉积构造作用	实验Ⅳ阶段性同沉积构造作用
同构造沉积作用过程		走滑率为65%时开始；晚期加速同沉积(1.8→2.4→3.6mm/h)	走滑率为50%时开始；早期快速同沉积(2.4→1.8mm/h)	走滑率为50%时开始；早期缓速同沉积(1.8→2.4mm/h)
差异性	断裂特征	多条走滑断裂(R-剪切)继承性生长，且向底辟两端收敛	走滑断裂早期向底辟两端收敛，后期仅发育一条贯穿底辟带的Y-剪切	断层向底辟两端收敛，总体活动性较弱
	底辟生长机制	两个底辟都由再活化底辟向被动底辟转化	底辟a由再活化底辟转化为主动底辟；而底辟b转化为被动底辟	由再活化底辟转化为被动底辟
	底辟形态特征	指状、树枝状	锥体状	圆柱状—喇叭状
	底辟类型	刺穿型、塌陷型	浅(深)埋型、弱刺穿型	强刺穿型
相似性	①底辟带之外发育高角度、弥散性走滑断裂体系； ②底辟带塑性变形，受旋转剪切牵引形成椭圆形、螺旋状的非对称结构形态； ③底辟塑性物质发生垂向一侧向差异刺穿变形，底辟带前缘—后缘刺穿倾向相反； ④底辟顶部发育披覆褶皱、翼部发育牵引向斜，局部见沉积上超现象			

实验Ⅱ加速同沉积构造作用物理模拟实验中,底辟活动能量较强、完全刺穿上覆层系，剖面上为指状、树枝状底辟形态，按照Lei等(2011)“三类五型”的划分标准，可以称之为刺穿型底辟，刺穿体具有硕大的颈部。底辟侧翼具有一定的刺穿强度，顶部形成的褶皱波幅较大，底辟横向扩展不明显。实验Ⅲ匀速同沉积构造作用物理模拟实验中，同沉积长

期保持较高的同沉积速率(2.4mm/h)，仅晚期速率略微降低(1.8mm/h)。底辟构造生长受同沉积载荷控制明显，为典型的锥体状剖面形态，属于“三类五型”中的埋藏型底辟；底辟能量已经接近或达到上覆层系的破裂极限强度，在刺穿情况下具有细长的颈部，表现为弱刺穿型底辟。由于底辟顶部缺少释放通道，底辟将发生显著的横向扩展，因此在底辟侧翼具有强烈的逆冲特性(图7-20)。实验Ⅳ阶段性同沉积构造作用物理模拟实验中，与实验Ⅲ同沉积速率特征相反，早期同沉积速率更低(1.8mm/h)，而晚期达到2.4mm/h。底辟活动能量极强，呈圆柱状—喇叭状刺穿上覆层系，为强刺穿型底辟。同时底辟强烈垂向生长导致翼部地层发生剧烈牵引变形，表现为向上拖曳弯曲。由于底辟带核部的释放通道巨大，大量底辟塑性物质从底辟带核部涌出，因此底辟带侧翼活动性较弱，对上覆层系影响也较弱，形成低波幅小型褶皱。

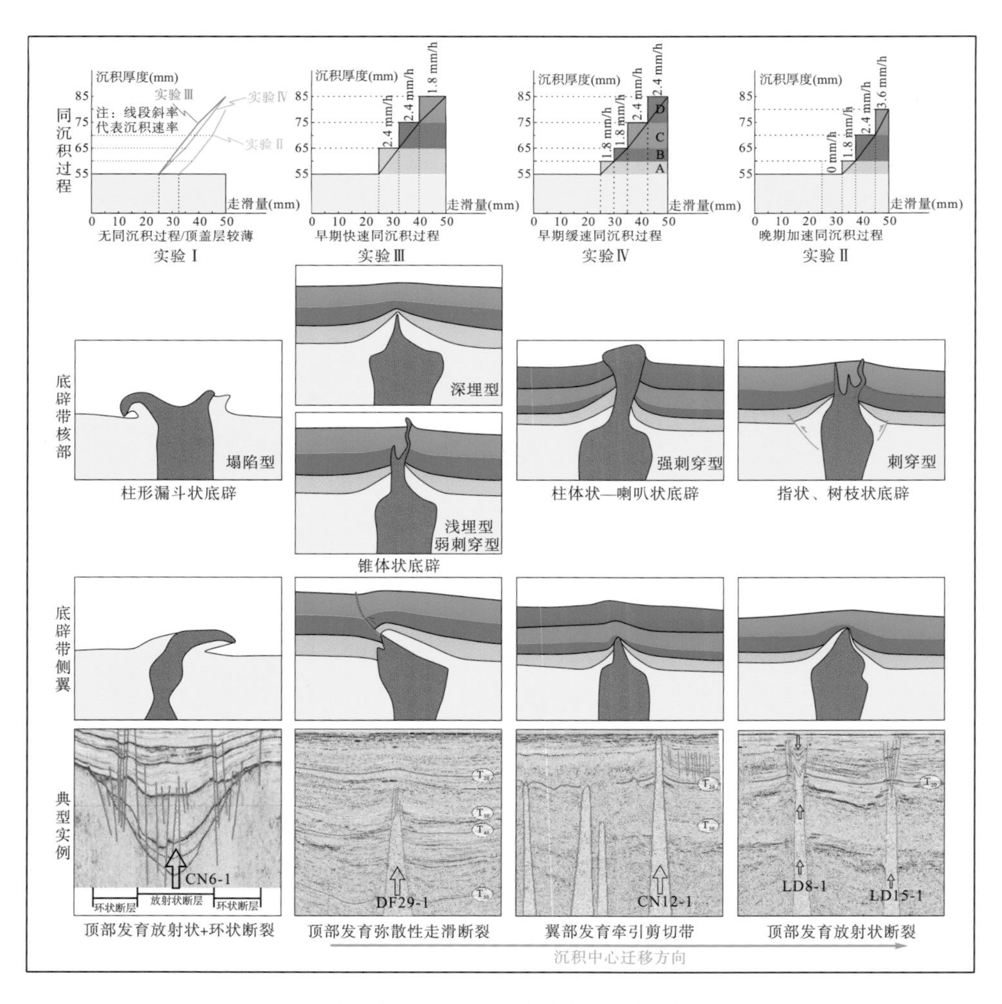

图7-20　同构造沉积过程与底辟生长结构特征的关系

同构造沉积载荷与底辟垂向生长动力相互作用控制着底辟形态以及围岩层系的变形。实验Ⅲ形成埋藏型底辟，表明沉积载荷超过底辟隆升动力，底辟丧失刺穿上覆地层的能力；

实验Ⅳ中沉积载荷与底辟隆升动力保持相对平衡的关系，底辟具有稳定生长特征。所有同构造沉积模拟实验中，底辟垂向分层结构主要受上覆沉积载荷的影响，最初较小的沉积载荷促使底辟呈稳态垂直柱状上隆；随着上覆沉积载荷增大，底辟发生轻微横向扩展，形成小型逆冲断裂；后期主要沿着走滑断裂薄弱带以指状/锥状或柱状继续向上刺穿（图 7-20）。

受控于红河断裂带多阶段走滑过程，莺歌海盆地沉积沉降中心在 30Ma 以来发生了多次迁移，而 5.5Ma 以来沉积中心主要向 SEE 迁移（图 7-8）（Zhu et al.，2009）。典型埋深沉降史和沉积通量统计揭示出莺歌海盆地中新世晚期沉积速率仅为 235m/Ma，但上新世沉积速率可达 780m/Ma（Lei et al.，2011），上新统莺歌海组及第四系乐东组厚度急剧增大促使底辟活动开始达到峰值（谢玉洪等，2015a，2015b）。因此上新世以来，伴随沉积沉降中心迁移，东方区地层沉积速率具有早期快速增加、晚期减缓的特征（徐新德等，2015；熊小峰等，2017），与实验Ⅲ类似；而乐东区具有早期缓慢沉积、晚期加速沉积的特征，与实验Ⅱ相符合；昌南区位于东方区和乐东区之间的过渡地带，早期沉积较东方区慢，但比乐东区快，与实验Ⅳ具有相似的沉积过程。同构造沉积过程与底辟生长结构特征图上揭示，实验Ⅲ主要发育典型的埋藏型底辟，在刺穿情况下具有细长的颈部，与东方区底辟结构具有相似性，如 DF1-1（浅埋型）、DF29-1（深埋型）等底辟构造（图 7-20）。实验Ⅱ发育指状、树枝状刺穿底辟构造，具有较宽的颈部，与乐东区主要发育刺穿型、塌陷型底辟结构具有相似性，如 LD22-1、LD15-1 等底辟构造。实验Ⅳ属于高幅度特强能量的刺穿型底辟，在实验过程中仍处于活动能量增强阶段，后期随着活动能量衰减，底辟核会形成柱状漏斗形凹陷，最终发展成实验Ⅰ中的塌陷型底辟，如 CN6-1、CN12-1 等底辟构造。

莺歌海盆地底辟类型的多样性不仅与底辟内部能量（即高温高压热动力作用）有关，还受控于区域构造演化所引起的同沉积速率和厚度的差异性。在底辟形成演化过程中，早期快速同沉积作用对底辟生长的抑制作用最为显著，底辟能量通常低于上覆层系的破裂极限强度；而早期缓速同沉积有利于底辟的垂向生长，但随着后期沉积速率增大，底辟受到的抑制作用逐渐增大；当同沉积速率与底辟生长速率相对一致，即同沉积载荷与底辟能量相对均衡时，底辟将获得稳定的生长，形成规模巨大的刺穿构造。

3. 莺歌海盆地底辟构造输导体系及其成藏效应

砂箱物理模拟实验揭示区域走滑断裂演化形成多条断裂向底辟构造带两侧收敛归并，形成弥散性剪切带和收敛花状构造。若将底辟周缘或两个/多个底辟构造之间的区域称为底辟带，则弥散性剪切带主要位于非底辟带，而花状构造主要发育于底辟构造带。走滑断裂的横向变化与底辟带塑性物质吸收大量走滑应变量有关，导致底辟带的剪切宽度明显变窄；同时伴随旋转剪切过程，底辟带形成前缘压扭、后缘张扭的局部应力场，因此底辟带前缘发育正花状构造、后缘发育负花状构造。总体上，区域走滑形成的断裂输导体系在横向上可以划分为两类，即非底辟带的弥散性结构输导体系、底辟带的收敛花状结构输导体系（图 7-21），而后者通常伴生指状、树枝状和锥体状等底辟结构（图 7-20）。

非底辟带弥散性结构输导体系表现为两类：①靠近区域走滑活动断裂带走滑剪切形成的断裂，在莺歌海盆地斜坡带表现为大型张扭断层，如莺东断裂、东方断裂、1 号断裂等；②盆地拗陷中心的隐蔽式走滑断层。远离莺歌海盆地中央底辟带的盆地西北部，沿基底斜坡发育一系列高角度、近平行的阶梯状断层；靠近底辟带的区域，断裂收敛归并形成典型的花状构造。砂箱物理模拟实验结果揭示出的非底辟带发育数量众多、断距较小、高角度平行排列的弥散性断裂体系，与莺歌海盆地莺东斜坡带密集分布的左旋 T 破裂断层及多条 NW 向深大断层具有相似性。弥散性断裂体系被认为是斜坡区天然气运移的主要垂向通道，形成了以乐东鼻状凸起区（如乐东 10 区）为典型代表的拗陷斜坡带复合岩性圈闭成藏模式（李绪深等，2017；范彩伟，2018a，2018b；杨计海等，2018）。

底辟构造带中，底辟物质垂向生长刺穿过程通常导致上覆岩层破裂，形成一系列（微）裂隙，它们构成油气运移充注的快速通道。基于物理模拟实验揭示出同生长地层下覆底辟通道主要为柱体状，同沉积地层中底辟结构具侧向变化，由侧翼的锥状向核部的指状转变。根据底辟结构垂向分层性可分为多级输导体系：底辟结构深部为柱状结构输导体系、底辟结构中部为指状/锥状结构输导体系、底辟结构浅部为伴生断裂输导体系，包括拱张断裂（呈放射状）、塌陷断裂（呈环状）及经过叠加改造的早期走滑断裂（图 7-21）。莺歌海盆地底辟构造带浅部发育多种类型的底辟带伴生断裂，它们与下覆底辟结构构成深部油气高效输导体系，对底辟顶部背斜、断背斜等圈闭的成藏具有重要意义（图 7-22）。第一类是在垂向底辟作用下，沿着早期构造薄弱带发展起来的断裂，或者为早期走滑断裂的直接活化。平面上，断裂主要沿近 SN 向、NNW—SSE 向展布，而在底辟核部具有轻微放射状的特征；剖面上表现为产状近垂直、断距不明显的弥散性变形特征，通常距离底辟模糊带有一定的距离，并且在断裂周围常见强振幅的“亮点”反射，如 DF1-1、DF29-1 等底辟构造。第二类是由于底辟强烈隆升作用，在底辟上覆层系中形成局部张应力场，形成的典型拱张断裂，常直接发育在底辟模糊带之上。拱张断裂在平面上呈放射状展布，在剖面上呈由下往上的发散状，断裂之间同样可见由气体聚集引起的强振幅“亮点”反射现象，如 LD15-1 等底辟构造。第三类是由底辟能量释放、深部能量回抽造成上覆层系塌陷而形成的断裂组合样式，平面上呈典型的环状展布特征，如 CN6-1、LD22-1 等底辟构造。

围绕底辟体翼部地层及顶盖层（含后期同构造沉积层）会发生不同程度的变形，形成众多规模不一的褶皱构造。翼部地层受底辟牵引作用不明显，但牵引幅度具有向顶部逐渐增大的趋势，尤其是底辟刺穿上覆同构造沉积地层所引起的牵引褶皱最为典型，具有楔状变形地层序列（Giles and Rowan，2012），规模更甚者已经符合大型牵引褶皱的基本特征（图 7-21）。底辟顶部地层拱升明显，在同沉积地层中发育披覆褶皱，具有顶薄翼厚的特征。因此，莺歌海盆地与底辟活动有关的圈闭主要有两类，其中一类为底辟顶部的穹状背斜（部分可能为断背斜）圈闭，主要通过底辟结构及底辟顶部伴生断裂作为垂向运移通道，由于不同类型底辟的活动强度存在差异，导致这类圈闭的保存条件存在不确定性，以东方区为代表的埋藏型底辟构造具有更优的天然气聚集条件。而且同一底辟构造具有侧向差异性，底辟边缘（即非核部刺穿区域）的背斜规模大、保存完好，可能是潜在的天然气有利聚集带；尤其是底辟两长轴端，处于弥散性走滑断裂与底辟塑性体的连接部位，为应变集中区域，形成了流体运移的优势通道。另一类圈闭位于底辟翼部，由底辟刺穿作用导致地层发生牵引挠曲，可能形成底辟截断圈闭或同沉积地层尖灭圈闭，流体输导主要靠底辟翼部牵引剪切破碎带及超压水力破裂缝，这类构造-岩性复合圈闭主要位于盆地中深层高温超压区域，具有良好的勘探前景。

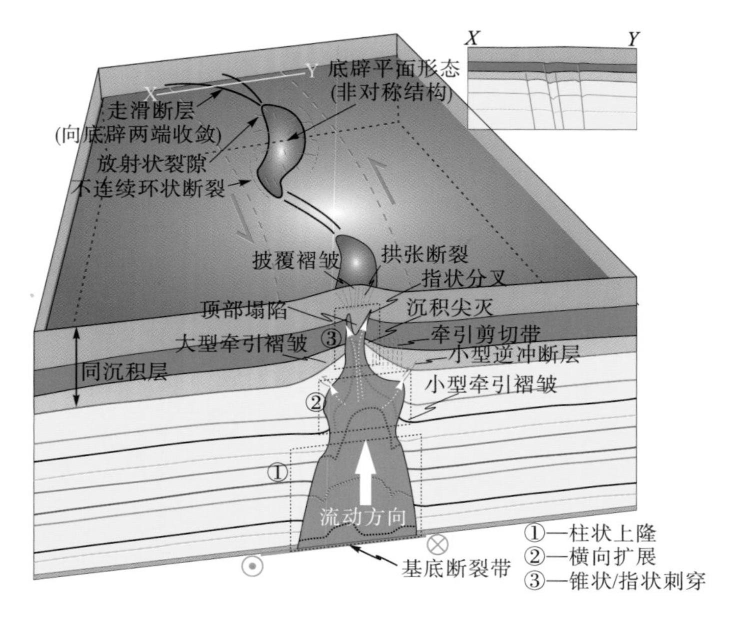

图 7-21　弥散性左旋走滑剪切与构造沉积作用下底辟构造三维模式图

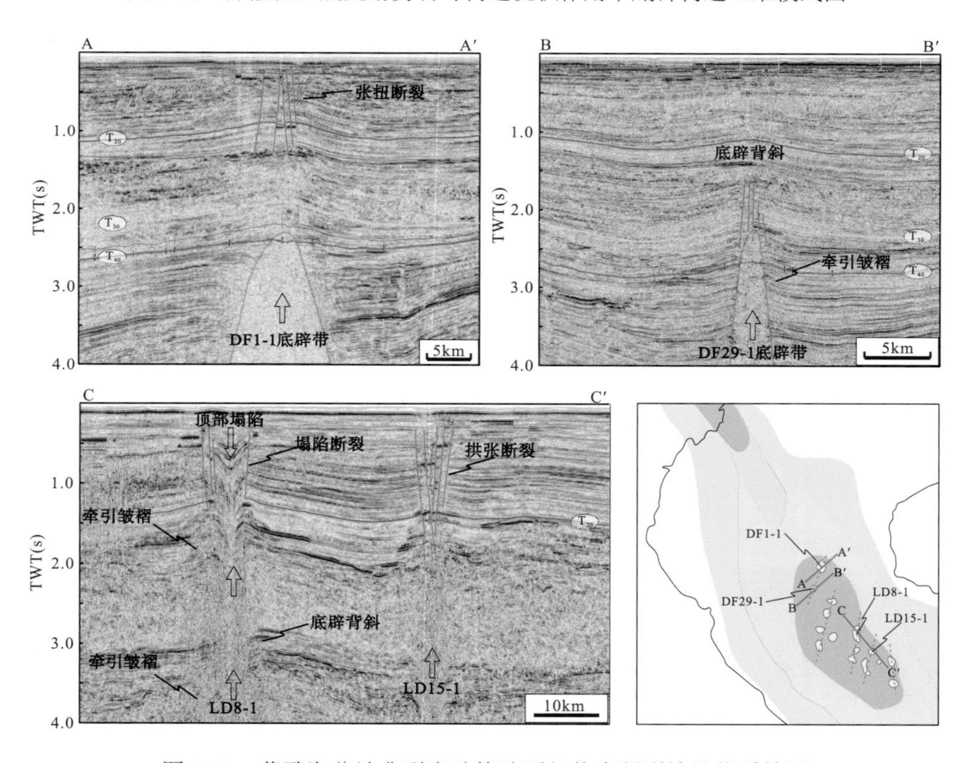

图 7-22　莺歌海盆地典型底辟构造顶部伴生断裂输导体系特征

莺歌海盆地东方底辟区、昌南底辟区和乐东底辟区底辟构造具有明显的差异性多期活动，从而控制着差异性天然气成藏过程与特点。基于三维地震资料解释及其相关超覆、削截和同沉积厚度变化等特征揭示，昌南底辟区底辟活动较早、中新世中期(15～10Ma)

发生隆升刺穿上覆层系，乐东底辟区于中新世中期—上新世早期(14～8Ma)发生底辟活化活动，而东方底辟区底辟构造刺穿形成相对较晚，主体为上新世(5～3Ma)。受控于区域晚期走滑剪切过程，盆地昌南、乐东和东方底辟带更新世晚期(约2Ma以来)典型底辟构造普遍发生再活化活动，底辟构造的多期活化过程导致形成多样的底辟结构，这与前述差异性同构造沉积作用下底辟结构的多样性具有一定的相似性(图7-20)。结合莺歌海盆地生烃动力学和埋深沉降史等研究，揭示出东方底辟区油气多期充注过程与底辟多期活化过程具有明显的耦合性，其主要成藏期为4Ma以来，且烃类充注期主要为3.0～1.5Ma和0.8Ma、非烃气体CO_2充注期主要为0.8Ma以来；乐东底辟区油气成藏过程相对于前者较晚，主要为2Ma以来，烃类充注期主要为2.0～1.5Ma和0.8Ma以来，晚期烃类与非烃气体CO_2同期连续充注。总体上不同构造走滑和同沉积作用共同控制着乐东和东方底辟带底辟结构刺穿样式、幅度和能量，从而导致明显差异性流体多期活动与油气充注成藏等特征(图7-23)。

莺歌海盆地中央底辟区与非底辟带天然气组分特征分带性明显，尤其是天然气组成中甲烷和CO_2含量差异大(朱建成等，2015；童传新等，2015；杨计海等，2019)。底辟核部区D1-1气田及其周缘的D13-1气田天然气甲烷和CO_2含量变化范围宽；非底辟带或远离底辟带气田天然气组分变化范围相对较窄，以烃类为主，CO_2含量低。通过中、深层天然气碳同位素值分析揭示，深层高温超压带内天然气甲烷碳同位素值($\delta^{13}C_1$)分布范围较窄，为-39.27‰～-30.28‰，深层天然气成熟度高。同时乙烷和丙烷碳同位素值分布范围明显较宽(相对于浅层)，超压带内天然气$\delta^{13}C_2$主要分布在-24.0‰～-27.0‰之间，$\delta^{13}C_3$为-23.0‰～-27‰，$\delta^{13}C_2$和$\delta^{13}C_3$较中浅层天然气偏轻1.0‰～2‰，且有较多的样品$\delta^{13}C_2$、$\delta^{13}C_3$小于-27‰，反映深部气源贡献更大。超压带内天然气$\delta^{13}C_{CO_2}$分布范围与浅层基本相同，主要在-20‰～0之间，具有机和无机两种成因。非底辟带，如DF13-2气田，天然气组分变化范围相对较窄，以烃类为主(其甲烷含量为55.18%～85.36%)，CO_2含量较低(一般不超过4.0%)；天然气$\delta^{13}C_1$(多介于-40.0‰～-33.1‰之间)明显轻于底辟核部DF1-1气田及周缘的DF13-1气田天然气，且DF13-2气田天然气$\delta^{13}C_{CO_2}$值多低于-10.0‰，以有机成因为主。底辟带和非底辟带天然气组分及其碳同位素值差异性揭示出底辟带输导体系与非底辟带输导体系的成藏差异性。底辟带碳同位素以及天然气组分分布特征上，距离底辟核心区越远(即底辟活动影响强度减弱)，甲烷含量升高、CO_2含量降低，甲烷和CO_2碳同位素减小(即甲烷成熟度降低、以有机成因为主)，且天然气碳同位素逐渐由局部倒转特征(如DF1-1)转变为正序列特征(如DF13-2)，说明底辟活动影响强度造成其周边不同地区的同一层段(或带)天然气地球化学特征和聚集规律的差异。因此，底辟带输导体系高效油气输导作用影响范围有限，因而非底辟带(如DF13-1)可能作为相对独立的成藏单元成藏。

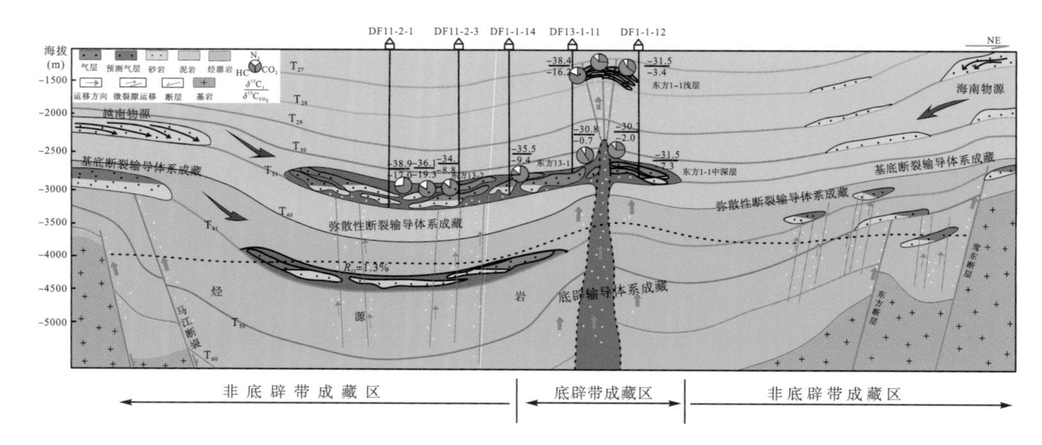

图 7-23 莺琼盆地东方区底辟构造带-非底辟构造带成藏模式图

注：其中天然气组分与同位素值据朱建成等，2015。

底辟构造带气场中不同类型包裹体(如烃类包裹体、CO_2和盐水包裹体)均一温度、同位素地球化学特征等，总体上揭示出底辟构造带垂向上(中、深层与浅层不同层段)和侧向上(底辟核心区和底辟波及区等)流体活动和气场特征具有明显的差异性。垂向上，底辟核心区深层超压带内天然气常常以晚期高-过成熟烷烃气-无机CO_2为主，且CO_2含量较高，而中浅层还发育与有机CO_2伴生的成熟-高成熟烷烃气，且CO_2含量较低。流体地球化学分层性揭示出，底辟活动多期性过程、断裂形成和相关输导体系发育多期性对烃类充注过程的控制作用。早期底辟强烈活动导致断裂体系流体活动强烈，浅层成熟-高成熟烃类充注；晚期底辟活动受控于同沉积作用，断裂体系与浅部层系未完全输导贯通(可能受控于弥散性断裂和底辟构造断裂作用)(图 7-23)，因而深部以晚期高-过成熟烃类充注，深-浅层未发生明显流体混染作用，呈现出流体的分层性特征。尤其是侧向上，距离底辟核心区越远，底辟活动影响强度越弱。流体地球化学侧向分带性特征揭示出，烃类充注过程主要受控于弥散性断裂和底辟构造断裂作用差异输导性能(图 7-23)，弥散性断裂体系能够有效沟通目标层系下覆烃源岩，而底辟构造断裂作用能够有效沟通深部烃源岩和高温压CO_2体系实现流体跨层系快速充注，从而导致底辟带流体分带性地球化学特征。总体上，底辟构造带成藏过程体现为天然气多期混合充注、晚期改造强烈，非底辟构造带成藏过程体现为天然气早期充注为主、晚期改造较弱。

参 考 文 献

陈发景，汪新文，陈昭年，2011. 伸展断陷中的变换构造分析[J]. 现代地质，25(4)：617-625.

陈兴鹏，李伟，吴智平，等，2019. “伸展-走滑”复合作用下构造变形的物理模拟[J]. 大地构造与成矿学，43(6)：1106-1116.

陈竹新，雷永良，贾东，等，2019. 构造变形物理模拟与构造建模技术及应用[M]. 北京：科学出版社.

崔秉荃，龙学明，李元林，1991. 川西拗陷的沉积与龙门山的崛起[J]. 成都地质学院学报，18(1)：39-45.

邓宾，何宇，黄家强，等，2019. 龙门山褶皱冲断代扩展生长过程——基于低温热年代学模型证据[J]. 地质学报，93(7)：1588-1600.

邓宾，赵高平，万元博，等，2016. 褶皱冲断带构造砂箱物理模型研究进展[J]. 大地构造与成矿学，40(3)：446-464.

邓起东，程绍平，马冀，等，2014. 青藏高原地震活动特征及当前地震活动形势[J]. 地球物理学报，57(7)：2025-2042.

董伟良，黄保家，2000. 莺歌海盆地流体压裂与热流体活动及天然气的幕式运移[J]. 石油勘探与开发，27(4)：36-40.

范彩伟，2018a. 莺-琼盆地高压成因输导体系特征、识别及其成藏过程[J]. 石油与天然气地质，39(2)：52-65.

范彩伟，2018b. 莺歌海大型走滑盆地构造变形特征及其地质意义[J]. 石油勘探与开发，45(2)：1-10.

宫伟，李朝阳，姜效典，2017. 青藏高原隆升与南海开启：南海西北部盆-山耦合体系[J]. 地学前缘，24(4)：268-283.

龚再生，李思田，谢泰俊，等，1997. 南海北部大陆边缘盆地分布与油气聚集[M]. 北京：科学出版社.

苟宗海，2001. 四川大邑—汶川地区侏罗-第三系砾岩特征及沉积环境[J]. 中国区域地质，20(1)：25-32.

国土资源部矿产资源储量司，2014. 2013 年全国油气矿产储量通报[R]. 北京：国土资源部信息中心.

韩光明，李绪深，童传新，等，2013. 莺歌海盆地中央底辟带油气垂向运移通道研究[J]. 海相油气地质，18(3)：62-69.

韩光明，周家雄，裴健翔，等，2012. 莺歌海盆地底辟本质及其与天然气成藏关系[J]. 岩性油气藏，24(5)：27-31.

何家雄，黄火尧，1994. 莺歌海盆地泥底辟发育演化与油气运聚机制[J]. 沉积学报，12(3)：120-129.

何家雄，夏斌，张树林，等，2006. 莺歌海盆地泥底辟成因、展布特征及其与天然气运聚成藏关系[J]. 中国地质，33(6)：1336-1344.

黄保家，肖贤明，董伟良，2002. 莺歌海盆地烃源岩特征及天然气生成演化模式[J]. 天然气工业，22(1)：26-30.

金博，刘震，李绪深，2008. 莺歌海盆地泥-流体底辟树型输导系统及运移模式[J]. 地质科学，43(4)：810-823.

金博，张金川，刘震，等，2011. 莺歌海盆地天然气差异疏导特征及成藏意义[J]. 天然气地球科学，22(4)：642-648.

李江海，王洪浩，周肖贝，2015. 盐构造[M]. 北京：科学出版社.

李卿，李忠权，王森，等，2013. 龙门山北段天井山构造演化特征及物理模拟[J]. 断块油气田，20(1)：24-28.

李绪深，张迎朝，杨希冰，等，2017. 莺歌海-琼东南盆地天然气勘探新认识与新进展[J]. 中国海上油气，29(6)：1-11.

李艳友，漆家福，周赏，2017. 走滑构造差异变形特征及其主控因素分析——基于砂箱模拟实验[J]. 石油实验地质，39(5)：711-715.

李元林，纪相田，1993. 芦山-天全地区大溪砾岩岩石学特征及物源区分析[J]. 矿物岩石，13(3)：68-73.

刘和甫，梁慧社，蔡立国，等，1994. 川西龙门山冲断系构造样式与前陆盆地演化[J]. 地质学报，68(2)：101-118.

刘树根，罗志立，赵锡奎，等，2005. 试论中国西部陆内俯冲型前陆盆地的基本特征[J]. 石油与天然气地质，26(1)：37-48，56.

刘玉萍，尹宏伟，张洁，等，2008. 褶皱-冲断体系双层滑脱构造变形物理模拟实验[J]. 石油实验地质，30(4)：424-429.

马宝军，漆家福，牛树银，等，2009. 统一应力场中基底断裂对盖层复杂断块变形的影响——来自砂箱实验的启示[J]. 地学前缘，16(4)：105-116.

马科夫·阿列克谢，郭辉，常天英，等，2015. 光纤布拉格光栅在冰声学性能测量中的应用[J]. 光学学报，35(11)：61-70.
裴健翔，于俊峰，王立锋，等，2011. 莺歌海盆地中深层天然气勘探的关键问题及对策[J]. 石油学报，32(4)：573-578.
漆家福，2007. 裂陷盆地中的构造变换带及其石油地质意义[J]. 海相油气地质，12(4)：43-52.
任健，官大，陈兴鹏，等，2017. 走滑断裂叠置拉张区构造变形的物理模拟及启示[J]. 大地构造与成矿学，41(3)：455-465.
单家增，董伟良，1996. 莺歌海盆地泥底辟构造动力学成因机制的高温高压模拟实验[J]. 中国海上油气：地质，10(4)：209-214.
单家增，张启明，蔡世祥，1995. 莺歌海盆地泥底辟构造成因机制的模拟实验(二)[J]. 中国海上油气：地质，9(1)：7-12.
单家增，张启明，汪集旸，1994. 莺歌海盆地泥底辟构造成因机制的模拟实验(一)[J]. 中国海上油气：地质，8(5)：311-317.
沈礼，贾东，尹宏伟，等，2012. 基于粒子成像测速(PIV)技术的褶皱冲断构造物理模拟[J]. 地质论评，58(3)：471-480.
施炜，刘成林，杨海军，等，2009. 基于砂箱模拟实验的罗布泊盆地新构造变形特征分析[J]. 大地构造与成矿学，33(4)：529-534.
孙向阳，任建业，2003. 莺歌海盆地形成与演化的动力学机制[J]. 海洋地质与第四纪地质，23(4)：45-50.
童传新，王振峰，李绪深，2012. 莺歌海盆地东方1-1气田成藏条件及其启示[J]. 天然气工业，32(8)：11-15.
童亨茂，龚发雄，孟令箭，等，2018. 渤海湾盆地南堡凹陷边界断层的“跃迁”特征及其成因机制[J]. 大地构造与成矿学，42(3)：421-430.
童亨茂，孟令箭，蔡东升，等，2009. 裂陷盆地断层的形成和演化——目标砂箱模拟实验与认识[J]. 地质学报，83(6)：759-774.
童亨茂，赵宝银，曹哲，等，2013. 渤海湾盆地南堡凹陷断裂系统成因的构造解析[J]. 地质学报，87(11)：1647-1661.
王键，祝海华，陈涛涛，等，2011. 后挡形态对褶皱冲断带平面展布的影响——来自平面砂箱模拟试验的启示[J]. 石油天然气学报，33(9)：13-16.
魏春光，周建勋，何雨丹，2004. 岩石强度对冲断层形成特征影响的砂箱实验研究[J]. 地学前缘，11(4)：559-565.
吴智平，薛雁，颜世永，等，2013. 渤海海域渤东地区断裂体系与盆地结构[J]. 高校地质学报，19(3)：463-471.
肖阳，邬光辉，雷永良，等，2017. 走滑断裂带贯穿过程与发育模式的物理模拟[J]. 石油勘探与开发，44(3)：340-349.
谢玉洪，2018.中国海洋石油总公司油气勘探新进展及展望[J]. 中国石油勘探，23(1)：26-35.
谢玉洪，黄保家，2014. 南海莺歌海盆地东方13-1高温高压气田特征与成藏机理[J]. 中国科学：地球科学，44(8)：1731-1739.
谢玉洪，李绪深，童传新，等，2015a. 莺歌海盆地中央底辟带高温高压天然气富集条件、分布规律和成藏模式[J]. 中国海上油气，27(4)：1-12.
谢玉洪，李绪深，童传新，等，2015b. 莺琼盆地高温超压天然气成藏理论与勘探实践[M]. 北京：石油工业出版社.
谢玉洪，张迎朝，李绪深，等，2012. 莺歌海盆地高温超压气藏控藏要素与成藏模式[J]. 石油学报，33(4)：601-609.
谢玉洪，张迎朝，徐新德，等，2014. 莺歌海盆地高温超压大型优质气田天然气成因与成藏模式——以东方13-2优质整装大气田为例[J]. 中国海上油气，26(2)：1-5.
谢玉华，赵坤，周建勋，等，2010. 地表几何形态对冲断带构造特征影响的物理模拟实验研究[J]. 沉积与特提斯地质，30(1)：89-92.
解习龙，任建业，雷超，2012. 盆地动力学研究综述及展望[J]. 地质科技情报，31(5)：76-84.
熊小峰，徐新德，甘军，等，2017. 莺歌海盆地中央底辟带天然气差异分布与运聚成藏特征[J]. 海洋地质前沿，33(7)：24-31.
徐新德，张迎朝，裴健翔，等，2014. 莺歌海盆地东方区天然气成藏模式及优质天然气勘探策略[J]. 地质学报，88(5)：956-965.
徐新德，张迎朝，裴健翔，等，2015. 构造演化对莺歌海盆地天然气成藏差异性的控制作用[J]. 天然气工业，35(2)：12-20.
徐长贵，2016. 渤海走滑转换带及其对大中型油气田形成的控制作用[J]. 地球科学，41(9)：1548-1560.
徐子英，孙珍，周蒂，等，2011. 软弱地质体对挤压构造变形影响的物理模拟及其应用[J]. 地球科学(中国地质大学学报)，36(5)：922-903.
杨计海，黄保家，陈殿远，2018. 莺歌海盆地坳陷斜坡带低孔特低渗气藏形成条件及勘探潜力[J]. 中国海上油气，30(1)：11-21.
余一欣，周心怀，彭文绪，等，2011. 盐构造研究进展述评[J]. 大地构造与成矿学，35(2)：169-182.

袁伟，姜明顺，杨柳，等，2008. 光纤光栅传感器在石油测井中的应用[J]. 大气与环境光学学报，3(3)：234-240.

曾融生，孙为国，1992. 青藏高原及其邻区的地震活动性和震源机制以及高原物质东流的讨论[J]. 地震学报，14(S1)：531-563.

赵宝峰，陈红汉，孔令涛，等，2014. 莺歌海盆地流体垂向输导体系及其对天然气成藏控制作用[J]. 地球科学(中国地质大学学报)，39(9)：1323-1332.

钟嘉猷，2014. 构造物理模拟实验图册[M]. 北京：科学出版社.

周建勋，漆家福，1999. 伸展边界方向对伸展盆地正断层走向的影响——来自平面砂箱实验的启示[J]. 地质科学，34(4)：491-497.

周建勋，魏春光，朱战军，2002. 基底收缩对挤压构造变形特征影响——来自砂箱实验的启示[J]. 地学前缘，9(4)：377-382.

周振安，刘爱英，2005. 光纤光栅传感器用于高精度应变测量研究[J]. 地球物理学进展，20(3)：864-866.

朱建成，吴红烛，马剑，等，2015. 莺歌海盆地 D1-1 底辟区天然气成藏过程与分布差异[J]. 现代地质，29(1)：54-62.

朱战军，周建勋，2004. 雁列构造是走滑断层存在的充分判据?——来自平面砂箱模拟实验的启示[J]. 大地构造与成矿学，28(2)：142-148.

Adam J，Klinkmüller M，Schreurs G，et al.，2013. Quantitative 3D strain analysis in analogue experiments simulating tectonic deformation：integration of X-ray computed tomopgraphy and digital volume correlation techniques[J]. Journal of Structural Geology，55：127-149.

Adam J，Urai J，Wieneke B，et al.，2005. Shear localisation and strain distribution during tectonic faulting-new insights from granular flow experiments and high-resolution optical image correlation techniques[J]. Journal of Structural Geology，27(2)：283-301.

Allen P A，Allen J R，2013. Basin analysis：principles and application to petroleum play assessment[M]. West Sussex：Wiley-Blackwell.

Allen P A. 2008. From landscapes into geological history[J]. Nature，451(7176)：274-276.

Alsop G I，Brown J P，Davison I，et al.，2000. The geometry of drag zones adjacent to salt diapirs[J]. Journal of the Geological Society，157(5)：1019-1029.

Amilibia A，McClay K R，Sàbat F，et al.，2005. Analogue modelling of inverted oblique rift systems[J]. Geologica Acta，3(3)：251-271.

An L J，1998. Development of fault discontinuities in shear experiments[J]. Tectonophysics，293(1/2)：45-59.

An L J，Sammis C G，1996. Development of strike-slip faults：shear experiments in granular materials and clay using a new technique[J]. Journal of Structural Geology，18(8)：1061-1077.

Arch J，Maltman A J，Knipe R J，1988. Shear zone geometries in experimentally deformed clays：the influence of water content，strain rate and primary fabric[J]. Journal of Structural Geology，10：91-99.

Arzmuller G，Buchta S，Ralbovsky E，et al.，2006. The vienna basin[M]//Golonka J，Picha F J. The carpathians and their foreland：geology and hydrocarbon resources. Tulsa：AAPG.

Asensio E，Khazaradze G，Echeverria A，et al.，2012. GPS studies of active deformation in the Pyrenees[J]. Geophysical Journal International，190(2)：913-921.

Atmaoui N，Kukowski N，Stockhert B，et al.，2006. Initiation and development of pull-apart basins with Riedel shear mechanism：insights from scaled clay experiments[J]. International Journal of Earth Sciences，95：225-238.

Ballard J F，Brun J P，van den Driessche J，et al.，1987. Propagation des chevauchements au-dessus des zones de décollement：modèles expérimentaux[J]. Comptes Rendus de l'Académie des Sciences de Paris，305(2)：1249-1253.

Barrier L，Nalpas T，Gapais D，et al.，2013. Impact of synkinematic sedimentation on the geometry and dynamics of compressive growth structures：insights from analogue modeling[J]. Tectonophysics，608：737-752.

Bartlett W L，Friedman M，Logan J M，1981. Experimental folding and faulting of rocks under confining pressure，Part Ⅸ. Wrench faults in limestone layers[J]. Tectonophysics，79（3/4）：255-277

Beaumont C，Fullsack P，Hamilton J，1992. Erosional control of active compressional orogens[M]//McClay K R. Thrust tectonics. London：Chapman and Hall.

Beaumont C，Jamieson R A，Nguyen M H，et al.，2001. Himalayan tectonics explained by extrusion of a low-viscosity crustal channel coupled to focused surface denudation[J]. Nature，414（6865）：738-742.

Beloussov V V，1960. Tectonophysical investigations[J]. Bulletin of the Geological Society of America，71（8）：1255-1270.

Biagi R，1988. Géométrie et cinématique des prismes d' accrétion sédimentaire：modélisation analogique[D]. Montpellier：Université de Montpellier Ⅱ.

Bigi S，Di Paolo L，Vadacca L，et al.，2010. Load and unload as interference factors on cyclical behavior and kinematics of Coulomb wedges：insights from sandbox experiments[J]. Journal of Structural Geology，32（2）：28-44.

Bonet S，Crave A，2006. Macroscale dynamics of experimental landscapes[M]// Buiter S J H，Schreurs G. Analogue and numerical modelling of crustal-scale processes. London：Geological Society of London.

Bonini M，2001. Passive roof thrusting and forelandward fold propagation in scaled brittle-ductile physical models of thrust wedges[J]. Journal of Geophysical Research：Solid Earth，106（B2）：2291-2311.

Bonini M，2003. Detachment folding，fold amplification，and diapirism in thrust wedge experiments[J]. Tectonics，22（6）：1065.

Bonini M，2007. Deformation patterns and structural vergence in brittle-ductile thrust wedges：an additional analogue modelling perspective[J]. Journal of Structural Geology，29（1）：141-158.

Bonini M，Sani F，Antonielli B，2012. Basin inversion and contractional reactivation of inherited normal faults：a review based on previous and new experimental models[J]. Tectonophysics，522/523：55-88.

Bonini M，Sokoutis D，Talbot C J，et al.，1999. Indenter growth in analogue models of Alpine-type deformation[J]. Tectonics，18（1）：119-128.

Bonnet C，Malavieille J，Mosar J，2007. Interactions between tectonics，erosion，and sedimentation during the recent evolution of the Alpine orogen：analogue modeling insights[J/OL]. Tectonics，26（6）. https://doi.org/10.1029/2006TC002048.

Bose S，Mitra S，2009. Deformation along oblique and lateral ramps in listric normal faults：insights from experimental models[J]. AAPG Bulletin，93（4）：431-451.

Boutelier D，Schrank C，Cruden A，2008. Power-law viscous materials for analogue experiments：new data on the rheology of highly-filled silicone polymers[J]. Journal of Structural Geology，30（3）：341-353.

Brun J P，Nalpas T，1996. Graben inversion in nature and experiments[J]. Tectonics，15（3）：677-687.

Buchanan P G，McClay K R，1991. Sandbox experiments of invertid listric and planar fault systems[J]. Tectonophysics，188（1/2）：97-115.

Buiter S H，2012. A review of brittle compressional wedge models[J]. Tectonophysics，530/531：1-17.

Buiter S H，Babeyko A，Ellis S，et al.，2006. The numerical sandbox：comparison of model results for a shortening and an extension experiment[M]//Buiter S J H，Schreurs G. Analogue and numerical modelling of crustal-scale processes. London：Geological Society of London.

Buiter S，Schreurs G，Albertz M，et al.，2016. Benchmarking numerical models of brittle thrust wedges[J]. Journal of Structural Geology，92：140-177.

Burbank D W，Anderson R S，2012. Tectonic geomorphology[M]. 2nd editon. West Sussex：Wiley-Blackwell.

Burbidge D R，Braun J，1998. Analogue models of obliquely convergent continental plate boundaries[J]. Journal of Geophysical Research：Solid Earth，103(B7)：15221-15237.

Byerlee J，1978. Friction of rocks[J]. Pure and Applied Geophysics，116：615-626.

Cadell H M，1888. Experimental researches in mountain building[J]. Transactions of the Royal Society of Edinburgh，35：337-357.

Callot J P，Jahani S，Letouzey J，2007. The role of pre-existing diapirs in fold and thrust belt development[M]//Lacombe O，Lavé J，Roure F M，et al. Thrust belt and foreland basin. Berlin：Springer.

Callot J P，Trocme V，Letouzey J，et al.，2012. Pre-existing salt structures and the folding of the Zagros Mountains[M]//Alsop G I，Archer S G，Hartley A J，et al. Sediments and prospectivity. London：Geological Society of London.

Casas A M，Gapais D，Nalpas T，et al.，2001. Analogue models of transpressive systems[J]. Journal of Structural Geology，23(5)：733-743.

Castelltort S，van den Driessche J，2003. How plausible are high-frequency sediment supply-driven cycles in the stratigraphic record?[J]. Sedimentary Geology，157：3-13.

Chamberlin R T，Link T A，1927. The theory of laterally spreading batholiths [J]. Journal of Geology，35(4)：310-352.

Chamberlin R T，Miller W Z，1918. Low-angle faulting [J]. Journal of Geology，26(1)：1-44.

Chamberlin R T，Shepard F P，1923. Some experiments in folding [J]. Journal of Geology，31(6)：490-512.

Cloetingh S，Ziegler P A，Bogaard P，et al.，2007. TOPO-EUROPE：the geoscience of coupled deep earth-surface processes[J]. Global and Planetary Change，58(1/4)：1-118.

Cloos E，1968. Experimental analysis of Gulf Coast fracture patterns[J]. AAPG Bulletin，52：420-444.

Cloos H，1928. Experimente zur inneren Tektonik[J]. Zentralblatt für Mineralogie，Geologie und Paläontologie Abhandlungen B，12：609-621.

Cloos H，1930. Zur experimentellen Tektonik I. Methodik und Beispiele[J]. Die Naturwissenschaft，34：741-747.

Cobbold P R，Durand S，Mourgues R，2001. Sandbox modelling of thrust wedges with fluid-assisted detachments[J]. Tectonophysics，334(3/4)：245-258.

Colletta B，Letouzey J，Ballard J F，et al.，1991. Computerized X-ray tomography analysis of sandbox models：examples of thin-skinned thrust systems[J]. Geology，19(11)：1063-1067.

Cooke M L，Murphy S，2004. Assessing the work budget and efficiency of fault systems using mechanical models[J/OL]. Journal of Geophysical Research：Solid Earth，109(B10). https://doi.org/10.1029/2004JB002968.

Cooke M L，Schottenfeld M T，Buchanan S W，2013. Evolution of fault effciency at restraining bends within wet kaolin analog experiments[J]. Journal of Structural Geology，51：180-192.

Cooper M A，Williams G D，de Graciansky P C，et al.，1989. Inversion tectonics[M]. London：Geological Society of London.

Corti G，Bonini M，Contielli S，et al.，2003. Analogue modelling of continental extension：a review focused on the relations between the patterns of deformation and the presence of magma[J]. Earth-Science Reviews，63(3/4)：169-247.

Corti G，Lucia S，Bonini M，et al.，2006. Interaction between normal faults and pre-existing thrust systems in analogue models[M]//Buiter S，Schreurs G. Analogue and numerical modelling of crustal-scale processes. London：Geological Society of London.

Costa E，Vendeville B C，2002. Experimental insight on the geometry and kinematics of fold-and-thrust belts above week，viscous evaporitic decollement[J]. Journal of Structural Geology，24(11)：1729-1739.

Cotton J，Koyi H，2000. Modeling of thrust fronts above ductile and frictional detachments：application to structures in the Salt Range and Potwar Plateau，Pakistan[J]. Geological Society of America Bulletin，112(3)：351-363.

Couzens-Schultz B A，Vendeville B C，Wiltschko D V，2003. Duplex style and triangle zone formation：insights from physical modeling[J]. Journal of Structural Geology，25（10）：1623-1644.

Cowan D S，Silling R M，1978. A dynamic scaled model of accretion at trenches and its implications for the tectonic evolution of subduction complexes[J]. Journal of Geophysical Research：Solid Earth，83（B11）：5389-5396.

Coward M P，Gillcrist R，Trudgill B，1991. Extensional structures and their tectonic inversion in the Western Alps[J]. Geological Society of London Special Publications，56：93-113.

Crook A，Owen D，WIllson S，et al.，2006. Benchmarks for the evolution of shear localisation with large relative sliding in frictional material[J]. Computer Methods in Applied Mechanics and Engineering，195（37/40）：4991-5010.

Cruz L，Malinski J，Wilson A，et al.，2010. Erosional control of the kinematics and geometry of fold-and-thrust belts imaged in a physical and numerical sandbox[J/OL]. Journal of Geophysical Research：Solid Earth，115（B9）. https://doi.org/10.1029/2010JB007472.

Cruz L，Teyssier C，Perg L，et al.，2008. Deformation，exhumation，and topography of experimental doubly-vergent orogenic wedges subjected to asymmetric erosion[J]. Journal of Structural Geology，30（1）：98-115.

Cubas N，Maillot B，Barnes C，2010. Statistical analysis of an experimental compressional sand wedge[J]. Journal of Structural Geology，32（6）：818-831.

Dahlen F A，1984. Non cohesive critical coulomb wedges：an exact solution[J]. Journal of Geophysical Research：Solid Earth，89（B12）：10125-10133.

Dahlen F A，1990. Critical taper model of fold-and-thrust belts and accretionary wedges[J]. Annual Review of Earth and Planetary Sciences，18（1）：55-99.

Dahlen F A，Barr T D，1989. Brittle frictional mountain building：1. Deformation and mechanical energy budget[J]. Journal of Geophysical Research：Solid Earth，94（B4）：3906-3922.

Dahlen F A，Suppe J，1988. Mechanics，growth，and erosion of mountain belts[M]// Clark Jr. S P，Burchfiel B C，Suppe J. Processes in continental lithospheric deformation. Boulder：Geological Society of America.

Daubrée G A，1879. Etudes synthétiques de géologie expérimentale[J]. Nature，20：501-502.

Davis D M，Engelder T，1985. The role of salt in fold-and-thrust belts[J]. Tectonophysics，119（1/4）：67-88.

Davis D，Suppe J，Dahlen F A，1983. Mechanics of fold-and-thrust belts and accretionary wedges[J]. Journal of Geophysical Research：Solid Earth，88（B12）：1153-1172.

Davis W M，1899. The geographical cycle[J]. Geographical Journal，14（5）：481-504.

Davison I，Alsop G，Evans N，et al.，2000. Overburden deformation patterns and mechanisms of salt diaper penetration in the Central Graben，North Sea[J]. Marine and Petroleum Geology，17（5）：601-618.

Davison I，Alsop I，Blundell D，1996. Salt tectonics：some aspects of deformation mechanics[J]. Geological Society of London Special Publications，100：1-10.

Davison I，Barreto P，Andrade A，2017. Loulé：the anatomy of a squeezed diapir，Algarve Basin，Southern Portuga[J]l. Journal of the Geological Society，174（1）：41-55.

Davy P，Cobbold P R，1988. Indentation tectonics in nature and experiment. 1. Experiments scaled for gravity[J]. Bulletin of the Geological Institution of the University of Uppsala，14：129-141

Davy P，Cobbold P R，1991. Experiments on shortening of a 4-layer model of the continental lithosphere Indentation tectonics in nature and experiment. 1. Experiments scaled for gravity[J]. Tectonophysics，188（1/2）：1-25.

Del Castello M，Pini G A，McClay K R，2004. Effect of unbalanced topography and overloading on Coulomb wedge kinematics：insights from sandbox modeling[J/OL]. Journal of Geophysical Research：Solid Earth，109(5). https://doi.org/10.1029/2003 JB002709.

Deng B，Liu S G，Jansa L，et al.，2012. Sedimentary record of Late Triassic transpressional tectonics of the Longmenshan thrust belt，SW China[J]. Journal of Asian Earth Sciences，48：43-55.

Deng B，Liu S G，Jiang L，et al.，2018. Tectonic uplift of the Xichang basin (SE Tibetan Plateau) revealed by structural geology and thermochronology data[J]. Basin Research，30(1)：75-96.

Deville E，Guerlais S，Callec Y，et al.，2006. Liquefied vs stratified sediment mobilization processes：insight from the South of the Barbados accretionary prism[J]. Tectonophysics，428(3/4)：33-47.

Dobrin M B，1941. Some quantitative experiments on a fluid salt-dome model and their geological interpretations[J]. Eos American Geophysical Union Transactions，22：528-542.

Domenica A D，Bonini L，Calamita F，et al.，2014. Analogue modeling of positive inversion tectonics along differently oriented pre-thrusting normal faults：an application to the Central-Northern Apennines of Italy[J]. Geological Society of America Bulletin，126(7/8)：943-955.

Dominguez S，Malavieille J，Lallemand S E，2000. Deformation of accretionary wedges in response to seamount subduction：insights from sandbox experiments[J]. Tectonics，19(1)：182-196.

Dooley T P，Hudec M R，2017. The effects of base-salt relief on salt flow and suprasalt deformation patterns—Part 2：Application to the eastern Gulf of Mexico[J]. Interpretation，5(1)：SD25-SD38.

Dooley T P，Jackson M P A，Hudec M R，2009. Inflation and deflation of deeply buried salt stocks during lateral shortening[J]. Journal of Structural Geology，31(6)：582-600.

Dooley T P，Jackson M P A，Hudec M R，2015. Breakout of squeezed stocks：dispersal of roof fragments，source of extrusive salt and interaction with regional thrust faults[J]. Basin Research，27(1)：3-25.

Dooley T，1994. Geometries and kinematics of strike-slip fault systems：insights from physical modeling and field studies[D]. London：University of London.

Dooley T，McClay K R，1997. Analog modeling of pull-apart basins[J]. AAPG Bulletin，81(11)：1804-1826.

Dooley T，McClay K，Bonora M，1999. 4D evolution of segmented strike-slip fault systems：applications to NW Europe[M]//Fleet A J，Boldy S A R. Petroleum geology of Northwest Europe：proceedings of the 5th Conference. London：Geological Society of London

Dooley T，Monastero F，Hall B，et al.，2004. Scaled sandbox modelling of transtensional pull-apart basins：applications to the Cosogeothermal system[J]. Geothermal Research Council Transactions，28：637-641.

Dooley T，Schreurs G，2012. Analogue modelling of intraplate strike-slip tectonics：a review and new experimental results[J]. Tectonophysics，574/575：1-71.

Dubois A，Odonne F，Massonnat G，et al.，2002. Analogue modeling of fault reactivation：tectonic inversion and oblique remobilisation of grabens[J]. Journal of Structural Geology，24(11)：1741-1752.

Duerto L，McClay K R，2009. The role of syntectonic sedimentation in the evolution of doubly vergent thrust wedges and foreland folds[J]. Marine and Petroleum Geology，26(7)：1051-1069.

Dufréchou G，Odonne F，Viola G，2011. Analogue models of second-order faults genetically linked to a circular strike-slip system[J]. Journal of Structural Geology，33(7)：1193-1205.

Eisenstadt G，Sims D，2005. Evaluating sand and clay models：do rheological differences matter?[J]. Journal of Structural Geology，27(8)：1399-1412.

Ellis P G，McClay K R，1988. Listric extensional fault systems-results of analogue model experiments[J]. Basin Research，1(1)：55-70.

Ellis S，Schreurs G，Panien M，2004. Comparisons between analogue and numerical models of thrust wedge development[J]. Journal of Structural Geology，26(9)：1659-1675.

Emmons R C，1969. Strike-slip rupture patterns in sand models[J]. Tectonophysics，7(1)：71-87.

Erickson S G，Strayer L M，Suppe J，2001. Mechanics of extension and inversion in the hanging walls of listric normal faults[J]. Journal of Geophysical Research：Solid Earth，106(B11)：26655-26670.

Evans R J，2008. The structure and formation of mud volcano summit calderas[J]. Journal of the Geological Society，165(4)：769-780.

Favre A，1878. The formation of mountains[J]. Nature，19：103-106.

Fischer M P，Keating D P，2005. Photogrammetric techniques for analyzing displacement，strain，and structural geometry in physical models：application to the growth of monoclinal basement uplifts[J]. Geological Society of America Bulletin，117(3/4)：369-382.

Flint J J，1973. Experimental development of headward growth of channel networks[J]. Geological Society of America Bulletin，84(3)：1087-1094.

Forchheimer P，1883. Über sanddruck und bewegungs-erscheinungen im inneren trockenen sandes[D]. Aachen：Rheinisch-Westfälische Technische Hochschule Aachen.

Ford M，2004. Depositional wedge tops：interaction between low basal friction external orogenic wedges and flexural foreland basins[J]. Basin Research，16(3)：361-375.

Galland O，Cobbold P R，Hallot E，et al.，2006. Use of vegetable oil and silica powder for scale modelling of magmatic intrusion in a deforming brittle crust[J]. Earth and Planetary Science Letters，243(3/4)：786-804.

Gapais D，Fiquet G，Cobbold P R，1991. Slip system domains，3. New insights in fault kinematics from plane-strain sandbox experiments[J]. Tectonophysics，188(1/2)：143-157.

Ghosh S K，1968. Experiments of buckling of multilayers which permit interlayer gliding[J]. Tectonophysics，6(3)：207-249.

Gibbs A D，1984. Development of extension and mixed-mode sedimentary basins[J]. Geological Society of London Special Publications，28：19-33.

Giles K A，Rowan M G，2012. Concepts in halokinetic-sequence deformation and stratigraphy[M]//Alsop G I，Archer S G，Hartley A J，et al. Salt tectonics，sediments and prospectivity. London：Geological Society of London.

Gomes C J S，2013. Investigating new materials in the context of analog-physical models[J]. Journal of Structural Geology，46：158-166.

Gorceix C，1924a. Expériences de laboratoire sur la formation des montagnes[J]. Revue de Géographie Alpine，12(1)：31-78.

Gorceix C，1924b. Origine des grands reliefs terrestres：essai de géomorphisme rationnel et expérimental[M]. Paris：Lechevalier.

Graveleau F，Dominguez S，Malavieille J，2008. A new analogue modelling approach for studying interactions between surface processes and deformation in active mountain belt piedmonts[J]. Bolletino di Geofisica Teorica ed Applicate，49(2)：501-505.

Graveleau F，Hurtrez J E，Dominguez S，et al.，2011. A new experimental material for modeling relief dynamics and interactions between tectonics and surface processes[J]. Tectonophysics，513(1/4)：68-87.

Graveleau F，Malavieille J，Dominguez S，2012. Experimental modelling of orogenic wedges：a review[J]. Tectonophysics，538/540：1-66.

Graveleau F，Strak V，Dominguez S，et al.，2015. Experimental modelling of tectonics-erosion-sedimentation interactions in compressional，extensional，and strike-slip settings[J]. Geomorphology，244：146-168.

Guerroue E L，Cobbold P R，2006. Influence of erosion and sedimentation on strike-slip fault systems：insights from analogue models[J]. Journal of Structural Geology，28：421-430.

Gutscher M A，Klaeschen D，Flueh E，et al.，2001. Non-Coulomb wedges，wrong-way thrusting，and natural hazard in Cascadia[J]. Geology，29(5)：379-382.

Gutscher M A，Kukowski N，Malavieille J，et al.，1996. Cyclical behavior of thrust wedges：insights from high basal friction sandbox experiments[J]. Geology，24(2)：135-138.

Hack J T，1975. Dynamic equilibrium and landscape evolution[M]//Melhorn W N，Flemal R C. Theories of landform evolution. Boston：Allen and Unwin.

Hall J，1815. On the vertical position and convolutions of certain strata and their relation with granite[J]. Earth and Environmental Science Transactions of The Royal Society of Edinburgh，7(1)：79-108.

Handin J，1966. Strength and ductility[M]//Clark Jr. S P. Handbook of physical constants. Boulder：Geological Society of America.

Hansen V L，2003. Venus diapirs：thermal or compositional?[J]. Geological Society of America Bulletin，115(9)：1040-1052.

Haq S B，Davis D M，2008. Extension during active collision in thin-skinned wedges：insights from laboratory experiments[J]. Geology，36(6)：475-478.

Hardy S，Poblet J，McClay K R，et al.，1996. Mathematical modeling of growth strata associated with fault-related fold structures[J]. Geological Society of London Special Publications，99：265-282.

Hatzfeld D，Molnar P，2010. Comparisons of the kinematics and deep structures of the Zagros and Himalaya and of the Iranian and Tibetan Plateaus and Geodynamic implications[J/OL]. Reviews of Geophysics，48(2). https://doi.org/10.1029/2009RG000304.

Herbert J W，Cooke M L，Souloumiac P，et al.，2015. The work of fault growth in laboratory sandbox experiments[J]. Earth and Planetary Science Letters，432：95-102.

Hessami K，Niforoushan F，Talbot C J，2006. Active deformation within the Zagros Mountains deduced from GPS measurements[J]. Journal of the Geological Society，163：143-148.

Hill K O，Fujii Y，Johnson D C，1978. Photosensitivity in optical fiber waveguides：application to reflection filter fabrication[J]. Applied Physics Letters，32(15)：647-649.

Hill K O，Meltz G，1997. Fiber bragg grating technology fundamentals and overview[J]. Journal of Lightwave Technology，15(8)：1263-1276.

Hilley G E，Strecker M R，Ramos V A，2004. Growth and erosion of fold-and-thrust belts，with an application to the Aconcagua Fold-and-Thrust Belt，Argentina[J/OL]. Journal of Geophysical Research：Solid Earth，109(B1). https://doi.org/10.1029/2002JB 002282.

Hinsch R，Decker K，Peresson H，2005. 3-D seismic interpretation and structural modeling in the Vienna Basin：implications for Miocene to recent kinematics[J]. Austrian Journal of Earth Sciences，97：38-50.

Hobbs W M，1914. Mechanics of formation of arcuate mountains Part Ⅰ[J]. Journal of Geology，22(1)：71-90.

Holohan E P，van Wyk de Vries B，Troll V R，2008. Analogue models of caldera collapse in strike-slip tectonic regimes[J]. Bulletin of Volcanology，70(7)：773-796.

Horn B P，Schunck B G，1981. Determining optical flow[J]. Artificial Intelligence，17：185-203.

Horvath F，Clotingh S，1996. Stress-induced late-stage subsidence anomalies in the Pannonian Basin[J]. Tectonophysics，266：287-300.

Hoth S，2005. Deformation，erosion and natural resources in continental collision zones：insight from scaled sandbox simulations[D]. Potsdam：Deutsches GeoForschungsZentrum.

Hoth S，Adam J，Kukowski N，et al.，2006. Influence of erosion on the kinematics of bivergent orgens：results from scaled sandbox simulations[M]//Willett S D，Hovius N，Brandon M T，et al. Tectonics，climate，and landscape evolution. Boulder：Geological Society of America.

Hoth S，Hoffmann-Rothe A，Kukowski N，2007. Frontal accretion：an internal clock for bivergent wedge deformation and surface uplift[J/OL]. Journal of Geophysical Research：Solid Earth，112(B6). https://doi.org/10.1029/2006JB004357.

Hu D S，Xu Y X，Chen Z Y，et al.，1991. Reassessment of oil and gas resources in the Yinggehai basin (the Eastern Part)[R]. Beijing：China National Offshore Oil Corporation.

Huang L，Liu C Y，2017. Three types of flower structures in a divergent-wrench fault zone[J]. Journal of Geophysical Research：Solid Earth，122(12)：10478-10479.

Hubbert M K，1937. Theory of scale models as applied to the study of geologic structures[J]. Geological Society of America Bulletin，48(10)：1459-1520.

Hubbert M K，1945. Strength of the earth[J]. AAPG Bulletin，29(11)：1630-1653.

Hubbert M K，1951. Mechanical basis for certain familiar geologic structures[J]. Bulletin of the Geological Society of America，62：355-372.

Hudec M R，Jackson M P A，2007. Terra infirma：understanding salt tectonics[J]. Earth-Science Reviews，82(1/2)：1-28.

Jaboyedoff M，Penna I，Pedrazzini A，et al.，2013. An introductory review on gravitational-deformation induced structures，fabrics and modeling[J]. Tectonophysics，605：1-2.

Jackson C A L，Jackson M P A，Hudec M R，et al.，2015. Enigmatic structures within salt walls of the Santos Basin—Part 1：Geometry and kinematics from 3D seismic reflection and well data[J]. Journal of Structural Geology，75：135-162.

Jackson M P A，Cornelius R R，Craig C H，et al.，1990. Salt diapirs of the great kavir，Central Iran[M]. Boulder：Geological Society of America.

Jackson M P A，Talbot C J，1986. External shapes，strain rates，and dynamics of salt structures[J]. Geological Society of America Bulletin，97(3)：305-323.

Jackson M P A，Talbot C J，1989. Anatomy of mushroom-shaped diapirs[J]. Journal of Structural Geology，11(1)：211-230.

Jaeger J，Cook N G，1976. Fundamentals of rock mechanics[M]. 2nd edition. London：Chapman and Hall.

Jahani S，Callot J P，Lamotte D F D，et al.，2007. The salt diapirs of the Eastern Fars Province(Zagros，Iran)：a brief outline of their past and present[M]//Lacombe O，Roure F，Lavé J，et al. Thrust belts and foreland basins：from fold kinematics to hydrocarbon systems. Berlin：Springer.

James S W，Tatam R P，2003. Optical fibre long-period grating sensors：characteristics and appiclation[J]. Measurement Science and Technology，14(5)：49-61.

Jamieson R A，Beaumout C，2013. On the origin of orogens[J]. Geological Society of America Bulletin，125(11/12)：1671-1702.

Jia D，Wei G Q，Chen Z X，et al.，2006. Longmenshan fold-thrust belt and its relation to Western Sichuan Basin in central China：new insights from hydrocarbon exploration[J]. AAPG Bulletin，90(9)：1425-1447.

Karam P，Mitra S，2016. Experimental studies of the controls of the geometry and evolution of salt diapirs[J]. Marine and Petroleum Geology，77(1)：1309-1322.

Kato A，Ohnaka M，Mochizuki H，2003. Constitutive properties for the shear failure of intact granite in seismogenic environments[J/OL]. Journal of Geophysical Research：Solid Earth，108(B1). https://doi.org/10.1029/2001JB000791.

Keep M，McClay K R，1997. Analogue modeling of multiphase rift system[J]. Tectonophysics，273(3/4)：239-270.

Keller J，McClay K，1995. 3D sandbox models of positive inversion[M]//Buchanan J，Buchanan P. Basin inversion. London：Geological Society of London.

Kersey A D，Davis M A，Patrick H J，et al.，1997. Fiber grating sensors[J]. Journal of Lightwave Technology，15(8)：1442-1463.

Klinkmüller M，2011. Properties of analogue materials，experimental reproducibility and 2D/3D deformation quantification techniques in analogue modelling of crustal-scale processes[D]. Bern：University of Bern.

Klinkmüller M，Schreurs G，Rosenau M，et al.，2016. Properties of granular analogue model materials：a community wide survey[J]. Tectonophysics，684，23-38.

Koenigsberger J，Morath O，1913. Theoretische grundlagen der experimentellen tektonik[J]. Zeitschrift der Deutschen Geologischen Gesellschaft，65：65-86.

Koiter A J，Owens P N，Petticrew E，et al.，2013. The behavioural characteristics of sediment properties and their implications for sediment fingerprinting as an approach for identifying sediment sources in river basins[J]. Earth-Science Reviews，125：24-42.

Konstantinovskaia E，Malavieille J，2005. Erosion and exhumation in accretionary orogens：experimental and geological approaches[J/OL]. Geochemistry，Geophysics，Geosystems，6(2). https://doi.org/10.1029/2004GC000794.

Konstantinovskaya E，Malavieille J，2011. Thrust wedges with décollement levels and syntectonic erosion：a view from analog models[J]. Tectonophysics，502(3/4)：336-350.

Kooi H，Beaumont C，1996. Large-scale geomorphology：classical concepts reconciled and integrated with contemporary ideas via a surface processes model[J]. Journal of Geophysical Research：Solid Earth，101(B2)：3361-3386.

Koons P O，1990. Two sided orogen：collision and erosion from the sandbox to the Southern Alps，New Zealand[J]. Geology，18(8)：679-682.

Koopman A，Speksnijder A，Horsefield W T，1987. Sandbox model studies of inversion tectonics[J]. Tectonophysics，137(1/4)：379-388.

Koyi H A，1988. Experimental modeling of the role of gravity and lateral shortening in the Zagros Mountain belt[J]. AAPG Bulletin，72(11)：1381-1394.

Koyi H A，Hessami K，Teixell A，2000. Epicenter distribution and magnitude of earth quakes in fold-thrust belts：insights from sandbox models[J]. Geophysical Research Letters，27(2)：273-276.

Koyi H A，Sans M，Teixell A，et al.，2004. The significance of penetrative strain in the restoration of shortened layers-insights from sand models and the Spanish Pyrenees[J]. AAPG Memoir，82：207-222.

Koyi H A，Vendeville B C，2003. The effect of décollement dip on geometry and kinematics of model accretionay wedges[J]. Journal of Structural Geology，25(9)：1445-1450.

Koyi H，1995. Mode of internal deformation in sand wedges[J]. Journal of Structural Geology，17(2)：293-300.

Koyi H，1997. Analogue modelling：from a qualitative to a quantitative technique—a historical outline[J]. Journal of Petroleum Geology，20(2)：223-238.

Koyi H，2001. Modeling the influence of sinking anhydrite blocks on salt diapirs targeted for hazardous waste disposal[J]. Geology，29(5)：387-390.

Koyi H，Ghasemi A，Hessami K，et al.，2008. The mechanical relationship between strike-slip faults and salt diapirs in the Zagros fold-thrust belt[J]. Journal of the Geological Society，165(6)：1031-1044.

Krantz R W，1991. Measurements of friction coefficients and cohesion for faulting and fault reactivation in laboratory models using sand and sand mixtures[J]. Tectonophysics，188(1/2)：203-207.

Krezsek C，Adam J，Grujic D，2007. Mechanics of fault and expulsion rollover systems developed on passive margins detached on salt：insights from analogue modelling and optical strain monitoring[M]//Jolley S J，Barr D，Walsh J J，et al. Structurally complex reservoirs. London：Geological Society of London.

Kuhlemann J，Kempf O，2002. Post-Eocene evolution of the North Alpine Foreland Basin and its response to Alpine tectonics[J]. Sedimentary Geology，152(1/2)：45-78.

Kukowski N，Lallemand S E，Malavieille J，et al.，2002. Mechanical decoupling and basal duplex formation observed in sandbox experiments with application to the Western Mediterranean Ridge accretionary complex[J]. Marine Geology，186(1/2)：29-42.

Lacoste A，Vendeville B C，Loncke L，2011. Influence of combined incision and fluid overpressure on slope stability：experimental modelling and natural applications[J]. Journal of Structural Geology，33(4)：731-742.

Lacoste A，Vendeville B C，Mourgues R，et al.，2012. Gravitational instabilities triggered by fluid overpressure and downslope incision—Insights from analytical and analogue modelling[J]. Journal of Structural Geology，42：151-162.

Lallemand S E，Schnurle P，Malavieille J，1994. Coulomb theory applied to accretionary and non-accretionary wedges-possible causes for tectonic erosion and/or frontal accretion[J]. Journal of Geophysical Research：Solid Earth，99(B6)：12033-12055.

Le Guerroué E，Cobbold P R，2006. Influence of erosion and sedimentation on strike-slip fault systems：insights from analogue models[J]. Journal of Structural Geology，28(3)：421-430.

Leeder M R，2011. Tectonic sedimentology：sediment systems deciphering global to local tectonics[J]. Sedimentology，58(1)：2-56.

Leever K A，Gabrielsen R H，Sokoutis D，et al.，2011. The effect of convergence angle on the kinematic evolution of strain partitioning in transpressional brittle wedges：insight from analog modeling and high-resolution digital image analysis[J/OL]. Tectonics，30(2). https://doi.org/10.1029/2010TC002823.

Lei C，Ren J Y，Clift P D，et al.，2011. The structure and formation of diapirs in the Yingehai-Song Hong Basin，South China Sea[J]. Marine and Petroleum Geology，28(5)：980-991.

Leloup P H，Lacassin R，Tapponnier P，et al.，1995. The Ailao Shan-Red River shear zone(Yunnan，China)，Tertiary transform boundary of Indochina[J]. Tectonophysics，251(1/4)：3-84.

Leturmy P，Mugnier J，Vinour P，et al.，2000. Piggyback basin development above a thin-skinned thrust belt with two detachment levels as a function of interactions between tectonic and superficial mass transfer：the case of the Subandean Zone (Bolivia) [J]. Tectonophysics，320(1)：45-67.

Li Z W，Liu S G，Chen H D，et al.，2012. Spatial variation in Meso-Cenozoic exhumation history of the Longmen Shan thrust belt (eastern Tibetan Plateau) and the adjacent Western Sichuan Basin：constraints from fission track thermochronology[J]. Journal of Asian Earth Sciences，47：185-203.

Lickorish W，Ford M，Burgisser J，et al.，2002. Arcuate thrust systems in sandbox experiments：a comparison to the external arcs of the Western Alps[J]. Geological Society of America Bulletin，114(9)：1089-1107.

Likerman J，Burlando J，Cristallini E，et al.，2013. Along-strike structural variations in the Southern Patagonian Andes：insights from physical modeling[J]. Tectonophysics，590：106-120.

Linck G，1902. Apparat zur Demonstration der Gebirgsfaltung[R]. Stuttgart：Centralblatt für Geologie，Geologie und Palaeontologie.

Link T A，1927. The origin and significance of “epi-anticlinal” faults as revealed by experiments[J]. American Association of Petroleum Geologists，11(8)：853-866.

Liu H，McClay K R，Powell D，1992. Physicalmodels of thrust wedges[M]//McClay K R. Thrust Tectonics. London：Chapman and Hall.

Liu S G，Deng B，Jansa L，et al.，2017. The early Cambrian Mianyang-Changning intracratonic sag and its control on petroleum accumulation in the Sichuan Basin，China[J/OL]. Geofluids. https://www.hindawi.com/journals/geofluids/2017/6740892/.

Lohrmann J，Kukowski N，Adam J，et al.，2003. The impact of analogue material properties on the geometry，kinematics，and dynamics of convergent sand wedges[J]. Journal of Structural Geology，25(10)：1691-1711.

Lu R Q，He D F，Suppe J，et al.，2012. Along-strike variation of the frontal zone structural geometry of the Central Longmenshan thrust belt revealed by seismic reflection profiles[J]. Tectonophysics，580：178-191.

Macedo J，Marshak S，1999. Controls on the geometry of fold-thrust belt salients[J]. Geological Society of America Bulletin，111(12)：1808-1822.

Malavieille J，1984. Modélisation expérimentale des chevauchements imbriqués：application aux chaînes de montagnes[J]. Bulletin de la Societe Geologique de France，7(1)：129-138.

Malavieille J，2010. Impact of erosion，sedimentation，and structural heritage on the structure and kinematics of orogenic wedges：Analog models and case studies[J]. GSA Today，20(1)：4-10.

Malavieille J，Larroque C，Calassou S，1993. Modélisation expérimentale des relations tectonique/sédimentation entre bassin avant-arc et prisme d'accrétion[J]. Comptes rendus de l'Académie des sciences. Série 2，Mécanique，Physique，Chimie，Sciences de l'univers，Sciences de la Terre，316(2)：1131-1137.

Mandal N，Chattopadhyay A，1995. Modes of reverse reactivation of domino-type normal faults：experimental and theoretical approach[J]. Journal of Structural Geology，17(8)：1151-1163.

Mann P，2007. Global catalogue，classification and tectonic origins of restraining and releasing bends on active and ancient strike-slip fault systems[M]//Cunningham W D，Mann P. Tectonics of strike-slip restraining and releasing bends. London：Geological Society of London.

Mann P，Demets C，Wiggins-Grandison M，2007. Toward a better understanding of the Late Neogene strike-slip restraining bend in Jamaica：geodetic，geological and seismic constraints[M]//Cunningham W D，Mann P. Tectonics of strike-slip restraining and releasing bends. London：Geological Society of London.

Marone C，1998. Laboratory-derived friction laws and their application to seismic faulting[J]. Annual Review of Earth and Planetary Sciences，26：643-696.

Marques F O，Cobbold P R，2002. Topography as a major factor in the development of arcuate thrust belts insights from sandbox experiments[J]. Tectonophysics，348(4)：247-268.

Marques F，2008. Thrust initiation and propagation during shortening of a 2-layer model lithosphere[J]. Journal of Structural Geology 30(1)：29-38.

Marques F，Cobbold P，2006. Effects of topography on the curvature of fold-and-thrust belts during shortening of a 2-layer model of continental lithosphere[J]. Tectonophysics，415(1/4)：65-80.

Marshak S，Wilkerson M S，1992. Effect of overburden thickness on thrust-belt geometry and development[J]. Tectonics，11(3)：560-566.

Martinez A，Malavieille J，Lallemand S，et al.，2002. Partition de la deformation dans un prisme d' accrétion sédimentaire en convergence oblique：approche expérimentale[J]. Bulletin de la Societe Geologique de France，173(1)：17-24.

Martinod J，Davy P，1994. Periodic instabilities during compression or extension of the lithosphere：2. Analogue experiments[J]. Journal of Geophysical Research：Solid Earth，99(B2)：12057-12069.

McCaffrey R，1992. Oblique plate convergence，slip vectors，and forearc deformation[J]. Journal of Geophysical Research: Solid Earth，97 (B6)：8905-8915.

McClay K R，1989. Analogue models of inversion tectonics[J]. Geological Society of London Special Publications，44：41-59.

McClay K R，1990. Deformation mechanics in analogue models of extensional fault systems[J]. Geological Society of London Special Publications，54：445-453.

McClay K R，1996. Recent advances in analogue modelling：uses in section interpretation and validation[J]. Geological Society London Special Publications，99：201-225.

McClay K R，Bonora M，2001. Analog models of restraining stepovers in strike-slip fault systems[J]. AAPG Bulletin，85：233-260.

McClay K R，Dooley T，Whitehouse P S，et al.，2005. 4D analogue models of extensional fault systems in asymmetric rifts：3D visualizations andcomparisons with natural examples[M]//Dore A G，Vining B A. Petroleum geology：North-West Europe and global perspectives—proceedings of the 6th petroleum geology conference. London：Geological Society of London.

McClay K R，Dooley T，Zamora G，2003. Analogue models of delta systems above ductile substrates[J]. Geological Society of London Special Publications，216：411-428.

McClay K R，Ellis P G，1987. Geometries of extensional fault systems developed in model experiments[J]. Geology，15：341-344.

McClay K R，Shaw J，Suppe J，2011. Thrust fault-related folding[M]. Tulsa：AAPG.

McClay K R，White M J，1995. Analogue modelling of orthogonal and oblique rifting[J]. Marine and Petroleum Geology，12 (2)：137-151.

McClay K R，Whitehouse P S，2004. Analog modeling of doubly vergent thrust wedges[J]. AAPG Memoir，82：184-206.

McClay K R，Whitehouse P S，Dooley T，et al.，2004. 3D evolution of fold and thrust belts formed by oblique convergence[J]. Marine and Petroleum Geology，21 (7)：857-877.

Meunier S，1904. La géologie expérimentale[M]. Paris：Alcan.

Midtkandal I，Brun J，Gabrielsen R，et al.，2013. Control of lithosphere rheology on subduction polarity at initiation：insights from 3D analogue modeling[J]. Earth and Planetary Science Letters，361：219-228.

Misra S，Mandal N，Chakraborty C，2009. Formation of Riedel shear fractures in granular materials：findings from analogueshear experiments and theoretical analyses[J]. Tectonophysics，471 (3/4)：253-259.

Mitra S，Paul D，2011. Structural geometry and evolution of releasing and restraining bends：insights from laser-scanned experimental models[J]. AAPG Bulletin，95 (7)：1147-1180.

Molnar N E，Cruden A R，Betts P G，2017. Interactions between propagating rotational rifts and linear rheological heterogeneities：insights from three-dimensional laboratory experiments[J]. Tectonics，36 (3)：420-443.

Montanari D，Corti G，Sani F，et al.，2010. Experimental investigation on granite emplacement during shortening[J]. Tectonophysics，484 (1/4)：147-155.

Moore V，Vendeville B，Vistschko D，2005. Effects of buoyancy and mechanical layering on collisional deformation of continental lithosphere：results from physical modeling[J]. Tectonophysics，403 (1/4)：193-222.

Morgan J K，2015. Effects of cohesion on the structural and mechanical evolution of fold and thrust belts and contractional wedges：Discrete element simulations[J]. Journal of Geophysical Research：Solid Earth，120 (6)：3870-3896.

Morgan J K，McGovern P J，2005. Discrete element simulations of gravitational volcanic deformation：2. Mechanical analysis[J/OL]. Journal of Geophysical Research：Solid Earth，110 (B5). https://doi.org/10.1029/2004JB003253.

Morgenstern N R，Tchalenko J S，1967. Microscopic structures in kaolin subjected to direct shear[J]. Géotechnique，17 (4)：309-328.

Morley C K，King R，Hillis R，et al.，2011. Deepwater fold and thrust belt classification，tectonics，structure and hydrocarbon prospectivity：a review[J]. Earth Science Reviews，104(1)：41-91.

Morley C，Warren J，Tingay M，et al.，2014. Comparison of modern fluid distribution，pressure and flow in sediments associated with anticlines growing in deepwater (Brunei) and continental environments（Iran) [J]. Marine and Petroleum Geology，51：210-229.

Mourgues R，Cobbold P R，2003. Some tectonic consequences of fluid overpressures and seepage forces as demonstrated by sandbox modelling[J]. Tectonophysics，376(1/2)：75-97.

Mourgues R，Cobbold P R，2006. Thrust wedges and fluid overpressures：sandbox models involving pore fluids[J/OL]. Journal of Geophysical Research：Solid Earth，111(B5). https://doi.org/10.1029/2004JB003441.

Mourgues R，Lacoste A，Garibaldi C，2013. The Coulomb critical taper theory applied to gravitational instabilities[J]. Journal of Geophysical Research：Solid Earth，119(1)：754-764.

Mourgues R，Lecomte E，Vendeville B，et al.，2009. An experimental investigation of gravity-driven shale tectonics in progradational delta[J]. Tectonophysics，474(3/4)：643-656.

Moustafa A R，Khalil S M，2017. Control of compressional transfer zones on syntectonic and post-tectonic sedimentation：implications for hydrocarbon exploration[J]. Journal of the Geological Society，174(2)：336-352.

Mulugeta G，1988. Squeeze-box in a centrifuge[J]. Tectonophysics，148(3/4)：323-335.

Mulugeta G，Koyi H，1987. Three-dimensional geometry and kinematics of experimental piggyback thrusting[J]. Geology，15(11)：1052-1056.

Mulugeta G，Koyi H，1992. Episodic accretion and strain partitioning in a model sand wedge[J]. Tectonophysics，202(2/4)：319-333.

Nalpas T，Brun J P，1993. Salt flow and diapirism related to extension at crustal scale[J]. Tectonophysics，228(3/4)：349-362.

Nalpas T，Gapais D，Vergès J，et al.，2003. Effects of rate and nature of synkinematic sedimentation on the growth of compressive structures constrained by analogue models and field examples[M]//McCann T，Saintot A. Tracing tectonic deformation using the sedimentary record. London：Geological Society of London.

Naylor M，Mandl G，Sijpesteijn C K，1986. Fault geometries in basement-induced wrench faulting under different initial stress states[J]. Journal of Structural Geology，8(7)：737-752.

Naylor M，Sinclair H D，2007. Punctuated thrust deformation in the context of doubly-vergent thrust wedges：implications for the localization of uplift and exhumation[J]. Geology，35(6)：559-562.

Niemann J D，Hasbargen L E，2005. A comparision of experimental and natural drainage basin morphology across a range of scale[J/OL]. Journal of Geophysical Research：Earth Surface，110(F4). https://doi.org/10.1029/2004JF000204.

Nieuwland D A，Urai J，Knoop M，1999. In-situ stress measurements in model experiments of tectonic faulting[M]//Lehner F，Urai J. Aspects of tectonic faulting. Berlin：Springer.

Nilforoushan F，Koyi H，Swantesson J H，et al.，2008. Effect of basal friction on surface and volumetric strain in models of convergent settings measured by laser scanner[J]. Journal of Structural Geology，30(3)：366-379.

Nilforoushan F，Pysklywec R，Cruden A，2012. Sensitivity analysis of numerical scaled models of fold-and-thrust belts to granular material cohesion variation and comparison with analog experiments[J]. Tectonophysics，526/529：196-206.

Odonne F，Vialon P，1983. Analogue models of folds above a wrench fault[J]. Tectonophysics，99(1)：31-46.

Panian J，Wiltschko D V，2004. Ramp initiation in a thrust wedge[J]. Nature，427(6975)：624-627.

Panian J，Wiltschko D V，2007. Ramp initiation and spacing in a homogeneous thrust wedge[J/OL]. Journal of Geophysical Research：Solid Earth，112(B5). https://doi.org/10.1029/2004JB003596.

Panien M，Schreus G，Pfiffner A O，2005. Sandbox experiments on basin inversion：testing the influence of basin orientation and basin foll[J]. Journal of Structural Geology，27（3）：433-445.

Panien N，Schreurs G，Pfiffner A，2006. Mechanical behaviour of granular materials used in analogue modelling：insights from grain characterisation，ring-shear tests and analogue experiments[J]. Journal of Structural Geology，28（9）：1710-1724.

Paola C，Staub K，Mohrig D，et al.，2009. The "unreasonable effectiveness" of stratigraphic and geomorphic experiments[J]. Earth-Science Reviews，97（1/4）：1-43.

Peel F J，2014. The engines of gravity-driven movement on passive margins：quantifying the relative contribution of spreading vs. gravity sliding mechanisms[J]. Tectonophysics，633：126-142.

Penck W，1953. Morphological analysis of landforms[M]. New York：St. Martin's Press.

Persson K S，2001. Effective indenters and the development of double-vergent orogens：insights from analogue sand models[M]//Koyi H A，Mancktelow N S. Tectonic modeling：a volume in honor of hans ramberg. Boulder：Geological Society of America.

Persson K S，Garcia-Castellanos D，Sokoutis D，2004. River transport effects on compressional belts：first results from an integrated analogue-numerical model[J/OL]. Journal of Geophysical Research：Solid Earth，109（B1）. https://doi.org/10.1029/2002JB 002274.

Persson K S，Sokoutis D，2002. Analogue models of orogenic wedges controlled by erosion[J]. Tectonophysics，356（4）：323-336.

Pfaff F，1880. Der Mechanismus der Gebirgsbildung[M]. Heidelberg：C. Winter.

Pichot T，Nalpas T，2009. Influence of synkinematic sedimentation in a thrust system with two decollement levels：analogue modelling[J]. Tectonophysics，473（3/4）：466-475.

Pinto L，Muñoz C，Nalpas T，et al.，2010. Role of sedimentation during basin inversion in analogue modelling[J]. Journal of Structural Geology，32（4）：554-565.

Pons A，Mourgues R，2012. Deformation and stability of over-pressured wedges：insight from sandbox models[J/OL]. Journal of Geophysical Research：Solid Earth，117（B9）. https://doi.org/10.1029/2012JB009379.

Ramberg H，1981. The role of gravity in orogenic belts[J]. Geological Society of London Special Publications，9：125-140.

Rangin C，Klein M，Roques D，et al.，1995. The Red River Fault system in the Tonkin Gulf，Vietnam[J]. Tectonophysics，243（3/4）：209-222.

Ravaglia A，Seno S，Toscani G，et al.，2006. Mesozoic extension controlling the Southern Alps thrust front geometry under the Po Plain，Italy：insights from sandbox models[J]. Journal of Structural Geology，28（11）：2084-2096.

Ravaglia A，Turrini C，Seno S，2004. Mechanical stratigraphy as a factor controlling the development of a sandbox transfer zone：a three-dimensional analysis[J]. Journal of Structural Geology，26（12）：2269-2283.

Reiter K，Kukowski N，Ratschbacher L，2011. The interaction of two indenters in analogue experiments and implications for curved fold-and-thrust belts[J]. Earth and Planetary Science Letters，302：132-146.

Rich J L，1934. Mechanics of low-angle overthrust faulting as illustrated by Cumberland thrust block，Virginia，Kentucky，and Tennessee[J]. AAPG Bulletin，18（12）：1584-1596.

Richard P，Cobbold P R，1990. Experimental insights into partitioning of fault motions in continental convergent wrench zones[J]. Annales Tectonicae，4（2）：35-44.

Richard P，Naylor M A，Koopman A，1995. Experimental models of strike-slip tectonics[J]. Petroleum Geoscience，1（1）：71-80.

Riedel W，1929. Zur Mechanik geologischer Brucherscheinungen[R]. Stuttgart：Centralblatt für Mineralogie, Geologie, und Paläontologie.

Rise L，Chand S，Hjelstuen B O，et al.，2017. Late Cenozoic geological development of the south Vøring margin，mid-Norway[J]. Marine and Petroleum Geology，27(9)：1789-1803.

Rosas F M，Duarte J C，Schellart W P，et al.，2012. Thrust-wrench interference between major active faults in the Gulf of Cadiz(Africa-Eurasia plate boundary，offshore SW Iberia)：Tectonic implications from coupled analog and numerical modeling[J]. Tectonophysics，548/549：1-21.

Rosas F M，Duarte J C，Schellart W P，et al.，2015. Analogue modelling of different angle thrust-wrench fault interference in a brittle medium[J]. Journal of Structural Geology，74：81-104.

Rosas F M，Duarte J C，Terrinha P，et al.，2009. Morphotectonic characterization of major bathymetric lineaments in Gulf of Cadiz(Africa-Iberia plate boundary)：insights from analogue modelling experiments[J]. Marine Geology，261(1/4)：33-47.

Rossetti F，Faccenna C，Ranall I G，2002. The influence of backstop dip and convergence velocity in the growth of viscous doubly-vergent orogenic wedges：insights from thermomechanical laboratory experiments[J]. Journal of Structural Geology，24(5)：953-962.

Rossetti F，Faccenna C，Ranalli G，et al.，2000. Convergence rate-dependent growth of experimental viscous orogenic wedges[J]. Earth and Planetary Science Letters，178(3/4)：367-372.

Rossi D，Storti F，2003. New artificial granular materials for analogue laboratory experiments：aluminium and siliceous microspheres[J]. Journal of Structural Geology，25(11)：1893-1899.

Roure F，2008. Foreland and hinterland basins：what is controlling their evolution?[J]. Swiss Journal of Geosciences，101：5-29.

Rowan M G，Giles K A，Iv T E H，et al.，2016. Megaflaps adjacent to salt diapirs[J]. AAPG Bulletin，100(11)：1723-1747.

Rowan M G，Peel F J，Vendeville B C，2004. Gravity-driven fold belts on passive margins[J]. AAPG Memoir，82：157-182.

Rowan M G，Peel F J，Vendeville B C，et al.，2012. Salt tectonics at passive margins：geology versus models—discussion[J]. Marine and Petroleum Geology，37(1)：184-194.

Ruh J B，Gerya T，Burg J，2014. 3D effects of strain vs. velocity weakening on deformation patterns in accretionary wedges[J]. Tectonophysics，615/616：122-141.

Santimano T，Rosenau M，Oncken O，2015. Intrinsic versus extrinsic variability of analogue sand-box experiments—insights from statistical analysis of repeated accretionary sand wedge experiments[J]. Journal of Structural Geology，75：80-100.

Sassi W，Colletta B，Balé P，et al.，1993. Modelling of structural complexity in sedimentary basins：the role of pre-existing faults in thrust tectonics[J]. Tectonophysics，226(1/4)：97-112.

Schellart W P，2000. Shear test results for cohesion and friction coefficients for different granular materials：scaling implications for their usage in analogue modelling[J]. Tectonophysics，324(1/2)：1-16.

Schellart W P，Nieuwland D A，2003. 3D evolution of a pop-up structure above a double basement strike-slip fault：some insights from analogue modeling[M]//Nieuwland D A. New insights into structural interpretation and modelling. London：Geological Society of London.

Schrank C E，Cruden A R，2010. Compaction control of topography and fault network structure along strike-slip faults in sedimentary basins[J]. Journal of Structural Geology，32(2)：184-191.

Schreurs G，2003. Fault development and interaction in distributed strike-slip shear zones：an experimental approach[M]//Storti F，Holdsworth R E，Salvini F. Intraplate strike-slip deformation belts. London：Geological Society of London.

Schreurs G，Buiter S H，Boutelier D，et al.，2006. Analogue benchmarks of shortening and extension experiments[M]//Buiter S H，Schreurs G. Analogue and numerical modelling of crustal-scale processes. London：Geological Society of London.

Schreurs G，Buiter S，Boutelier J，et al.，2016. Benchmarking analogue models of brittle thrust wedges[J]. Journal of Structural Geology，92：116-139.

Schreurs G，Colletta B，1998. Analogue modelling of faulting in zones of continental transpression and transtension[J]. Geological Society of London Special Publications，135：59-79.

Schreurs G，Hanni R，Panien M，et al.，2003. Analysis of analogue models by helical X-ray computed tomography[M]//Mees F，Swennen R，van Geet M，et al. Applications of X-ray computed tomography in the geosciences. London：Geological Society of London.

Schultz-Ela D D，Walsh P，2002. Modeling grabens extending above evaporites in Canyonlands National Park，Utah[J]. Journal of Structural Geology，24(2)：247-275.

Schulze D，1994. Entwicklung und Anwendung eines neuartigen Ringschergerätes[J]. Aufbereitungstechnik，35：524-535.

Sherkati S，Letouzey J，De Lamotte D F，2006. Central Zagros fold-thrust belt (Iran)：new insights from seismic data，field observation，and sandbox modeling[J/OL]. Tectonic，25(4). https://doi.org/10.1029/2004TC001766.

Sherlock D H，Evans B J，Ford C C，1996. The seismic expression of three-dimensional sandbox models[J]. Australian Petroleum Production and Exploration Association Journal，36(1)：490-499.

Sibson R H，2009. Rupturing in overpressured crust during compressional inversion-the case from NE Honshu，Japan[J]. Tectonophysics，473(3/4)：404-416.

Simpson G D，2006. Modelling interactions between fold-thrust belt deformation，foreland flexure and surface mass transport[J]. Basin Research，18(2)：125-143.

Simpson G，2011. Mechanics of non-critical fold-thrust belts based on finite element models[J]. Tectonophysics，499：142-155

Sims D，1993. The rheology of clay：a modeling material for geologic structures[J]. EOS，Transactions，American Geophysical Union，74：569.

Sinclair H D，2012. Thrust wedge/foreland basin systems[M]//Busby C，Azor A. Tectonics of sedimentary basins：recent advances. West Sussex：Wiley-Blackwell.

Smit J W，Brun J P，Soukoutis D，2003. Deformation of brittle-ductile thrust wedges in experiments and nature[J/OL]. Journal of Geophysical Research：Solid Earth，108(B10). https://doi.org/10.1029/2002JB002190.

Sokoutis D，Willingshofer E，2011. Decoupling during continental collision and intra-plate deformation[J]. Earth and Planetary Science Letters，305(3/4)：435-444.

Soto R，Martinod J，Odonne F，2006. Influence of early strike-slip deformation on subsequent perpendicular shortening：an experimental approach[J]. Journal of Structural Geology，29(1)：59-72.

Souloumiac P，Maillot B，Leroy Y M，2012. Bias due to side wall friction in sand box experiments[J]. Journal of Structural Geology，35：90-101.

Stewart S A，2006. Implications of passive salt diapir kinematics for reservoir segmentation by radial and concentric faults[J]. Marine and Petroleum Geology，23(8)：843-853.

Stockmal G S，Beaumont C，Nguyen M，et al.，2007. Mechanics of thin-skinned fold-and-thrust belts：insights from numerical models[M]//Sears J W，Harms T A，Evenchick C A. Whence the Mountains? Inquiries into the evolution of orogenic systems：a volume in honor of Raymond A. Price. Boulder：Geological Society of America.

Storti F，Holdsworth R E，Salvini F，2003. Intraplate strike-slip deformation belts[M]. London：Geological Society of London.

Storti F，Marin S，Rossetti F，et al.，2007. Evolution of experimental thrust wedges accreted from along-strike tapered，silicone-floored multilayers[J]. Journal of the Geological Society，164(1)：73-85.

Storti F，McClay K，1995. Influence of syntectonic sedimentation on thrust wedges in analogue models[J]. Geology，23(11)：999-1002.

Storti F，Salvini F，McClay K，1997. Fault-related folding in sandbox analogue models of thrust wedges[J]. Journal of Structural Geology，19(3/4)：583-602.

Storti F，Salvini F，McClay K，2000. Synchronous and velocity-partitioned thrusting and thrust polarity reversal in experimentally produced，doubly-vergent thrust wedges：implications for natural orogens[J]. Tectonics，19(2)：378-396.

Strayer L M，Hudleston P J，Lorig L J，2001. A numerical model of deformation and fluid-flow in an evolving thrust wedge[J]. Tectonophysics，335(1/2)：121-145.

Suppe J，2007. Absolute fault and crustal strength from wedge tapers[J]. Geology，35(12)：1127-1130.

Sylvester A G，1988. Strike-slip faults[J]. Geological Society of America Bulletin，100(11)：1666-1703.

Talbot C J，1995. Molding of salt diapirs by stiff overburden[M]//Roberts M P A，Roberts D G，Snelson S. Salt tectonics：a global perspective. Tusla：AAPG.

Talbot C J，Aftabi P，2004. Geology and models of salt extrusion at Qum Kuh，central Iran[J]. Journal of the Geological Society，161(2)：321-334.

Tapponnier P，Xu Z Q，Roger F，et al.，2001. Oblique stepwise rise and growth of the Tibet Plateau[J]. Science，294(5547)：1671-1677.

Tchalenko J S，1970. Similarities between shear zones of different magnitudes[J]. Geological Society of America Bulletin，81(6)：1625-640.

Teixell A，Koyi H A，2003. Experimental and field study of the effects of lithological contrasts on thrust-related deformation[J/OL]. Tectonics，22(5). https://doi.org/10.1029/2002TC001407.

Terada T，Miyabe N，1929. Experimental investigations of the deformation of sand mass by lateral pressure[R]. Tokyo：Bulletin of the Earthquake Research Institute，University of Tokyo.

Tian Y T，Kohn B P，Gleadow A J，et al.，2013. Constructing the Longmen Shan eastern Tibetan Plateau margin：insights from low-temperature thermochronology[J]. Tectonics，32(3)：576-592.

Tong H M，Koyi H，Huang S，et al.，2014. The effect of multiple pre-exiting weaknesses on formation and evolution of faults in extended sandbox models[J]. Tectonophysics，626：197-212.

Tron V，Brun J P，1991. Experiments on oblique rifting in brittle-ductile systems[J]. Tectonophysics，188(1/2)：71-84.

Turner J P，Williams G A，2004. Sedimentary basin inversion and intra-plate shortening[J]. Earth-Science Reviews，65(3/4)：277-304.

Ueta K，Tani K，Kato T，2000. Computerized X-ray tomography analysis of three-dimensional fault geometries in basement-induced wrench faulting[J]. Engineering Geology，56(1/2)：197-210.

Van Puymbroeck N，Michel R，Binet R，et al.，2000. Measuring earthquakes from optical satellite images[J]. Applied Optics Information Processing，39(23)：1-14.

Vanderhaeghe O，2012. The thermal-mechanical evolution of crustal orogenic belts at convergent plate boundaries：a reappraisal of the orogenic cycle[J]. Journal of Geodynamics，56/57：124-145.

Varela C L，Mohriak W U，2013. Halokinetic rotating faults，salt intrusions，and seismic pitfalls in the petroleum exploration of divergent margins[J]. AAPG Bulletin，97(9)：1421-1446.

Vendeville B C，Jackson M P A，1992. The rise of diapirs during thin-skinned extension[J]. Marine and Petroleum Geology，9(4)：331-353.

Victor P，Moretti I，2006. Polygonal fault systems and channel boudinage：3D analysis of multidirectional extension in analogue sandbox experiments[J]. Marine and Petroleum Geology，23(7)：777-789.

Von Huene R，Culotta R，1989. Tectonic erosion at the front of the Japan Trench convergent margin[J]. Tectonophysics，160(1/4)：75-90.

Walpersdorf A，Baize S，Calais E，et al.，2006. Deformation in the Jura Mountains(France)：first results from semi-permanent GPS measurements[J]. Earth and Planetary Science Letters，245(1/2)：365-372.

Wang E，Burchfiel B C，Royden L H，et al.，1998. Late Cenozoic Xianshuihe-Xiaojiang，Red River，and Dali fault systems of southwestern Sichuan and central Yunnan，China[M]. Boulder：Geological Society of America.

Wang Q，Zhang P Z，Freymueller J T，et al.，2001. Present-day crustal deformation in China constrained by Global Positioning System Measurements[J]. Science，294(5542)：574-577.

Wang W H，Davis D M，1996. Sandbox model simulation of forearc evolution and noncritical wedges[J]. Journal of Geophysical Research：Solid Earth，101(B5)：11329-11340.

Wang Z F，Huang B J. 2008. Dongfang 1-1 gas field in the mud diapir belt of the Yinggehai Basin，South China Sea[J]. Marine and Petroleum Geology，25(4/5)：445-455.

Warren J K，2016. Evaporites：a geological compendium[M]. 2nd edition. Berlin：Springer.

Warsitzka M，Kley J，Kukowski N，2013. Salt diapirism driven by differential loading—Some insights from analogue modelling[J]. Tectonophysics，591(3)：83-97.

Weijermars R，Hudec M R，Dooley T P，et al.，2015. Downbuilding salt stocks and sheets quantified in 3-D analytical models[J]. Journal of Geophysical Research Solid Earth，120(6)：4616-4644.

Weijermars R，Jackson M P A，Vendeville B，1993. Rheological and tectonic modeling of salt provinces[J]. Tectonophysics，217(1/2)：143-174.

Weijermars R，Schmeling H，1986. Scaling of Newtonian and non-Newtonian fluid dynamics without inertia for quantitative modelling of rock flow due to gravity (including the concept of rheological similarity)[J]. Physics of the Earth and Planetary Interiors，43(4)：316-330.

Wenk L，Huhn K，2013. The influence of an embedded viscoelastic-plastic layer on kinematics and mass transport pattern within accretionary wedges[J]. Tectonophysics，608：653-666.

Wigner E P，1960. The unreasonable effectiveness of mathematics in the natural sciences[J]. Communications in Pure and Applied Mathematics，12：1-14.

Wilcox R E，Harding T P，Seely D R，1973. Basic wrench tectonics[J]. American Association of Petroleum Geologists Bulletin，57(1)：74-96.

Willett S D，1999. Orogeny and orography：the effects of erosion on the structure of mountain belts[J]. Journal of Geophysical Research：Solid Earth，104(B12)：28957-28982.

Willett S D，Beaumont C，Fullsack P，1993. Mechanical model for the tectonics of doubly vergent compressional orogens[J]. Geology，21(4)：371-374.

Willett S D，Brandon M T，2002. On steady states in mountain belts[J]. Geology，30(2)：175-178.

Willett S D，Schlunegger F，Picotti V，2006. Messinian climate change and erosional destruction of the central European Alps[J]. Geology，34(8)：613-616.

Williams G D，Powell C M，Cooper M A，1989. Geometry and kinematics of inversion tectonics[M]//Cooper M A，Williams G D. Inversion tectonics. London：Geological Society of London.

Withjack M O，Baun M S，Schlische R W，2010. Influence of preexisting fault fabric on inversion-related deformation：a case study of the inverted Fundy rift basin，southeastern Canada[J/OL]. Tectonics，29(6). https://doi.org/10.1029/2010TC002744.

Withjack M O，Islam Q T，La Pointe P R，1995. Normal faults and their hanging-wall deformation：an experimental study[J]. AAPG Bulletin，79(1)：1-18.

Withjack M O，Schische R W，2006. Geometric and experimental models of extensional fault-bend folds[M]//Buiter S H，Schreurs G. Analogue and numerical modelling of crustal-scale processes. London：Geological Society of London.

Withjack M O，Schische R W，Henza A A，2007. Scaled experimental models of extension：dry sand vs. wet clay[J]. Houston Geological Society Bulletin，49(8)：31-49.

Woodcock N H，1986. The role of strike-slip fault systems at plate boundaries[J]. Royal Society of London Philosophical Transactions，Series A—Mathematical and Physical Sciences，317(1539)：13-29.

Woodcock N H，Schubert C，1994. Continental strike-slip tectonics[M]//Hancock P L. Continental tectonics. Oxford：Pergamon Press.

Wu J E，McClay K，Whitehouse P，et al.，2009. 4D analogue modelling of transtensional pull-apart basins[J]. Marine and Petroleum Geology，26(8)：1608-1623.

Wu J，McClay K，2011. Two-dimensional analog modeling of fold and thrust belts：dynamic interactions with syncontractional sedimentation and erosion[M]//McClay K，Shaw J，Suppe J. Thrust fault-related folding. Tulsa：AAPG.

Wu L，Trudgill B D，Kluth C F，2016. Salt diapir reactivation and normal faulting in an oblique extensional system，Vulcan Sub-basin，NW Australia[J]. Journal of the Geological Society，173(5)：783-799.

Xiao H B，Dahlen F A，Suppe J，1991. Mechanics of extensional wedge[J]. Journal of Geophysical Research：Solid Earth，96(B6)：10，301-310，318.

Xiao H B，Suppe J，1992. Origin of rollover[J]. AAPG Bulletin，76(4)：509-529.

Yamada Y，McClay K R，2004. 3-D Analog modeling of inversion thrust structures[J]. AAPG Memoir，82：276-301.

Yamato P，Kaus B P，Mouthereau F，et al.，2011. Dynamic constraints on the crustal-scale rheology of the Zagros fold belt，Iran[J]. Geology，39(9)：815-818.

Yu S B，Chen H Y，Kuo L C，1997. Velocity field of GPS stations in the Taiwan area[J]. Tectonophysics，274(1/3)：41-59.

Zhao W L，Davis D M，Dahlen F A，et al.，1986. Origin of convex accretionary wedges：evidence from Barbados[J]. Journal of Geophysical Research：Solid Earth，91(B10)：10246-10258.

Zhu M Z，Graham S，McHargue T，2009. The Red River Fault zone in the Yinggehai Basin，South China Sea[J]. Tectonophysics，476(3/4)：397-417.

Zuza A V，Yin A，Lin J，et al.，2017. Spacing and strength of active continental strike-slip faults[J]. Earth and Planetary Science Letters，457：49-62.

Zwaan F，Corti G，Keir D，et al.，2020. Analogue modelling of marginal fexure in Afar，East Africa：implications for passive margin formation[J]. Tectonophysics，796：228595.

Zwaan F，Schreurs G，2016. How oblique extension and structural inheritance influence rift segment interaction：insights from 4D analog models[J]. Interpretation，5(1)：119-138.

Zwaan F，Schreurs G，Adam J，2018. Effects of sedimentation on rift segment evolution and rift interaction in orthogonal and oblique extensional settings：insights from analogue models analysed with 4D X-ray computed tomography and digital volume correlation techniques[J]. Global and Planetary Change，171：110-133.

Zwaan F，Schreurs G，Naliboff J，et al.，2016. Insights into the effects of oblique extension on continental rift interaction from 3D analogue and numerical models[J]. Tectonophysics，693：239-260.

附　图

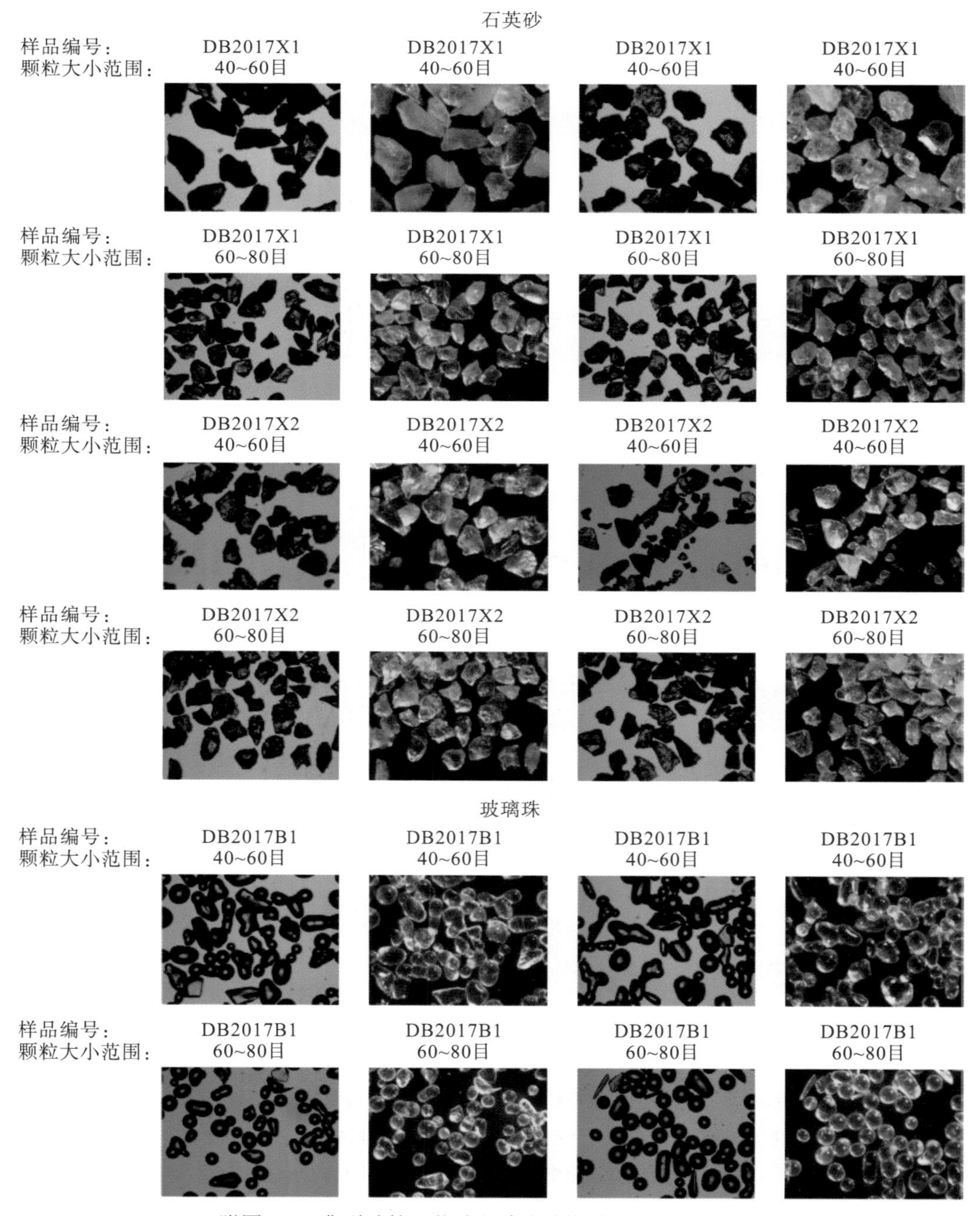

附图 3-1　典型砂箱石英砂和玻璃珠物质几何学特征图集

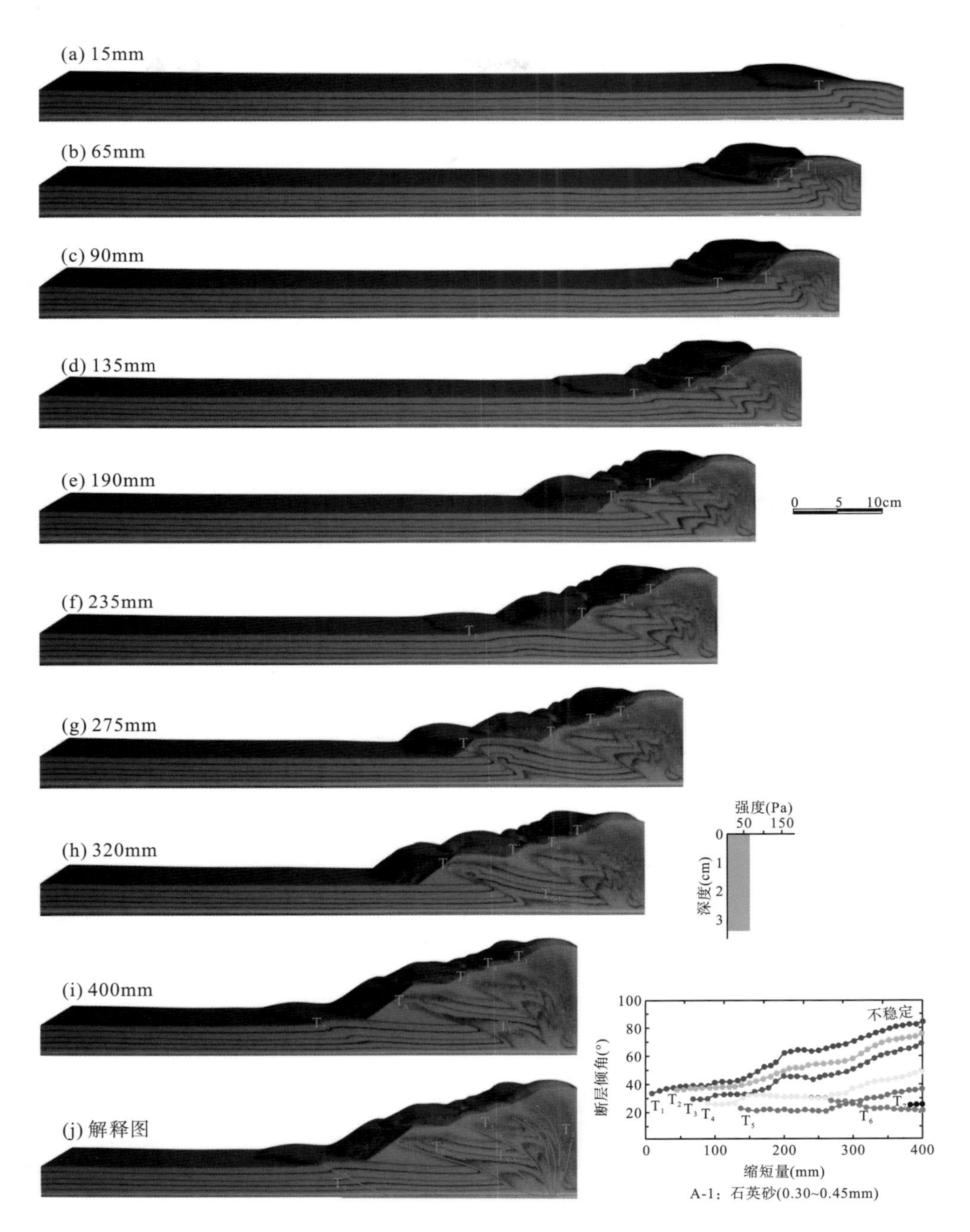

附图 3-2 A-1组砂箱物理模拟实验综合图

(a)～(i)持续挤压缩短变形过程中，砂箱物质变形过程及其楔形体演化过程图，其中断层序列标注表示断层形成先后顺序；(j)最终挤压阶段砂箱楔形体几何与构造特征解释图；插图分别为伴随挤压缩短量增大断层倾角变化特征图、砂箱物质强度特征图

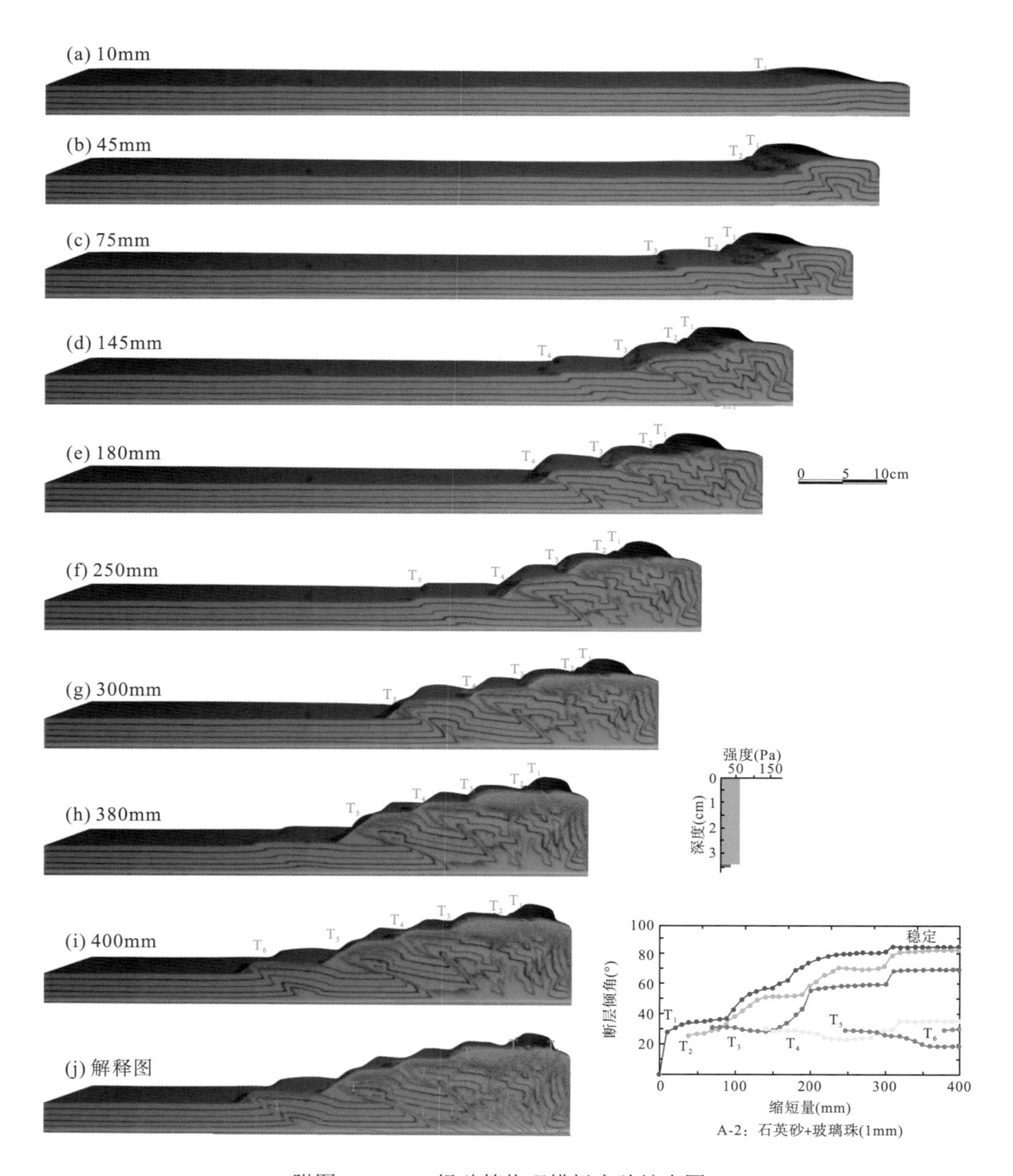

附图 3-3　A-2 组砂箱物理模拟实验综合图

(a)～(i) 持续挤压缩短变形过程中，砂箱物质变形过程及其楔形体演化过程图；(j) 最终挤压阶段砂箱楔形体几何与构造特征解释图；插图分别为伴随挤压缩短量增大断层倾角变化特征图、砂箱物质强度特征图；需要注意的是，挤压后期阶段(缩短量大于 300mm 后)断层倾角恒定/稳定

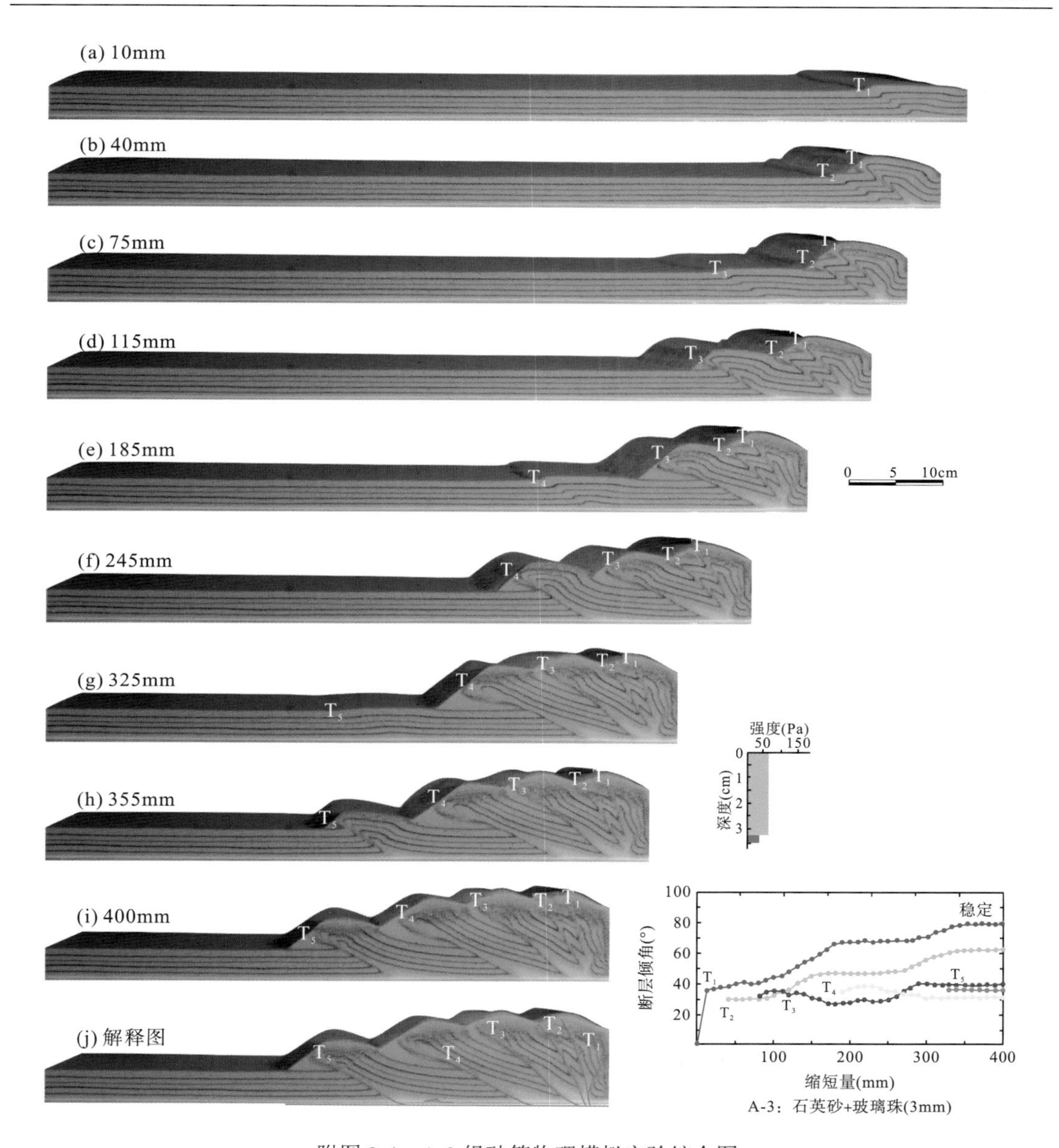

附图 3-4 A-3 组砂箱物理模拟实验综合图

(a)～(i)持续挤压缩短变形过程中，砂箱物质变形过程及其楔形体演化过程图；(j)最终挤压阶段砂箱楔形体几何与构造特征解释图；插图分别为伴随挤压缩短量增大断层倾角变化特征图、砂箱物质强度特征图；需要注意的是，挤压后期阶段(缩短量大于 300mm 后)断层倾角恒定/稳定

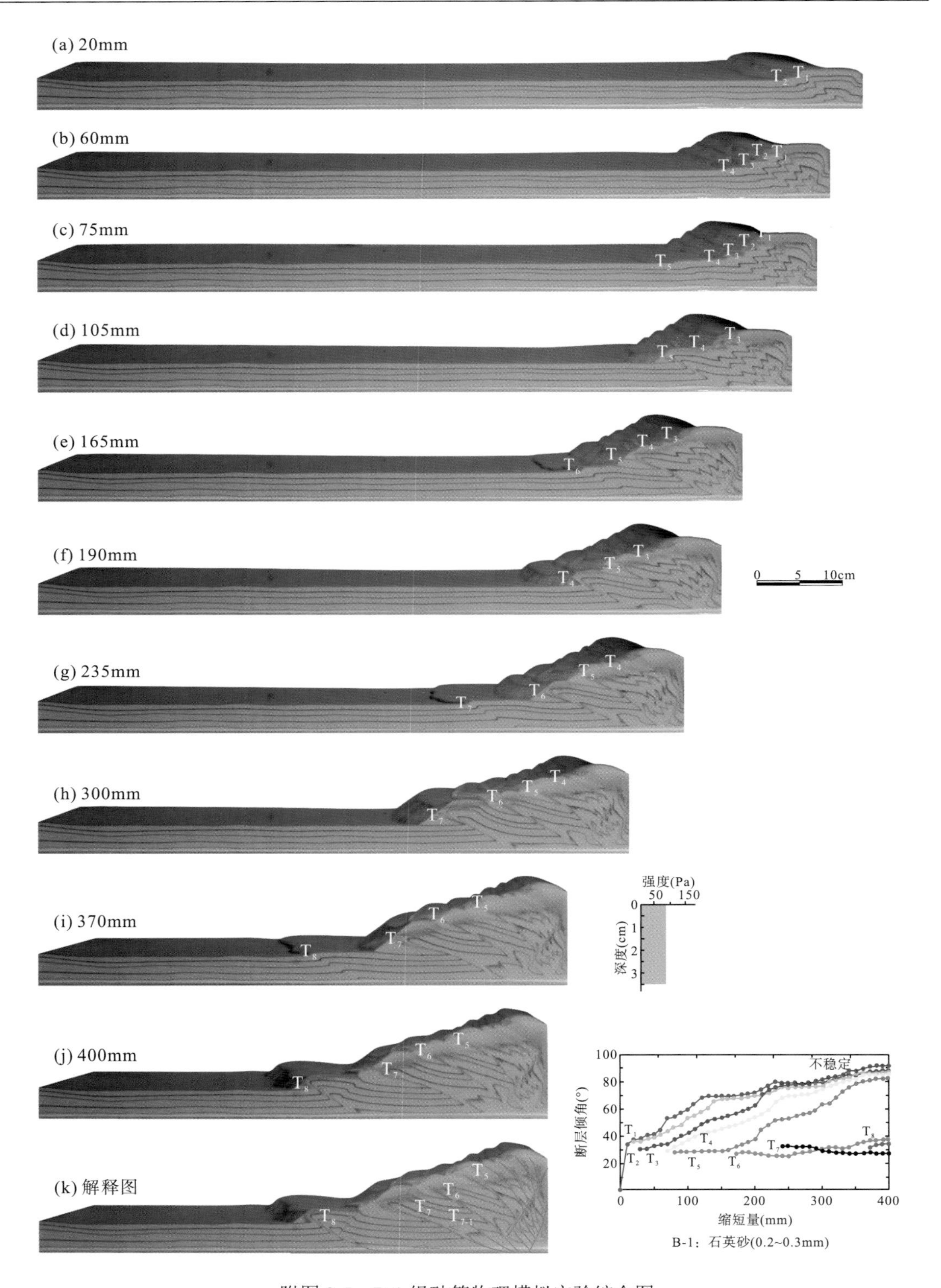

附图 3-5　B-1 组砂箱物理模拟实验综合图

(a)～(j) 持续挤压缩短变形过程中，砂箱物质变形过程及其楔形体演化过程图；(k) 最终挤压阶段砂箱楔形体几何与构造特征解释图；插图分别为伴随挤压缩短量增大断层倾角变化特征图、砂箱物质强度特征图

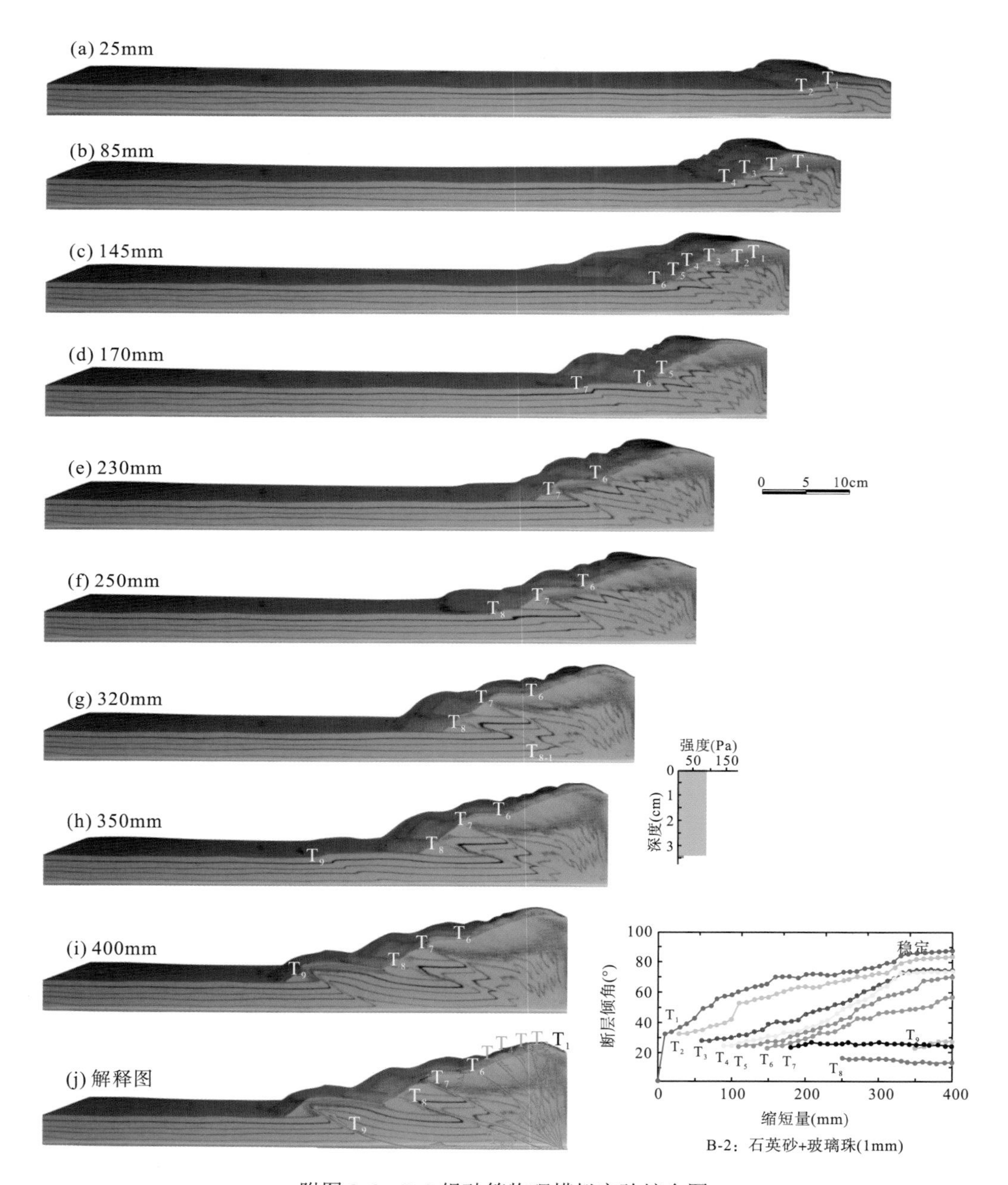

附图 3-6 B-2 组砂箱物理模拟实验综合图

(a)～(i) 持续挤压缩短变形过程中，砂箱物质变形过程及其楔形体演化过程图；(j) 最终挤压阶段砂箱楔形体几何与构造特征解释图；插图分别为伴随挤压缩短量增大断层倾角变化特征图、砂箱物质强度特征图

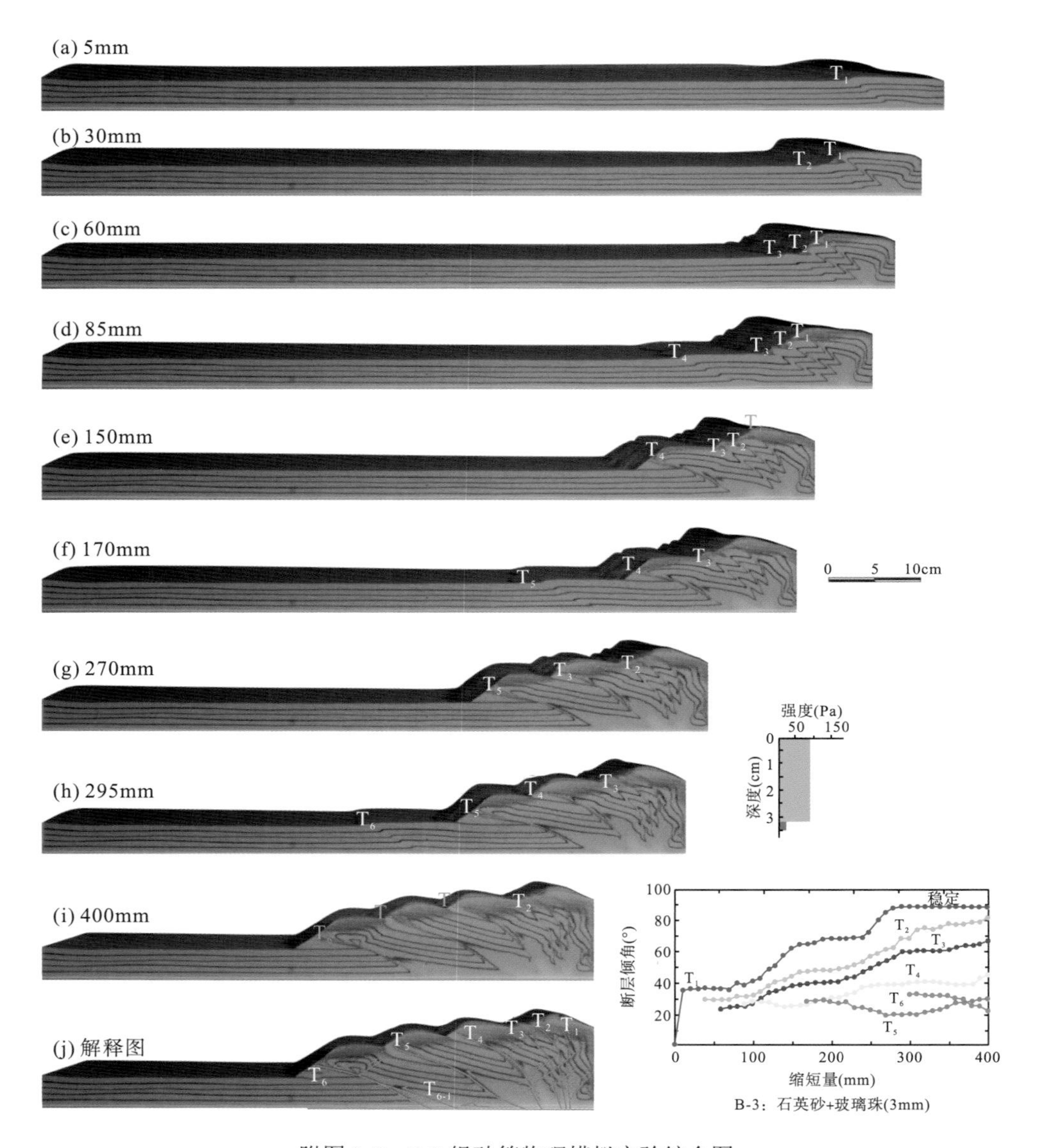

附图 3-7　B-3 组砂箱物理模拟实验综合图

(a)～(i) 持续挤压缩短变形过程中，砂箱物质变形过程及其楔形体演化过程图；(j) 最终挤压阶段砂箱楔形体几何与构造特征解释图；插图分别为伴随挤压缩短量增大断层倾角变化特征图、砂箱物质强度特征图